海洋功能性资源技术丛书

岩藻多糖的
功能与应用

FUNCTIONS AND APPLICATIONS
OF FUCOIDAN

秦益民　主编

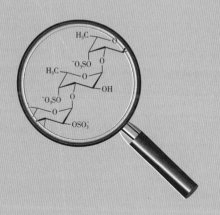

中国轻工业出版社

图书在版编目（CIP）数据

岩藻多糖的功能与应用 / 秦益民主编. —北京：
中国轻工业出版社，2020.8
（海洋功能性资源技术丛书）
ISBN 978-7-5184-3054-3

Ⅰ. ①岩… Ⅱ. ①秦… Ⅲ. ①岩藻糖—多糖—研究
Ⅳ. ①Q532

中国版本图书馆CIP数据核字（2020）第113232号

责任编辑：江　娟　靳雅帅　责任终审：劳国强　整体设计：锋尚设计
策划编辑：江　娟　靳雅帅　责任监印：张　可

出版发行：中国轻工业出版社（北京东长安街6号，邮编：100740）
印　　刷：艺堂印刷（天津）有限公司
经　　销：各地新华书店
版　　次：2020年8月第1版第1次印刷
开　　本：720×1000　1/16　印张：18.5
字　　数：290千字
书　　号：ISBN 978-7-5184-3054-3　定价：80.00元
邮购电话：010-65241695
发行电话：010-85119835　传真：85113293
网　　址：http://www.chlip.com.cn
Email：club@chlip.com.cn
如发现图书残缺请与我社邮购联系调换
191543K1X101ZBW

序 | Preface

岩藻多糖是海带等褐藻含有的一种功能独特的高活性天然多糖，是一种重要的海洋源生物材料，也是海藻药食同源的代表性活性成分，具有抗肿瘤、抗凝血、抗炎、清除幽门螺旋杆菌、提高免疫力、美容、护肤等生物活性，在健康产业领域有很高的应用价值和良好的产业化前景。

进入 21 世纪，社会经济的发展和生活方式的转变使人类面临全新的健康挑战，恶性肿瘤、心脑血管疾病、糖尿病、慢性呼吸系统疾病成为影响健康的主要慢性非传染性疾病，其发病率随着我国工业化、城镇化、老龄化进程的加快以及生态环境和生活方式的不断改变呈现持续快速增长趋势。目前我国成人高血压患病人数达 2 亿多人，心脑血管疾病、糖尿病、恶性肿瘤等慢性疾病确诊患者 2.6 亿人，慢性疾病导致的死亡人数已经占总死亡人数的 85%，导致的疾病负担占总疾病负担的 70%。

习近平总书记在十九大报告中指出"实施健康中国战略"。2016 年 10 月 25 日，中共中央、国务院印发并实施《"健康中国 2030"规划纲要》，2019 年 6 月 24 号，国务院印发《国务院关于实施健康中国行动的意见》，倡导加快推动从以治病为中心转变为以人民健康为中心的健康中国行动方案。

以岩藻多糖为代表的海洋源生物材料是重要的健康资源。随着社会的进步、科学技术的发展，包括海藻生物产业在内的海洋产业对人类健康的重要作用已逐步成为人们的共识。拓展蓝色经济、壮大海洋产业对《健康中国行动 2019—2030 年》战略目标的实施具有重要意义。2018 年我国实现海洋生产总值 8.3 万亿元，同比增长 6.7%，海洋生产总值占国内生产总值的 9.3%，其中海洋生物医药产业产值全年实现增加值 413 亿元，比上年增长 9.6%，展现出强大的发展活力。

岩藻多糖是海洋健康产业中的一颗新星。科技创新使岩藻多糖的绿色规模化制备及功能化改性得到快速发展，有效解决了制备工艺粗放、纯度不高、活性基团含量低、产品附加值不高等难题，使岩藻多糖生物制品在改善胃、肠、肾功能以及肿瘤康复、慢性伤口愈合等方面发挥越来越重要的作用。

在围绕岩藻多糖进行深度开发应用的过程中，很高兴看到《岩藻多糖的功能与应用》一书的出版。该书在介绍海藻生物资源及海藻含有的生物活性物质的基础上，介绍了岩藻多糖的来源、化学结构、理化性能、生物活性及其在海洋生物制品中的最新应用成果，全面阐述了岩藻多糖改善胃肠道、改善肾功能、预抗肿瘤、美容护肤等独特的健康功效，系统总结了岩藻多糖在功能食品、保健品、生物医用材料、化妆品等领域的应用以及功能化改性技术。《岩藻多糖的功能与应用》一书的出版将为海藻活性物质的研究、开发和应用提供一个重要的信息平台，将有助于海洋健康产品领域的科技创新和技术进步，推动海洋生物制品向产业化、高端化发展。

青岛明月海藻集团拥有行业内唯一的海藻活性物质国家重点实验室以及农业农村部海藻类肥料重点实验室，已经建成首个国家级海藻生物产业技术集成与创新公共服务平台，包括国家重点实验室、国家认定企业技术中心、国家地方联合工程研究中心、国家级众创空间等高层次创新、创业平台，形成基础研究、技术开发、工程应用、产业孵化四位一体的创新创业体系，在岩藻多糖健康产品的开发中起关键作用，已经成为我国乃至全球岩藻多糖产业的一个核心平台。

面向未来，青岛明月海藻集团将继续加大科研力度和产品开发投入，继续与高校和科研院所深入合作，借助海藻活性物质国家重点实验室平台，专注海洋功能食品配料和健康产品研发，不断推出高质量、系列化国际领先新产品。围绕国家海洋强国战略，全方位整合资源，在加大研发力量的同时提升营销能力、运营效率，实现产品的技术升级，通过技术创新实现岩藻多糖的多领域、多渠道高值化应用，有效提高海洋资源的附加值，实现利用海洋资源、造福人类健康的历史使命。

青岛明月海藻集团董事长

张国防

2020 年 6 月

前言 | Foreword

　　岩藻多糖也称褐藻糖胶、褐藻多糖硫酸酯、褐藻聚糖硫酸酯、岩藻依聚糖、岩藻聚糖硫酸酯等，是一种水溶性硫酸杂多糖。作为海带等褐藻独有的海洋源纯天然多糖，岩藻多糖主要由含硫酸基岩藻糖组成，伴有少量半乳糖、甘露糖、木糖、阿拉伯糖、糖醛酸等，其独特的化学结构赋予其抗凝血、降血脂、抗慢性肾衰、抗肿瘤、抗病毒、促进组织再生、抑制胃溃疡、增强机体免疫机能等多种生理活性，以及螯合重金属离子、亲水等理化特性。大量科学研究证明岩藻多糖对巨噬细胞、T 细胞有直接免疫调节作用，具有明显的抗凝血、促纤溶等药理活性，能诱导癌细胞凋亡、诱发细胞生长因子生成、促进细胞生长、修复受损或机能减退的器官和组织、预防血栓形成，还具有良好的降血脂、降血糖、降胆固醇的功效，可治疗慢性肾衰，对中早期肾衰效果显著，特别对改善肾功能、提高肾脏对肌酐清除率效果显著。作为金属离子的结合剂和阻吸剂，岩藻多糖可以有效降低人体对铅等有害重金属离子的吸收。

　　作为一种性能优良、功效独特的海洋源健康产品，岩藻多糖在新时代健康产业领域有重要的应用价值，在全球各地已经广泛应用于功能食品、保健品、美容化妆品、生物医用材料、植物生长刺激剂等领域，是一种重要的海藻活性物质，可以有效清除幽门螺旋杆菌、调理肠道菌群、促进肿瘤康复，并且在伤口护理、美容护肤、作物生长等众多领域发挥独特的作用。尽管如此，与纤维素、壳聚糖、海藻酸、卡拉胶、琼胶等天然高分子相比，岩藻多糖的理化性能和健康功效还没有得到广泛的认可，其应用潜力还没有得到充分发掘。

　　为了促进岩藻多糖产业的进一步发展，加快其在新时代健康产品中的应用，我们编写了《岩藻多糖的功能与应用》，在介绍海藻生物资源及海藻含有的生物活性物质的基础上，介绍了岩藻多糖的来源、化学结构、理化性能及其在海洋生物制品中的最新应用成果，全面阐述了岩藻多糖改善胃肠道、改善肾功能、预抗肿瘤等独特的健康功效，系统总结了岩藻多糖在功能食品、保健品、生物医用材料、化妆品等领域的应用以及功能化改性技术。期望通过《岩藻多糖的功能与应用》一书使广大读者更好地了解岩藻多糖独特的功效及其在健康产业中的应用价值。

《岩藻多糖的功能与应用》一书共 15 章，由嘉兴学院秦益民教授担任主编，执笔 25 万字。在本书的编写过程中，得到青岛明月海藻集团海藻活性物质国家重点实验室、农业农村部海藻类肥料重点实验室、中国海洋大学、中国科学院海洋研究所、青岛大学、大连海洋大学、山东农业大学等单位的大力支持，薛长湖、张国防、李可昌、王发合、张全斌、梁惠、汪秋宽、王晶、申培丽、孙占一、姜进举、常耀光、赵雪、薛美兰、任丹丹、何云海、宋悦凡、邱霞、刘书英、张德蒙、赵丽丽、王晓辉、李小松、王清池、李柱元、李井湜、徐英真、刘颖、赵会超、李学龙、于晓、姜雨杉、尹宗美、曲桂燕、杨晓雪、刘海燕、宁兴燕、张茂超、闫洪雪、程晓、王文丽、张琳、郝玉娜、尚宪明、王璐璐、王盼、石少娟等参与了本书的编写工作。

本书可供功能食品、生物医药、生物技术、医用材料、化妆品、生态农业、海洋生物等相关行业从事生产、科研、产品开发和推广应用的工程技术人员以及大专院校相关专业的师生参考。

由于海藻生物资源以及岩藻多糖涉及的研究和应用领域广泛，内容深邃，编者的学识有限，疏漏之处在所难免，敬请读者批评指正。

编者

2020 年 6 月

目录 | Contents

第一章　海藻与海藻多糖

第一节　引言

海藻是海洋中第一大生物种群,是植物界的孢子植物。作为一种生物资源,海藻具有以下 5 个基本特征(赵素芬,2012)。

(1)分布广,种类繁多。

(2)形态多样,有单细胞、群体或多细胞个体,后者呈丝状、叶片状或分枝状等。

(3)藻体细胞中有多种色素或色素体,呈现多种颜色。

(4)藻体结构简单,无根、茎、叶的分化,无维管束结构。

(5)不开花、不结果,用孢子繁殖,没有胚的发育过程。

根据生存方式,海洋中的藻类植物可以分为底栖藻和浮游藻,根据形状大小可分为微藻和大型藻类,其中大型藻类通常固着于海底或某种固体结构上,是基础细胞构成的单株或一长串的简单植物。以海藻为名的生物群的形体差异巨大,横跨多种生命体,其主要共同点是生活在海水中,可以通过自身体内的叶绿素等色素体通过光合作用合成有机物。每一种海藻都有其固定的潮位,主要与其所含色素的种类和含量比例有关。不同色素需要的光线波长不同,随着光线强度及光质的变化,藻类的分布也受影响。一般在较阴暗处或深海中,藻红素与藻蓝素比叶绿素更能有效吸收蓝、绿光,因此低潮线附近及深海部分多为红藻类,而只含叶绿素及胡萝卜素的绿藻的栖息地多靠近阳光充足的浅水处。海洋的地形、底质、温度、湿度、盐度、潮汐、风浪、洋流、污染物、动物掘食、藻类间相互竞争等因素会影响海藻的生长与分布。

目前一般将海洋中的大型藻类称为海藻,而将漂浮在海水中的微藻统称为浮游植物。大型海藻主要包括褐藻门、红藻门、绿藻门和蓝藻门，常见的褐藻主要为海带、裙带菜、巨藻、马尾藻、泡叶藻等，红藻主要为江蓠、紫菜、石花菜、麒麟菜等，绿藻主要为浒苔、石莼等。海洋浮游微藻包括金藻门、甲藻门、黄藻门、硅藻门、裸藻门、隐藻门等藻类，目前已发现的有10000多种。目前我国海藻化工产品的原料主要以褐藻和红藻类大型海藻为主，生产出的海藻化工制品分别为褐藻胶和红藻胶，其中红藻胶主要包括卡拉胶和琼胶（Rasmussen，2007；董彩娥，2015）。

世界各地分布着丰富的野生大型海藻资源，其中褐藻在寒温带水域占优势，红藻分布于几乎所有的纬度区，绿藻在热带水域的进化程度最高。褐藻门的海带属主要分布在俄罗斯远东、日本、朝鲜、挪威、爱尔兰、英国、法国等地；巨藻主要分布在智利、阿根廷以及美国和墨西哥的部分地区；泡叶藻主要分布在爱尔兰、英国、冰岛、挪威、加拿大等地。红藻门江蓠的分布几乎覆盖全球海域，南半球主要分布在阿根廷、智利、巴西、南非、澳大利亚，北半球主要分布在日本、中国、印度、马来西亚及菲律宾等国家。

海藻也可以通过人工养殖进行大规模工业化生产。中国、日本、韩国等国在海藻养殖和加工方面处于世界领先地位，是目前世界海藻养殖业的主产区，其中中国海藻养殖业发展迅速，产量居世界首位（Tseng，2001）。日本的海藻养殖业非常发达，养殖海藻产量占其海藻总产量的95%左右，主要品种有紫菜、裙带菜、海带等。韩国的海藻养殖产量占其总产量的97%左右，其中裙带菜和紫菜是最重要的两个养殖品种。

海藻含有丰富的生物活性成分，如多糖、矿物质、抗氧化物、多不饱和脂肪酸、类胡萝卜素、维生素、色素、脂肪酸、甾醇类等，具有很高的经济价值（Kim，2015；纪明侯，1962）。以大型海藻为原料制备海藻酸盐、卡拉胶、琼胶等海藻胶已发展成为一个重要的产业，以微藻为原料制备的各种保健品和功能食品也得到广泛应用。

第二节　海藻的种类及分布

大型海藻主要有红藻门、褐藻门、绿藻门和蓝藻门。中国沿海已有记录的海藻有1277种，隶属于红藻门40科169属607种；褐藻门24科62属298种；绿藻门21科48属211种；蓝藻门21科57属161种（丁兰平，

2011；曾呈奎，1963），主要分布在广东、福建、浙江等东海沿岸、南海北区和南区的诸群岛沿岸、黄海西岸（包括渤海区）。表 1-1 显示中国各海区海藻的种数。

表 1-1　中国各海区海藻的种数（丁兰平，2011）

海区	红藻门		褐藻门		绿藻门		蓝藻门		合计
	特有种	共有种	特有种	共有种	特有种	共有种	特有种	共有种	所有种
黄海西岸	88	15	96	48	79	15	32	5	378
东海西区	1	5	28	120	4	31	0	12	201
南海北区	54	15	51	132	46	48	4	22	372
南海南区	56	22	234	88	92	46	133	19	690

据统计，全球各地现有褐藻、红藻、绿藻等大型海藻 6495 种，其中褐藻 1485 种、红藻 4100 种、绿藻 910 种。在各种海藻中，褐藻生长在寒温带水域，在北大西洋的爱尔兰、英国、冰岛、挪威、加拿大等地以及南太平洋的智利、秘鲁等地有丰富的野生资源。图 1-1 示出海藻的分类示意图。

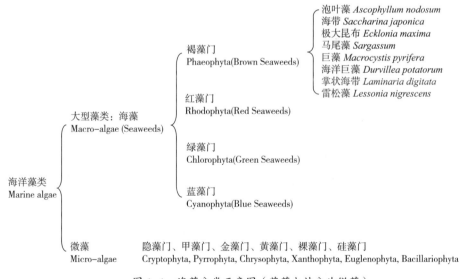

图 1-1　海藻分类示意图（蓝藻也被分为微藻）

第三节　海藻生物资源现状

一、野生海藻生物资源

世界各地有丰富的野生海藻资源，据估计，仅挪威沿海的总储量就达5000万~6000万t，英国和爱尔兰分别有1000万t和300万t的野生海藻资源。目前欧美国家海藻化工产业使用的原料基本为野生海藻，如美国生产海藻酸盐的原料主要是巨藻，欧洲以泡叶藻、掌状海带、极北海带为主要原料。我国生产海藻酸盐的原料主要是海带，近年来开始以进口海藻作原料，2013年进口工业海藻近17万t，主要为智利等国的野生海藻。

我国沿海各个海域均有丰富的野生海藻资源，其中褐藻从北向南逐渐减少，绿藻则逐渐增多，红藻在各个海域均有分布。2008年浒苔大规模爆发，给海洋生态及沿海旅游业带来负面影响的同时，也带来了宝贵的海洋生物质资源，成为开发海藻肥料、生物质能源、食品及食品添加剂、饲料、药品及工程材料的重要原料。

二、人工养殖海藻

海藻可以通过人工养殖大规模生产。据联合国粮农组织《世界渔业和水产养殖状况2012》（统计数据为湿重）报告显示，世界海藻养殖产量远大于野外采集量。养殖海藻品种主要为海带、麒麟菜、江蓠、紫菜、裙带菜等。2010年有海藻养殖的31个国家和地区的养殖总产量为1900万t，其中99.6%来自8个国家：中国（1110万t，58.4%）、印度尼西亚（390万t，20.6%）、菲律宾（180万t，9.5%）、韩国（90万t，4.7%）、朝鲜（44万t，2.3%）、日本（43万t，2.3%）、马来西亚（21万t，1.1%）和坦桑尼亚联合共和国（13万t，0.7%）。根据《中国渔业统计年鉴2013》公布的2012年海藻养殖产量统计数据，中国海水养殖海藻产量为1764684t，淡水养殖藻类8005t。

我国沿海从北到南均有海藻养殖，包括海带、裙带菜、紫菜、江蓠、羊栖菜、麒麟菜等多个品种，总产值约200亿元，是我国海洋水产行业中的支柱产业（李岩，2015；秦松，2010；郭莹莹，2011）。《中国渔业统计年鉴2013》（统计数据为干品）显示，2012年我国养殖海藻产量为176.47万t，比2011年增加16.29万t，增长10.17%；养殖面积为12.08万hm^2，比2011年增加0.16万hm^2，增长1.32%；养殖种类以海带（97.9万t，65%）、江蓠（19.7万t，13%）、裙带菜（17.5万t，12%）、紫菜（11.2万t，8%）为主。其中，海带主要在福建（55%）、山东（24%）、辽宁（20%）养殖，裙带菜主要在辽宁（74%）、山东（26%）养殖，江蓠主要在福建（54%）、广东（28%）、山东（11%）、海南（6%）养殖，紫菜主要在福建（49%）、浙江（22%）、江苏（19%）、广东（9%）养殖。

山东是海藻养殖的大省，2012 年养殖总量为 56.64 万 t，占全国海藻养殖总产量的 32.1%，养殖面积 1.80 万 hm²，占全国养殖面积的 14.9%，主要养殖品种为海带、裙带菜、江蓠和紫菜。其中，海带养殖产量为 23.48 万 t，养殖面积为 1.61 万 hm²；裙带菜养殖产量为 4.48 万 t，养殖面积为 1499hm²；江蓠养殖产量为 2.13 万 t，养殖面积为 10hm²；紫菜养殖产量为 885t，养殖面积为 367hm²；其他（主要为龙须菜）养殖产量为 26.46 万 t。威海荣成是山东养殖海带的主产区，是全国最大的海带养殖基地。

应该指出的是，中国并不是海带的原产地。自日本引进海带后，20 世纪 20 年代开始首先在大连开始养殖，到 20 世纪 50~60 年代，山东科技工作者创造出的海带自然光低温育苗和海带全人工筏式养殖技术带来了我国海水养殖的"第一次浪潮"，使我国海带养殖从零开始，一跃成为世界第一。由于我国南方地区的海带不适用于海藻化工的生产原料，全国海藻化工生产所需要的原料海带绝大部分由山东提供。山东海带养殖产量一直占据全国海带养殖总产量的半壁江山，2000 年其养殖干品产量达到 35.2 万 t 的历史峰值。

除了海带，我国人工养殖海藻的主要品种还有裙带菜、江蓠、紫菜、羊栖菜、麒麟菜、苔菜、石花菜等品种。图 1-2 显示中国主要人工养殖海藻产量（干品，t）。

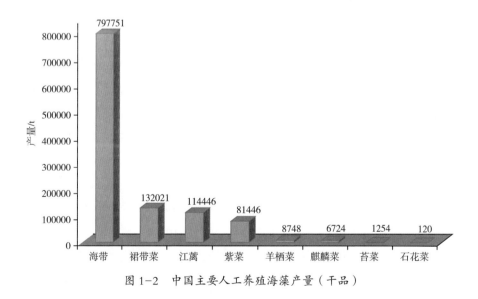

图 1-2　中国主要人工养殖海藻产量（干品）

1. 海带

海带隶属于褐藻门（Phaeophyta）褐藻纲（Phaeophyceae）海带目（Laminariales）海带科（Laminariaceae）海带属（*Laminaria*），是一种具有很高食用价值的经济作物。海带属包括近 50 个物种，自 2006 年开始，国际上趋向于将海带属分为 *Laminaria* 和 *Saccharina* 两个属，其中我国长期栽培的海带等 18 种被划分在 *Saccharina*（何培民，2018）。

新中国成立后的 20 世纪 50 年代，在曾呈奎等老一辈海藻科技工作者的领导下，我国的海藻学基础理论研究世界领先，直接带动了海带养殖业的发展。1952 年在北方沿海把人工采苗、分苗和海区筏式培养结合起来，取得初步成功后放弃了传统的海底岩礁生产，转为以筏式培养为主的生产方法，并很快在大连、山东沿海进行推广应用。海藻科学工作者进一步创造了低温育苗与自然光育苗法、建立了培育海带夏苗的方法和海带陶缸施肥法，并成功实施了海带南移栽培实验，使海带的人工栽培不但在北方迅速应用于生产，也为南方沿海各地养殖海带奠定了基础，使我国成为世界海带产量最高的国家。

以海带为核心的海藻栽培业被誉为我国海水养殖的"第一次浪潮"，其蓬勃发展有效促进了我国相关产业的发展，尤其是形成了一个以海带为主要原料的海藻化工业，产业规模居世界首位，也为海水养殖的"第二次浪潮"（贝类养殖）、"第三次浪潮"（对虾养殖）、"第四次浪潮"（鱼类养殖）提供了成熟经验和技术模式（何培民，2018）。

2. 裙带菜

裙带菜是一种味道鲜美、营养价值高，又可作为保健食品的经济海藻。我国的裙带菜自然生长在浙江，20 世纪 70 年代开始筏式养殖，但产量不高，发展不快。20 世纪 80 年代中期，辽宁省解决了裙带菜人工育苗的问题，成功开始规模化养殖。目前辽宁和山东已成为我国裙带菜养殖的主要基地，年产量仅次于海带和紫菜。

3. 江蓠

江蓠是一种具有很高经济价值的红藻，是制造琼胶的重要原料。1949 年前我国的江蓠都属于自然生长，1958 年以后采用各种方法进行人工养殖。20 世纪 80 年代后江蓠养殖不断发展，产量不断提高，给蓬勃发展的鲍鱼养殖业提供了充足的饵料。

4. 紫菜

紫菜是我国人民喜爱的一种海洋保健食品。自20世纪50年代开始紫菜的半人工采苗和全人工采苗后，紫菜的人工养殖日益普及，20世纪60年代在福建开始人工养殖坛紫菜。20世纪80年代起，中国科学院海洋研究所大力发展北方的条斑紫菜人工养殖，在黄海南部江苏省广大潮间带海域发展生产。目前我国年产紫菜十几万吨，占海藻生产的12%左右，产量仅次于日本、韩国。由于沿海气候水文条件有利于紫菜的生长繁殖，20世纪70年代后紫菜养殖业在福建省得到迅速发展，其产量占全国80%。

5. 羊栖菜

羊栖菜为暖温性多年生海藻，在浙、闽沿海生长最好。我国自1973年开始进行羊栖菜的开发研究，但由于加工技术未过关，一直没有得到较大发展。近年来由于日本市场的打开，羊栖菜系列食品的研究开发、羊栖菜的人工养殖得到迅速发展，其中浙江温州制订了发展万亩羊栖菜的规划，山东荣成、海阳也大力发展羊栖菜养殖。羊栖菜的人工育苗也已获突破性进展，以羊栖菜为原料的系列食品、饮料已经投放市场。

6. 石花菜

石花菜分布于中国北部沿海，浙江、福建、台湾也有生长，山东省有较多养殖。石花菜养殖最初是用人工投石法进行移植。1933年，朝鲜人文德进从朝鲜济州岛向青岛移植长在石块上的石花菜苗种，进行海底繁殖。1950—1959年，山东水产养殖场、中国科学院海洋研究所、山东省海水养殖研究所、黄海水产研究所等单位进行了石花菜人工移植、半人工采孢子、劈枝筏养试验研究。1973—1981年，山东省海水养殖研究所等单位又先后进行了石花菜室内人工育苗、分枝养殖、下海养育、防除敌害等大量试验研究，并取得初步成效。1983年，山东胶南、荣成等地推广了石花菜劈枝筏养技术，当年，每亩（1亩 =666.67m²）每茬产石花菜干品150kg左右。1985年，石花菜孢子育苗、夏茬养成和育种越冬试验均获成功，为大面积养殖石花菜提供了必要的技术条件。

7. 麒麟菜

麒麟菜是一种属于红藻纲红翎菜科的热带和亚热带海藻，自然生长在珊瑚礁上，在中国见于海南岛、西沙群岛及台湾等地沿海。目前珍珠麒麟菜已成为人工养殖的主要种类，藻体富含胶质，可提取卡拉胶供食用和作工业原料。

麒麟菜一年四季都可以生长,尤以春、夏、秋三季生长最快,一般雷雨过后生长更快。麒麟菜是多年生海藻,人工养殖主要是根据其出芽繁殖即营养繁殖进行的,主要的人工养殖方法是珊瑚枝绑苗投放种植。

8. 龙须菜

龙须菜是生长在海边石头上的植物,丛生叶的形状像柳,根须长的有一尺多,称为石发。龙须菜的藻体含有丰富的蛋白质、淀粉、碳水化合物、钙、铁等,其中钙的含量为食品中魁首。龙须菜性味甘、寒,具有助消化、解积腻、清肠胃、止血、降血压的功效。龙须菜的人工养殖包括筏式单养、与海带筏式轮养、与牡蛎筏式轮养等方法,其中筏式单养是主要的栽培形式,大多数是在秋、冬、春三季连续栽培龙须菜 3 茬,少数是全年筏架不上岸,连续栽培 4 茬。

9. 鼠尾藻

鼠尾藻是一种大型海洋褐藻,具有较高的经济价值,除在海洋生态系统中占有重要地位外,也是医疗、保健以及化工等行业的重要原料。近年来随着海参养殖业的发展,鼠尾藻被开发成为海参鲍鱼的优质饵料,需求量增加,产品日趋紧俏,导致价格上扬。2003 年,浙江省洞头县东屏镇寮顶村庄瑞行等养民在县科技局的支持下,立项开展鼠尾藻人工栽培试验。从 2003 年 11月开始,在洞头沿海采集鼠尾藻野生苗种,开展鼠尾藻人工栽培实验,养殖11.5 亩,总产干品 4082.5kg。鼠尾藻的人工养殖有利于改善海洋环境,经济效益较高、市场前景好,是一种新的藻类养殖产业。

图 1-3 为海藻主要养殖品种的示意图。

第四节 海藻活性物质

海藻活性物质是一类从海藻生物体内提取的,可以通过化学、物理、生物等作用机理对生命现象产生影响的生物质成分,包括海藻细胞外基质、细胞壁及原生质体的组成部分以及细胞生物体内的初级和次级代谢产物,其中初级代谢产物是海藻从外界吸收营养物质后通过分解代谢与合成代谢,生成的维持生命活动所必需的氨基酸、核苷酸、多糖、脂类、维生素等物质,次级代谢产物是海藻在一定的生长期内,以初级代谢产物为前体合成的一些对生物生命活动非必需的有机化合物,也称天然产物,包括生物信息物质、药用物质、生物毒素、功能材料等海藻源化合物(张国防,2016;张明辉,2007)。

Saccharina japonica
海带

Undaria pinnatifida
裙带菜

Gracilaria
江蓠

Porphyra
紫菜

Sargassum fusiforme
羊栖菜

Gelidium amansii
石花菜

Eucheuma
麒麟菜

Gracilaria lemaneiformis
龙须菜

Sargassum thunbergii
鼠尾藻

图 1-3　海藻的主要养殖品种

由于海藻长期处于海水这样一个特异的闭锁环境中，并且海洋环境具有高盐度、高压力、氧气少、光线弱，甚至局部深海的高温等特点，海藻类生物在进化过程中产生的代谢系统和机体防御系统与陆地上生物不同，使海藻生物体中蕴藏许多新颖的生理活性物质，包括多糖类、多肽类、多酚类、生物碱类、萜类、大环聚酯类、多不饱和脂肪酸等化合物（康伟，2014）。相对于海绵、海鞘、软珊瑚等其他海洋生物，海藻代谢产物的结构相对简单，其最大特点是富含溴、氯、碘等卤素，尤其是含有大量多卤代倍半萜、二萜以及溴酚类代谢产物（史大永，2009），具有拒食、抗微生物、抗附着和生物毒性等特殊功效。

大量研究证明海藻代谢产物中含有丰富的生物活性物质。到 2017 年，世界各地已经从海藻中发现 4000 多种化合物，其中从褐藻、红藻、绿藻中发现的化合物分别为 1500、2000、450 多种（Qin，2018）。在大型藻类中，褐藻和红藻是生物活性物质最丰富的种群，其中红藻中卤代产物更为丰富。这些物质主要包括海洋药用物质、生物信息物质、海洋生物毒素和生物功能材料等，是大量海洋生物天然产物的一部分。

随着社会的发展、人们生活习惯的改变、环境污染的加剧和人类寿命的延长，心脑血管疾病、恶性肿瘤、糖尿病、阿尔茨海默病、乙型肝炎等疾病日益严重地威胁着人类健康，艾滋病、马尔堡病毒病、伊搏拉出血热、川崎病、克麦罗氏脑炎等新的疾病不断出现，人类迫切需要寻找新的、特效的药物和保健品用于预防和治疗这些疾病。经过长期的开发利用，陆生药源中的新药源日渐减少，而海洋中生活着种类繁多的生物，蕴藏着大量的生物活性物质，而且它们生活在盐度高的条件下，有些生物还生活在高压、低温或高温等极端环境中，使很多海洋源活性物质具有非常独特的性能和功效。

以羊栖菜为例，研究显示其含有海藻酸20.8%、粗蛋白7.95%、甘露醇10.25%、灰分37.19%、钾12.82%、碘0.03%。海蒿子含有海藻酸19.0%、粗蛋白9.69%、甘露醇9.07%、灰分30.65%、钾5.99%、碘0.017%，其生物质中含有D-半乳糖、D-甘露糖、D-木糖、L-岩藻糖、D-葡萄糖醛酸等组分。这些海藻活性物质具有丰富的生物活性和应用功效，以海藻酸盐为例，相对分子质量为20000~26000的海藻酸钠可制作血浆代用品。Alginon由0.4%的海藻酸钠、5%葡萄糖及0.9%氯化钠的水溶液组成，其扩容效力与右旋糖酐相似，对肝、脾、肾、骨髓无伤害，一般无过敏，能增进造血功能。在医疗领域，海藻酸的用途很广，其钠盐可作为维生素丙水溶液的稳定剂，对口服碱土金属放射性同位素 ^{226}Ra、^{140}Ba、^{90}Sr 均有保护作用，能促进其自机体排出。口服海藻酸钠1.5g，可使人体对 ^{85}Sr 的吸收降低一半，即使服用8g，也不影响钙的吸收。海藻酸与等分子的苯丙胺制成的合剂可作为食欲抑制剂，能减轻肥胖而不引起失眠，与三硅酸镁、氢氧化铝等制成抗酸剂，可减轻沙石感或收敛性，亦可用于消除药剂的不良气味。

海藻活性物质优良的性能和独特的功效与其生长环境密切相关。生长在海洋中的海藻生物体与其周边的海水形成一个互动的生态体系，其化学组成是海藻化学生态进化和演变的结果。

海藻的化学生态涉及海藻生物与环境之间的化学联系及其机制，在农药污染、病虫害抗药性和其他生态环境问题中起重要作用，其研究内容涉及一种生物与其他生物之间相互关系根本原因的探讨、生物多样性保护和生物资源的合理利用，也为神经生物学和进化论提供研究模式和理论依据。化学生态学涵盖众多学科领域，包括进化论、生态学、行为学、毒理学、分析化学、电生理学、细胞生物学、生物物理学、神经生物学、生物化学、分子生物学等学科的基本原理和技术手段，是学科交叉优势互补的典型范例。

海藻的化学生态环境有以下特点：

（1）光照强度低。

（2）氧气浓度低。

（3）盐度高。

（4）营养成分少。

（5）风浪大。

（6）温度变化大。

（7）侵食动物多。

以光照条件为例，阳光照射到海平面后很快被吸收，光的性质也有显著改变。太阳光到达海面时，在平静的海面上20%~25%的光被海面反射掉，而在波动的海面上被反射掉的光占50%~75%。进入海水的光线中，一部分被海水吸收，另一部分被海水中的微粒散射。10m水深处的光强度为表面的10%，在100m处仅保留水面光强的1%。红色、橙色、黄色等波长比较长的光在很浅的地方就被海水吸收，只有绿色、青色、蓝色、紫色等短波光能进入比较深的水层（刘明华，2016）。这些不同波长光线对海水的渗透特点影响了不同种类海藻在海洋中的分布，例如绿藻主要吸收和利用红光，因此主要生长在海面上。褐藻主要吸收和利用橙光和黄光，红藻主要吸收和利用绿光和蓝光，这两类海藻生长在更深的海域。

除了光照等环境因素，在海藻的生物进化过程中，其化学生态涉及捕食、竞争性相互作用、抵抗微生物感染机制等生命活动（Smit，2004；La Barre，2004；Fusetani，2004）。在海洋生态环境中，海藻属于被吞食的弱者。为了避免海洋食草动物的大量吞食而维护自身的生存繁衍，大多数海藻能产生一些具有自我防御特性的代谢物质。这些物质是海藻在亿万年进化过程中发展起来的生物武器，起着传递信息、拒捕食、杀灭入侵生物等自卫作用，如抗生素、激素、生物碱、毒素等，在抗病毒、抗菌、抗肿瘤方面显示出巨大的应用潜力（蔡福龙，2014）。褐藻中的单萜类化合物对食草动物起到化学抵御作用（Paul，2006），二萜类化合物具有阻止海胆和食草鱼侵食的作用（Barbosa，2003；Barbosa，2004）。

化学生态学可以分为感觉化学生态学和防御性化学生态学（Amsler，2012）。对于海藻，感觉化学生态学和防御性化学生态学有时是相互关联的，例如由食草动物攻击后释放出信号分子在水中传播到另一种海藻后，通过其感知可以引发没有受到侵食的海藻的防御反应。海藻的防御反应也会干扰细菌与海藻表面之间的化学通信。

感觉化学生态学可以进一步分为生物之间的化学通信以及海藻对温度、压力、风浪等非生物化学环境的感知和反应。防御性化学生态学同样也可以根据防御的对象进一步分类，其中一个主要因素是对捕食的防御。在应对生长在藻体上的其他藻类、病原生物等各种微生物的过程中，海藻会对这些生物淤积物产生化学防御机制（Amsler，2008）。

海藻对食草动物的防御是其化学生态学的重要组成部分。海藻利用多种化合物对其自身进行防御，这些化合物分布在整个海藻生物体中，也有集中在某些特定部位。有些化合物是海藻本身具备的，另外一些是在受到食草动物攻击时产生的，后者被称为诱导防御。海藻中的化合物在受到攻击时可以从活性低的状态转化为活性高的状态，以墨角藻为例，褐藻多酚是其主要的防御性化合物，在不同区域、不同时间以及不同生长环境下的含量有较大变化。萜类化合物是褐藻的另一类防御性化合物，研究显示其与食草动物侵食的量和侵食后的健康状况有关联性。绿藻中的二萜类化合物可以抑制鱼类对其侵食，在藻体受伤后转化为毒性更强的衍生物。泡叶藻在受到蜗牛攻击时会产生更多的褐藻多酚，其作用机理是应对蜗牛唾液中的消化酶。有趣的是，蜗牛对泡叶藻的侵食导致藻体释放出水性因子，可以诱导周边的泡叶藻产生防御性化合物。海藻上的病原体包括细菌、真菌和丝状藻类内生菌。在应对微生物侵害的过程中，很多海藻产生能抑制细菌等病原体生长的有机化合物。与此类似，在应对生物淤积的过程中，海藻也产生多种防御性化合物。例如卤代呋喃酮是海洋红藻（Delisea pulchra）生成的一种防御侵食和生物淤积的化合物，可以干扰细菌的生理过程、抑制繁殖体在海藻表面的附着（Dworjanyn，1999；Dworjanyn，2006；Kjelleberg，1997；Maximilien，1998）。

抗氧化和保湿是海藻防御机制的重要组成部分，对于生长在潮间带的褐藻尤为重要。退潮后的褐藻暴露在阳光的直接照射下，与涨潮时浸没在海水中的生长环境形成很大差别。在亿万年的进化过程中，褐藻类植物中形成了大量具有抗氧化和保湿功效的活性物质。图1-4为生长在潮间带的野生褐藻。图1-5为几种主要褐藻的生长区域。

图 1-4　生长在潮间带的野生褐藻

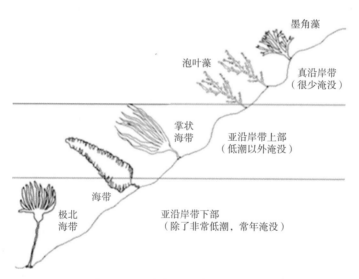

图 1-5　几种主要褐藻的生长区域

第五节　海藻活性物质的种类

作为海洋中规模最大的生物群，海藻是一类重要的生物质资源。表 1-2 为海藻中各种功能活性物质的种类及其功效。经过有效提取、分离、纯化后，这些纯天然的生物制品在与人体健康密切相关的功能食品、保健品、化妆品、生物医用材料、植物生长刺激剂等领域有很高的应用价值。

表 1-2　海藻中功能活性物质的种类及其功效

活性物质种类	功效
γ- 亚麻酸（γ-Linolenic acid）	抑制血管凝聚物形成
β- 胡萝卜素（β-Carotene）	消除毒物自由基，预防肿瘤，清血
类胡萝卜素（Carotenoid）	调节皮肤色素沉积，防皮肤癌变
硒多糖（Selenipolyglycan）	抑制癌细胞繁殖，防治癌变
碘多糖（Iodopolyglycan）	促进神经末梢细胞增长，增智
锌多糖（Zincopolyglycan）	调节血液物质平衡，预防皮肤瘤
游离氨基酸（Free amino acid）	调节体液 pH、物质平衡
多不饱和脂肪酸（PUFA）	调节胆固醇增殖，抗动脉硬化
藻胆蛋白（PC, PE）	刺激复活免疫系统，抗治动脉粥样硬化
岩藻多糖（Fucoidan）	抗凝血，降血脂，抗慢性肾衰，抗肿瘤，抗病毒，促进组织再生，抑制胃溃疡，增强机体免疫机能
角叉菜多糖（λ-Carrageenan）	抑制逆转录酶活性，抑制 HIV 的复制
超氧化物歧化酶（Superoxide dismutase）	消除化学物自由基，维持人体物质平衡，长寿剂
羊栖菜多糖（SFPS）	抑制致癌物，增强免疫力
褐藻多酚（Phlorotannin）	抗氧化活性，稳定易氧化药效
磷脂（Phospholipids）	抑制血糖增殖，抑制癌细胞生长
红藻硫酸多糖（SAE）	抑制病毒逆转录和艾滋病病毒（HIV）
甜菜碱类似物（Betaine analogue）	消解胆固醇，降血压，作植物生长调节剂
脱落酸（Abscisic acid）	抗盐碱渗透，促进植物生长
萜类化合物（Terpnoid）	调节渗透压，促进细胞增殖
细胞分裂素（Cytokinin）	刺激细胞分裂，促生长
赤霉素（Gibberellin）	抑制病毒，使植物体抗病害
吲哚乙酸（Indoleacetic acid）	抗寒温，促进种子发芽

按照化学结构，海藻活性物质可以分为多糖类、多肽类、氨基酸类、脂质类、甾醇类、萜类、苷类、多酚类、酶类、色素类 10 余个大类。

一、海藻生物活性多糖

海藻中存在着大量多糖类物质，目前已经分离出的多糖已证明具有各种生物活性和药用功能，如抗肿瘤、抗病毒、抗心血管疾病、抗氧化、免疫调节等（刘莺，2006；Potin，1999）。从海藻中提取的海藻酸盐、卡拉胶、琼胶等多糖类海藻胶在水中溶解后形成黏稠溶液，具有凝胶功能，目前有100多万吨海藻用于海藻胶或海洋亲水胶体的提取，是一个快速增长的行业。多糖及其衍生制品的凝胶、增稠、乳化特性以及抗氧化、抗病毒、抗肿瘤、抗凝血等生物活性在功能食品、保健品、生物医用材料、化妆品等行业有重要的应用价值。图 1-6 为琼胶、卡拉胶、海藻酸等海藻源多糖的化学结构。

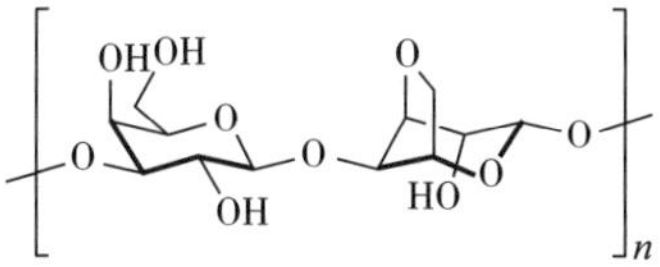

(1)琼胶

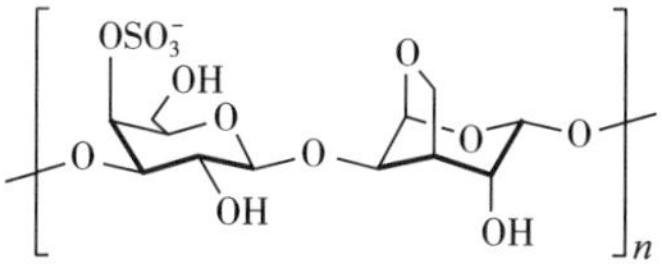

(2)卡拉胶

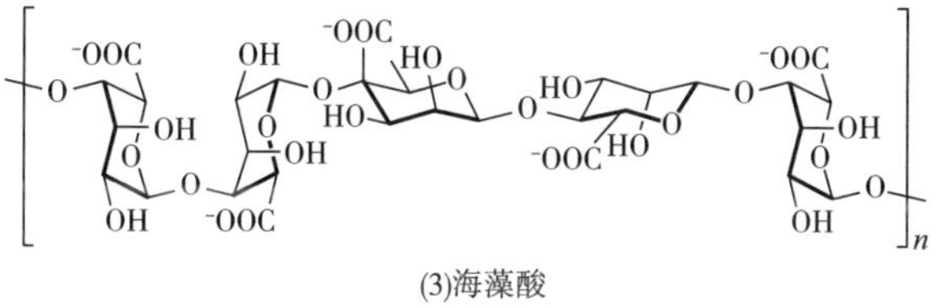

(3)海藻酸

图 1-6　海藻源多糖的化学结构

二、海藻生物活性肽

生物活性肽是介于氨基酸与蛋白质之间的聚合物，小至由两个氨基酸组成，大至由数百个氨基酸通过肽键连接而成，其生理功能主要有类吗啡样活性、激素和调节激素的作用、改善和提高矿物质运输和吸收、抗细菌和病毒、抗氧化、清除自由基等。海藻生物活性肽的制备方法和途径有两条：一是从海藻生物体中提取其本身固有的各种天然活性肽类物质；二是通过海藻蛋白质资源水解的途径获得（林英庭，2009；Rastogi，2015）。

三、海藻中的氨基酸

海藻中的氨基酸是其作为天然食品原料、食品添加剂及养殖饵料的基础，在海藻中部分以游离状态存在，大部分结合成海藻蛋白质。海藻的乙醇或水提取液中除含有肽类和一般性游离氨基酸外，还含有一些具有特殊结构骨架的新型氨基酸和氨基磺酸类物质，具有显著的药物活性。这些新的特殊氨基酸根据其结构可分为酸性、碱性、中性氨基酸和含硫氨基酸，属于非蛋白质氨基酸。相对于组成蛋白质的 20 种常见氨基酸，非蛋白质氨基酸多以游离或小肽的形式存在于生物体的各种组织或细胞中，多为蛋白质氨基酸的取代衍生物或类似物，如磷酸化、甲基化、糖苷化、羟化、交联等结构形式，还包括 D- 氨基酸及 β、γ、δ- 氨基酸等。据统计，从生物体内分离获得的非蛋白质氨基酸已达 700 多种，在动物中发现的有 50 多种，植物中发现的约为 240 种，其余存在于微生物中。非蛋白质氨基酸在生物体内可参与储能、形成跨膜离子通道和充当神经递质，在抗肿瘤、抗菌、抗结核、降血压、升血压、护肝等方面发挥极其重要的作用，还可以作为合成抗生素、激素、色素、生物碱等其他含氮物质的前身（荣辉，2013）。

四、多不饱和脂肪酸

藻类是 ω-3 多不饱和脂肪酸（PUFAs）的主要来源，也是二十碳五烯酸（EPA）和二十二碳六烯酸（DHA）在植物界的唯一来源（Ackman，1964；Ohr，2005）。PUFAs 在细胞中起关键作用，在人体心血管疾病的治疗中也有重要应用价值（Gill，1997；Sayanova，2004），对调节细胞膜的通透性、电子和氧气的转移以及热力适应等细胞和组织的代谢中起重要作用，在保健品行业有巨大的应用潜力（Funk，2001）。

海藻含有大量多不饱和脂肪酸，其中 DHA 具有抗衰老、防止大脑衰退、降血脂、抗癌等多种作用，EPA 可用于治疗动脉硬化和脑血栓，还有增强免疫力的功能。EPA 和 DHA 的生理作用包括：①抑制血小板凝集，防止血栓形成与脑卒中，预防阿尔茨海默病；②降低血脂、胆固醇和血压，预防心血管疾病；③增强记忆力，提高学习效果；④改善视网膜的反射能力，预防视力退化；⑤抑制促癌物质前列腺素的形成，故能防癌；⑥降低血糖，抗糖尿病等。

五、甾醇类

甾醇类是巨藻和微藻的重要化学成分，也是水生生物食物中的一个主要营养成分。巨藻是很多水生生物尤其是双壳纲动物的食物，孵化厂使用的微藻中甾醇类的数量和质量直接影响双壳纲动物幼虫的植物甾醇和胆固醇组成，因而影响它们的成长性能（Delaunay，1993）。

六、萜类

萜类化合物是一类由两个或两个以上异戊二烯单体聚合成的烃类及其含氧衍生物的总称。根据其结构单位的不同，可以分为单萜、倍半萜、二萜以及多萜，广泛存在于植物、微生物以及昆虫中，具有较高的药用价值，已经在天然药物、高级香料、食品添加剂等领域得到广泛应用（徐忠明，2015）。在萜类化合物中，倍半萜以结构多变著称，已知的有千余种，分别属于近百种碳架。海洋生物是倍半萜丰富的来源，其中不少有显著的生物活性。凹顶藻的代谢物中富含萜类，被誉为萜类化合物的加工厂。

七、苷类

苷类又称配糖体，是由糖或糖衍生物的端基碳原子与另一类非糖物质（称为苷元、配基）连接形成的化合物，是一类重要的海洋药物，包括强心苷、皂苷（海参皂苷、刺参苷、海参苷、海星皂苷）、氨基糖苷、糖蛋白（蛤素、海扇糖蛋白、乌鱼墨、海胆蛋白）等。多数苷类可溶于水、乙醇，有些苷类可溶于乙酸乙酯与氯仿，难溶于乙醚、石油醚、苯等极性小的有机溶剂。皂苷类成分能降低液体表面张力而产生泡沫，故可作为乳化剂。内服后能刺激消化道黏膜，促进呼吸道和消化道黏液腺的分泌，具有祛痰止咳的功效。不少皂苷还有降胆固醇、抗炎、抑菌、免疫调节、兴奋或抑制中枢神经、抑制胃液分泌，杀精子、杀软体动物等作用。有些甾体皂苷有抗肿瘤、抗真菌、抑菌及降胆固醇作用，大量用作合成甾体激素的原料。卢慧明等（卢慧明，2011）把龙须菜用乙醇浸泡提取，提取物经石油醚、乙酸乙酯萃取后通过硅胶、十八烷基硅醚、葡聚糖凝胶、HPLC 等色谱分离手段，分别从石油醚溶解部分和乙酸乙酯溶解部分获得尿苷、腺苷等苷类化合物。

八、多酚类

酚类化合物包含很多种具有多酚结构的物质。根据其含有的酚环的数量以及酚环之间的连接方式，多酚类化合物有很多种类，其中主要的多酚类化合物包括黄酮类、酚酸类、单宁酸类、二苯基乙烯类、木酚素类等（Ignat，2011）。褐藻多酚是间苯三酚经过生物聚合后生成的一类酚类化合物，是一种亲水性很强、分子质量在 126~650ku 的生物活性物质，根据其键合方式，褐藻多酚可分为 Fuhalols & phlorethols、Fucols、Fucophloroethols、Eckols 4 个类别（Li，2011）。

九、酶类

与其他生物体相似，海藻含有多种酶。李宪璀等（李宪璀，2002）的研究结果显示，海藻中提取的葡萄糖苷酶抑制剂不仅能调节体内糖代谢，还具有抗 HIV 和抗病毒感染的作用，对治疗糖尿病及其并发症和控制艾滋病的传染等具有重要作用。

十、色素类

海藻中含有多种色素类化合物，其中类胡萝卜素是五碳异戊二烯在酶催化下聚合后得到的一种天然色素，是一种含 40 个碳的高度共轭结构。类胡萝卜素存在于所有植物中，而动物缺少内生合成类胡萝卜素的能力，只能从食物中摄取（von Elbe，1996）。作为一种抗氧化剂和维生素 A 的前体，类胡萝卜素具有抗肿瘤、抗衰老、抗心血管疾病等特性。以微藻生产 β- 胡萝卜素、虾青素等产品目前发展迅速，主要原因是微藻中的含量比较高。β- 胡萝卜素具有很高的生物活性，其在海藻中的含量受种类以及光强度、硝酸盐及其他盐浓度、盐浓度等生长环境的影响。杜氏盐藻中的 β- 胡萝卜素含量是所有真核生物中最高的（El Baz，2002）。从杜氏盐藻中制备的 β- 胡萝卜素目前以多种形式销售，如含量为 1.5%~30% 的精油、微藻干粉或含 5%β- 胡萝卜素的胶囊或药片。

虾青素是水生生物中常见的一种红色色素，存在于微藻、海草、虾、龙虾、三文鱼等动植物中。虾青素的抗氧化活性是 β- 胡萝卜素、叶黄素等其他类胡萝卜素的 10 倍以上（Miki，1991），具有抗肿瘤、提高免疫力、紫外保护等功效（Guerin，2003）。虾青素优良的保健功效及其颜色特征使其在保健品、化妆品、功能食品等领域有重要应用价值。

第六节　海藻源多糖

多糖是海藻植物细胞壁的主要成分。表 1-3 为绿藻、红藻、褐藻细胞中存在的多糖的种类。

表 1-3　绿藻、红藻、褐藻细胞中的多糖组分（Khan，2009）

海藻种类	多糖组分
绿藻	直链淀粉、支链淀粉、纤维素、复杂的半纤维素、葡甘露聚糖、甘露聚糖、菊粉、褐藻淀粉、果胶、硫酸黏液、木聚糖
红藻	卡拉胶、琼胶、紫菜胶、纤维素、复杂的黏液、寻叉藻聚糖、糖原、甘露聚糖、木聚糖
褐藻	海藻酸盐、岩藻多糖、褐藻淀粉、纤维素、复杂硫酸酯化葡聚糖、含岩藻糖的聚糖、类地衣淀粉葡聚糖

　　从海藻中提取海藻酸盐、卡拉胶、琼胶等海藻胶是整个海藻加工业的代表性产品。美国、英国、法国、挪威等欧美国家早在 100 年以前就开始工业化生产海藻胶并开发了产品的下游应用。我国的海藻胶工业仅有 50 多年的历史，但发展迅猛，目前产量和规模已进入海藻工业大国之列。海藻胶具有许多良好的特性，广泛应用于食品、药品、化工、纺织印染等多个领域。在传统的应用领域之外，新的应用领域及其使用方法的开发研究正方兴未艾，对其衍生物在药品支撑剂、改良剂、增效剂、生物医用材料、美容化妆品等方面的研究是当今研究的趋向。表 1-4 总结了 1999—2009 年间世界海藻胶的产量（Bixler，2011）。

表 1-4　1999 和 2009 年间世界海藻胶产量

海藻胶种类	销售量 /t	
	1999	2009
琼胶	7500	9600
卡拉胶	42000	50000
海藻酸盐	23000	26500
总数	72500	86100

第七节　岩藻多糖

　　岩藻多糖也称褐藻糖胶、褐藻多糖硫酸酯、褐藻聚糖硫酸酯、岩藻依聚糖、岩藻聚糖硫酸酯等，是一种水溶性硫酸杂多糖，是从海带等褐藻中提取的纯天然、阴离子型、硫酸酯化多糖。岩藻多糖主要由含硫酸基岩藻糖组成，伴有少量半乳糖、甘露糖、木糖、阿拉伯糖、糖醛酸等，其组成和结构十分复杂，且在不同褐藻中的种类及含量差异很大，目前主要从海带、海蕴、泡叶藻、裙带菜、羊栖菜、马尾藻、绳藻、墨角藻等褐藻中提取。图 1-7 为用于提取岩藻多糖的几种主要褐藻。

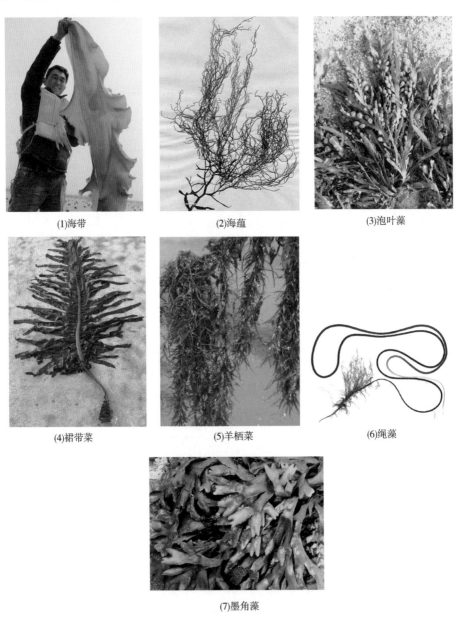

(1)海带   (2)海蕴   (3)泡叶藻

(4)裙带菜   (5)羊栖菜   (6)绳藻

(7)墨角藻

图 1-7　用于提取岩藻多糖的几种主要褐藻

岩藻多糖独特的化学结构赋予其抗凝血、降血脂、抗慢性肾衰竭、抗肿瘤、抗病毒、促进组织再生、抑制胃溃疡、增强机体免疫机能等多种生理活性，以及螯合重金属离子、亲水等理化特性，近年来得到广泛关注。大量科学研究证明岩藻多糖对巨噬细胞、T细胞有直接免疫调节作用，具有明显的抗凝血、促纤溶等药理活性，能诱导癌细胞凋亡、诱发细胞生长因子生成、促进细胞生长、修复受损或机能减退的器官和组织、预防血栓形成的作用，还具有良好的降血脂、降血糖、降胆固醇的功效，可治疗慢性肾衰竭，对中早期肾衰竭效果显著，特别对改善肾功能、提高肾脏对肌酐清除率效果显著。作为金属离子的结合剂和阻吸剂，岩藻多糖可以有效降低人体对铅等有害重金属离子的吸收。

作为一种性能优良、功效独特的海洋源健康产品，岩藻多糖在新时代健康产业领域中有重要的应用价值，在全球各地已经广泛应用于功能食品、保健品、美容化妆品、生物医用材料、植物生长刺激剂等众多领域，是一种重要的海藻活性物质，可以有效清除幽门螺旋杆菌、调理肠道菌群、促进肿瘤康复，并且在伤口护理、美容护肤、作物生长等众多领域发挥独特的作用。

第八节　小结

海藻是重要的海洋生物资源，具有非常重要的经济价值和生态价值。海藻含有丰富的生物活性物质，其生物制品已经广泛应用于功能食品、生物医药、保健品、美容护肤品、生物医用材料、生物刺激剂等众多领域，为人类社会提供食品、药物、化妆品、饲料、肥料、化工原料等绿色生物制品。海藻及其含有的大量生物活性物质为海藻生物制品在健康产业中的广泛应用奠定了基础，是新时代健康产业的一个重要组成部分。

参考文献　　　[1] Ackman R G. Origin of marine fatty acids. Analysis of the fatty acids produced by the diatom *Skeletonema costatum*[J]. J Fish Res Bd Can, 1964, 21: 747-756.

[2] Amsler C D. Algal Chemical Ecology[M]. Berlin: Springer, 2008.

[3] Amsler C D. Chemical Ecology of Seaweeds. In: Wiencke C & Bischof K (eds.), Seaweed Biology, Ecological Studies 219[M]. Berlin

Heidelberg: Springer-Verlag, 2012.

［4］Barbosa J P. A dolabellane diterpene from the Brazilian brown alga *Dictyota pfaffii*［J］. Biochem Syst Ecol, 2003, 31: 1451-1453.

［5］Barbosa J P. A dolabellane diteprene from the brown alga *Dictyota pfaffii* as chemical defense against herbivores［J］. Bot Mar, 2004, 47: 147-151.

［6］Bixler H J, Porse H. A decade of change in the seaweed hydrocolloids industry［J］. J Appl Phycol, 2011, 23: 321-335.

［7］Delaunay F. The effect of mono specific algal diets on growth and fatty acid composition of *Pecten maximus*（L.）larvae［J］. J Exp Mar Biol Ecol, 1993, 173: 163-179.

［8］Dworjanyn S A, de Nys R, Steinberg P D. Localization and surface quantification of secondary metabolites in the red alga *Delisea pulchra*［J］. Mar Biol, 1999, 133: 727-736.

［9］Dworjanyn S A, Wright J T, Paul N A, et al. Cost of chemical defense in the red alga *Delisea pulchra*［J］. Oikos, 2006, 113: 13-22.

［10］El Baz F K. Accumulation of antioxidant vitamins in *Dunaliella salina*［J］. J Biol Sci, 2002, 2: 220-223.

［11］Funk C D. Prostaglandins and leukotrienes: advances in eicosanoids biology［J］. Science, 2001, 294: 1871-1875.

［12］Fusetani N. Biofouling and antifouling［J］. Nat Prod Rep, 2004, 21: 94-104.

［13］Gill I, Valivety R. Polyunsaturated fatty acids: Part 1. Occurrence, biological activities and application［J］. Trends Biotechnol, 1997, 15: 401-409.

［14］Guerin M. *Haematococcus astaxanthin*: applications for human health and nutrition［J］. Trends Biotechnol, 2003, 21: 210-216.

［15］Ignat I, Volf I, Popa V I. A critical review of methods for characterization of polyphenolic compounds in fruits and vegetables［J］. Food Chem, 2011, 126: 1821-1835.

［16］Khan W, Rayirath U P, Subramanian S, et al. Seaweed extracts as biostimulants of plant growth and development［J］. J Plant Growth Regul, 2009, 28: 386-399.

［17］Kim S K, ed. Handbook of Marine Biotechnology［M］. New York: Springer, 2015.

［18］Kjelleberg S, Steinberg P, Givskov M, et al. Do marine natural products interfere with prokaryotic AHL regulatory systems?［J］. Aquat Microb Ecol, 1997, 13: 85-93.

［19］La Barre S L. Monitoring defensive responses in macroalgae limitations and perspectives［J］. Phytochem Rev, 2004, 3: 371-379.

［20］Li Y X, Wijesekara I, Li Y, et al. Phlorotannins as bioactive agents from brown algae［J］. Process Biochem, 2011, 46（12）: 2219-2224.

［21］Maximilien R, de Nys R, Holmstrom C, et al. Chemical mediation of bacterial surface colonization by secondary metabolites from the red alga *Delisea pulchra* ［J］. Aquat Microb Ecol, 1998, 15: 233-246.

［22］Miki W. Biological functions and activities of animal carotenoids［J］. Pure Appl Chem, 1991, 63: 141-146.

［23］Ohr L M. Riding the nutraceuticals wave［J］. Food Technol, 2005, 59: 95-96.

［24］Paul V J. Marine chemical ecology［J］. Nat Prod Rep, 2006, 23: 153-180.

［25］Potin P. Oligosaccharide recognition signals and defense reactions in marine plant-microbe interactions［J］. Curr Opin Microbiol, 1999, 2: 276-283.

［26］Qin Y. Bioactive seaweeds for food applications［M］. San Diego: Academic Press, 2018.

［27］Rasmussen R S, Morrissey M T. Marine biotechnology for production of food ingredients［J］. Adv Food Nutr Res, 2007, 52: 237-292.

［28］Rastogi R P, Sonani R R, Madamwar D. Physico-chemical factors affecting the in vitro stability of phycobiliproteins from *Phormidium rubidum* A09DM［J］. Bioresour Technol, 2015, 190: 219-226.

［29］Sayanova O V, Napier J A. Eicosapentaenoic acid: biosynthetic routs and the potential for synthesis in transgenic plants［J］. Phytochemistry, 2004, 65: 147-158.

［30］Smit A J. Medicinal and pharmaceutical uses of seaweed natural products: a review［J］. J Appl Phycol, 2004, 16: 245-262.

［31］Tseng C K. Algal biotechnology industries and research activities in China［J］. J Appl Phycol, 2001, 13: 375-380.

［32］von Elbe J H, Schwartz S J. Colorants. In Food Chemistry［M］. New York: Marcel Dekker, 1996.

［33］赵素芬.海藻与海藻栽培学［M］.北京：国防工业出版社，2012.

［34］董彩娥. 海藻研究和成果应用综述［J］. 安徽农业科学, 2015, 43（14）: l-4.

［35］纪明侯，张燕霞. 我国经济褐藻的化学成分研究［J］. 海洋与湖沼, 1962, 5（1）: l-10.

［36］丁兰平，黄冰心，谢艳齐. 中国大型海藻的研究现状及其存在问题［J］. 生物多样性, 2011, 19（6）: 798-804.

［37］曾呈奎，张峻甫. 中国沿海藻区系的初步分析研究［J］. 海洋与湖沼, 1963, 5（3）: 245-261.

［38］李岩，付秀梅.中国大型海藻资源生态价值分析与评估［J］.中国渔业经济, 2015, 33（2）: 57-62.

［39］秦松，林瀚智，姜鹏. 专家论藻类学的新前沿［J］. 生物学杂志, 2010, 27（1）: 64-67.

［40］郭莹莹，尚德荣，赵艳芳，等. 青岛海藻产业发展的现状及思路［J］.

中国渔业经济，2011，29（5）：80-85.

［41］何培民，张泽宇，张学成，等.海藻栽培学［M］.北京：科学出版社，
2018.

［42］张国防，秦益民，姜进举.海藻的故事［M］.北京：知识出版社，2016.

［43］张明辉.海洋生物活性物质的研究进展［J］.水产科技情报，2007，34
（5）：201-205.

［44］康伟.海洋生物活性物质发展研究［J］.亚太传统医药，2014，10（3）：
47-48.

［45］史大永，李敬，郭书举，等.5种南海海藻醇提取物活性初步研究［J］.
海洋科学，2009，33（12）：40-43.

［46］刘明华，张新颖.海洋藻类资源高效利用技术［M］.北京：化学工业出版
社，2016.

［47］蔡福龙，邵宗泽.海洋生物活性物质-潜力与开发［M］.北京：化学工业
出版社，2014.

［48］刘莺，刘新，牛筛龙.海洋生物活性多糖的研究进展［J］.Herald of
Medicine，2006，25（10）：1044-1046.

［49］林英庭，朱风华，徐坤，等.青岛海域浒苔营养成分分析与评价［J］.饲
料工业，2009，30（3）：46-49.

［50］荣辉，林祥志.海藻非蛋白质氨基酸的研究进展［J］.氨基酸和生物资
源，2013，35（3）：52-57.

［51］徐忠明.羊栖菜中萜类成分的提取与纯化方法研究［D］.杭州：浙江工
商大学学位论文，2015.

［52］卢慧明，谢海辉，杨宇峰，等.大型海藻龙须菜的化学成分研究［J］.热
带亚热带植物学报，2011，19（2）：166-170.

［53］李宪璀，范晓，韩丽君，等.海藻提取物中α-葡萄糖苷酶抑制剂的初步筛
选［J］.中国海洋药物，2002，86（2）：8-11.

第二章　岩藻多糖及其来源

第一节　引言

岩藻多糖也称褐藻糖胶、褐藻多糖硫酸酯、褐藻聚糖硫酸酯、岩藻依聚糖、岩藻聚糖硫酸酯等，是一种水溶性硫酸杂多糖。作为海带等褐藻独有的海洋源纯天然多糖，岩藻多糖主要由含硫酸基岩藻糖组成，伴有少量半乳糖、甘露糖、木糖、阿拉伯糖、糖醛酸等，其独特的化学结构赋予其抗凝血、降血脂、抗慢性肾衰、抗肿瘤、抗病毒、促进组织再生、抑制胃溃疡、增强机体免疫机能等多种生理活性，以及螯合重金属离子、亲水等理化特性，在新时代健康产业中有重要的应用价值。

岩藻多糖在褐藻生物质中占干重的 1%~20%，是一种含量低、活性高的海藻多糖，在海藻的自然生长过程中起到保湿、抗紫外线损伤、抗氧化等功效。作为一种纯天然生物制品，岩藻多糖易溶于水，易被人体吸收利用，对人体无明显毒副作用，是一种性能优良、功效独特的海洋源健康产品，在全球各地已经广泛应用于功能食品、保健品、美容护肤品、生物医用材料、植物生长刺激剂等众多领域，是一种重要的海藻活性物质。

第二节　岩藻多糖的来源

一、岩藻多糖的来源

在褐藻生物体中，岩藻多糖一般以小滴状存在于褐藻间组织或细胞间黏液基质中，能从叶片表面分泌出来，目前主要从海带、裙带菜、海蕴、泡叶藻、羊栖菜、马尾藻、绳藻、墨角藻等褐藻中提取。我国拥有丰富的褐藻资源，其中海带养殖规模全球最大，其中约有 50% 的产量用于提取褐藻胶，在与岩藻多糖联合提取时可以为岩藻多糖的生产制备提供充足的原料保障。裙带菜是另一种在我国大规模人工栽培的海藻，其岩藻多糖含量高，从中提取的岩藻多糖已经广泛应用于保健食品。海蕴，又名水云，是一种味道鲜美的海藻食品，尽管其产量相对较低，日本的很多企业以此为原料提取出的岩藻多糖具有明显的药理作用，用于治疗胃溃疡和十二指肠溃疡的疗效显著。Sigma 公司从墨角藻中提取的试剂型岩藻多糖是一种取代度很高的硫酸酯多糖，具有抗炎、抗凝血、抗病毒、抗肿瘤等很高的生物活性。

马尾藻属于褐藻门、墨角藻目、马尾藻科、马尾藻属，是热带及温带海域沿海常见的一类大型褐藻，其野生资源丰富。2019 年大西洋马尾藻环境污染爆发，超过 2000 万 t 的马尾藻漂浮在从非洲西海岸延伸到墨西哥湾的海洋表面。这些数量巨大的生物质是一种宝贵的资源，从中提取岩藻多糖可以在高值化利用生物资源的同时，解决海洋环境问题。

根据海藻种类、生长季节的不同，岩藻多糖在褐藻生物体内的含量和组成有较大变化，同一棵海藻的不同部位含有的岩藻多糖也不尽相同。约有 97% 的褐藻含有的是 F 型岩藻多糖，3% 的褐藻中含有 G 或 U 型岩藻多糖，其中岩藻多糖的含量与褐藻部位有密切关系，例如海带叶片中的含量比颈部多，叶片中岩藻多糖的含量自基部向尖部逐渐升高，叶片边缘比中间部位的含量高。岩藻多糖的含量也受海藻生长季节的影响，在 7~12 月份的含量较高，3~4 月份较低。生长在潮间带较高区域的褐藻暴露于阳光中的时间较长，其岩藻多糖含量也较高（纪明侯，1997）。岩藻多糖的化学结构也受多种因素影响，其多分散性与其存在的位置有关，均质的硫酸化岩藻多糖主要发现于细胞壁，而由木糖、半乳糖、葡萄糖醛酸、岩藻糖等组成的杂聚泡叶藻岩藻多糖主要存在于细胞间隙（De Reviers，1983）。

表 2-1 总结了从不同褐藻中提取的岩藻多糖含量及化学组成，其中岩藻多糖含量是制备过程中获得的样品占褐藻干重的百分比，岩藻糖和硫酸基含量是其在岩藻多糖样品中的含量。

表 2-1 从不同褐藻中提取的岩藻多糖含量及化学组成

褐藻种类		岩藻多糖含量 /%DW	单糖摩尔分数 /（%）	硫酸基含量 /%	参考文献
墨角藻	*Fucus vesiculosus*		岩藻糖 / 半乳糖 / 甘露糖 / 木糖 / 糖醛酸 1 ∶ 0.03 ∶ 0.02 ∶ 0.04 ∶ 0.20	23.0	Takashi, 1994
	Fucus serratus		岩藻糖 / 半乳糖 / 木糖 49 ∶ 1 ∶ 2	31.8	Bilan, 2006
	Fucus evanescens		岩藻糖/半乳糖/木糖 1 ∶ 0.16 ∶ 0.11	32.5	Bilan, 2002
	Fucus distichus		岩藻糖 / 半乳糖 / 木糖 / 甘露糖 1 ∶ 0.03 ∶ 0.05 ∶ 0.01	38.3	Bilan, 2004
沟鹿角菜	*Pelvetia canaliculata*		岩藻糖 / 半乳糖 / 甘露糖 / 木糖 / 糖醛酸 / 葡萄糖 90 ∶ 4 ∶ 1 ∶ 4 ∶ 11 ∶ 1	33.0	Mabeau, 1990
	Pelvetia wrightii		岩藻糖 / 半乳糖 10 ∶ 1	36.8	Kimiko, 1966
巨藻	*Macrocytis pyrifera*		岩藻糖 / 半乳糖 / 甘露糖 / 木糖 / 糖醛酸 / 葡萄糖 26 ∶ 4 ∶ 1 ∶ 0.8 ∶ 5.5 ∶ 1	27.3	Zhang, 2015
裙带菜	*Undaria pinnatifida*	3.0	岩藻糖 / 半乳糖 / 木糖 24 ∶ 21 ∶ 2	31.0	Mousa, 2019
泡叶藻	*Ascophyllum nodosum*		岩藻糖 / 木糖 66 ∶ 3	31	Marais, 2001
团扇藻	*Padina pavonia*	4.0	岩藻糖 / 半乳糖 / 甘露糖 / 木糖 / 糖醛酸 / 葡萄糖 1.5 ∶ 1.0 ∶ 1.2 ∶ 1.5 ∶ 2.8 ∶ 1.2	18.6	Magdel-Din Hussein, 1980
	Padina gymnospora		岩藻糖 / 半乳糖 / 木糖 / 硫酸基 1 ∶ 0.3 ∶ 0.4 ∶ 1.5		Silva, 2005
狭叶海带	*Laminaria angustata* var. longissima	2.6	岩藻糖 / 半乳糖 9 ∶ 1	36.0	Kitamura, 1991
掌状海带	*Laminaria digitata*		岩藻糖 / 半乳糖 / 甘露糖 / 木糖 / 糖醛酸 / 葡萄糖 65 ∶ 24 ∶ 3 ∶ 4 ∶ 24 ∶ 4	18.0	Mabeau, 1990

续表

褐藻种类		岩藻多糖含量 /%DW	单糖摩尔分数 /（%）	硫酸基含量 /%	参考文献
昆布	*Ecklonia kurome*		岩藻糖 / 半乳糖 / 甘露糖 / 木糖 / 糖醛酸 39：34：7：16：4	22.7	Takashi, 1989
	Ecklonia cava	11.2	岩藻糖 / 鼠李糖 / 半乳糖 / 甘露糖 / 木糖 / 葡萄糖 47：1.5：22：4.8：14：9.7	7.9（%DW）	Choi, 2017
极大昆布	*Ecklonia maxima*		岩藻糖 / 半乳糖 / 甘露糖 / 鼠李糖 / 葡萄糖醛酸 1：0.1：0.02：0.02：0.02	19.3	姜龙, 2017
马尾藻	*Sargassum muticum*		岩藻糖 / 半乳糖 / 甘露糖 / 木糖 / 糖醛酸 / 葡萄糖 44：46：3：5：22：3	12.0	Mabeau, 1990
	Sargassum stenophyllum		岩藻糖 / 木糖 / 甘露糖 / 半乳糖 68：16：1：14	19.0	Maria, 2001
	Sargassum hornery	4.5	岩藻糖 / 鼠李糖 / 半乳糖 85：7：8	14.9	Katsumi, 2016
	Adenocytis utricularis		岩藻糖 / 半乳糖 / 甘露糖 / 木糖 / 鼠李糖 / 葡萄糖 / 葡萄糖醛酸 44：23：8：11：8：23：6	18.0	Nora, 2003
			岩藻糖 / 甘露糖 / 鼠李糖 / 葡萄糖醛酸 / 葡萄糖 / 半乳糖 / 木糖 18：19：6：11：5：20：13	21.6	张海霞, 2016
多肋藻	*Costaria costata*	1.9	岩藻糖 / 半乳糖 / 甘露糖 / 木糖 / 葡萄糖 18：26：25：4：27	13.2	Wang, 2014
羊栖菜	*Hizikia fusiforme*	4.0	岩藻糖 / 半乳糖 / 葡萄糖 / 甘露糖 / 木糖 / 葡萄糖醛酸 5：1：1：0.5：0.5：2	26.3	Shiroma, 2003
网地藻	*Dictyota menstrualis*		岩藻糖 / 木糖 / 糖醛酸 / 半乳糖 / 硫酸基 1：0.3：0.4：1.5：1.3		Albuquerque, 2004

褐藻种类		岩藻多糖含量 /%DW	单糖摩尔分数 /（%）	硫酸基含量 /%	参考文献
褐舌藻	*Spatoglossum schroederi*		岩藻糖 / 木糖 / 半乳糖 / 硫酸基 1.0 : 0.5 : 2.0 : 2.0		Rocha, 2005
枝管藻	*Cladosiphon okamuranus*	2.3	岩藻糖 / 木糖 / 半乳糖 / 甘露糖 / 葡萄糖 / 阿拉伯糖 / 鼠李糖 / 葡萄糖醛酸 70 : 1.8 : 0.8 : 0.5 : 0.3 : 0.3 : 0.2 : 9.3	15.2	Lim, 2019
厚叶海带	*Kjellmaniella crassifolia* （*Saccharina sculpera*）	4.3	岩藻糖 / 木糖 / 甘露糖 / 半乳糖 / 葡萄糖 / 葡萄糖醛酸 66 : 3 : 10 : 10 : 1 : 8	33.5	Liu, 2018
海蕴	*Nemacystus decipiens*	1.2	岩藻糖 / 半乳糖 1.0 : 0.05	30.8	Tako, 1999
罗氏海条藻	*Himanthalia lorea*		岩藻糖 / 木糖 / 葡萄糖醛酸 2.2 : 1.0 : 2.2		Mian, 1973
萱藻	*Scytosiphon lomentaria*	4.0	岩藻糖 / 甘露糖 / 鼠李糖 / 葡萄糖醛酸 / 半乳糖 / 木糖 1 : 0.2 : 0.4 : 0.2 : 1.5 : 0.3	21.1	周晓, 2018

二、岩藻多糖的生物合成途径

岩藻多糖生物合成途径的研究始于 20 世纪 60 年代，但直到模式褐藻长囊水云（*Ectocarpus siliculosus*）全基因组测序完成后该合成途径才变得清晰（Lin，1966；Cock，2010）。Michel 等（Michel，2010）根据水云基因组数据推测，岩藻多糖可能先通过一个或多个岩藻糖基转移酶聚合成中性多糖，再通过特定的磺基转移酶(Sulfotransferase, ST)进行硫酸化。海带、冈村枝管藻(*Cladosiphon okamuranus*) 等其他褐藻基因组草图的相继完成也释放了与岩藻多糖合成相关的序列（Ye，2015；Nishitsuji，2016）。整合这些组学数据库，可以推测岩藻多糖存在 2 条合成途径：一条是从果糖 -6- 磷酸起，经甘露糖 -6- 磷酸异构酶（MPI）、磷酸甘露糖变位酶（PMM）、甘露糖 -1- 磷酸鸟苷转移酶（MPG）合成 GDP- 甘露糖；再通过 *de novo* 合成，分别在 GDP- 甘露糖 -4，6- 脱氢酶（GM46D）和双功能酶 GDP-L- 岩藻糖合酶（GFS）催化下生成 GDP- 岩藻糖；另外一条是从

L- 岩藻糖开始，经岩藻糖激酶（FK）和 GDP- 岩藻糖焦磷酸化酶（GFPP）合成 GDP- 岩藻糖。GDP- 岩藻糖先后经过岩藻糖基转移酶（FUT）和磺基转移酶（ST）的催化作用，最终生成岩藻多糖。图 2-1 为岩藻多糖的可能合成途径。

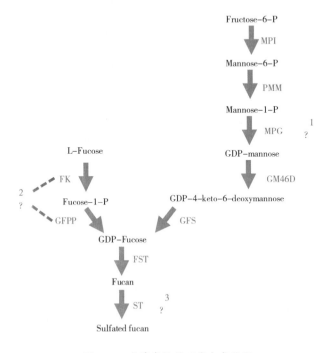

图 2-1　岩藻多糖的可能合成途径

目前对岩藻多糖的代谢途径仅停留在理论推测阶段，尚未有相关代谢途径中功能基因的验证，这条途径主要存在 3 个问题：① MPG 同源序列仅在细菌中有报道，但在长囊水云和海带基因组中并没有注释到 MPG 基因，因此褐藻中是否存在该基因尚无定论；②是否存在 FK 与 GFPP 两种酶，还是二者以相邻结构域形式构成一个双功能酶需要平行分析更多组学数据来确定（Nishitsuji，2016）；③褐藻中存在几个到数十个不等的磺基转移酶基因，但对哪些能够特异性催化岩藻多糖的硫酸基团转移和分布尚不清楚。

第三节　岩藻多糖的发展历史

1913 年瑞典乌普萨拉大学（Uppsala University）柯林教授（Kylin H Z，图 2-2）首次以墨角藻和掌状海带为原料，用乙酸进行萃取和纯化后得到岩藻多糖

（Kylin，1913），并把其命名为 Fucoidin。根据国际 IUPAC 命名法，目前这种从褐藻中提取出的硫酸酯多糖的正式命名为 Fucoidan。

1931 年，Bird & Haas 用乙醇沉淀的方法从掌状海带中提取出岩藻多糖，检测到其结构中含有 30.3% 的硫酸盐，二人首次将岩藻多糖定义为含有硫酸基的多糖化合物（Bird，1931）。6 年后的 1937 年，Gulbrand 等用相同的方法从掌状海带中提取岩藻多糖，并通过盐酸蒸馏的方法推测其含有岩藻糖（Gulbrand，1937）。至此，岩藻多糖的基本多糖组成首次被确定。

图 2-2　发现岩藻多糖的柯林（Kylin）教授

1948 年，Vasseur（Vasseur，1948）首次发现在海洋无脊椎动物（海胆）体内也含有岩藻多糖，说明除了海藻之外，海洋动物中也有岩藻多糖。后经研究证明，海洋无脊椎动物和棘皮类动物经食物链富集作用，体内积累岩藻多糖。到 1950 年，Percival & Ross 通过分离纯化不同褐藻中的岩藻多糖，证实不同褐藻所含岩藻多糖的结构不同，并且岩藻糖和硫酸基含量也有显著差异（Percival，1950）。同年，Conchie & Percival 利用盐酸水解岩藻多糖，首次确定墨角藻中岩藻多糖的结构，提出岩藻多糖中存在 α-1，2 连接的糖苷键，并且硫酸基团连接在 C-4 位置（Conchie，1950）。1954 年，Black（Black，1954）发现褐藻中岩藻多糖的含量受季节和潮间带位置影响，离水面越近的褐藻中岩藻多糖含量越高，说明岩藻多糖为褐藻利用光和营养所必需。40 年后，科学家们先后证实从墨角藻和泡叶藻中提取的岩藻多糖的主要糖苷键还有 α-1，3 连接以及 α-1，3/1，4 连接，丰富了岩藻多糖的同种结构（Patankar，1993；Chevolot，1999）。

在全球各地科学家们开展岩藻多糖化学结构和理化性能研究的同时，其健康功效也得到越来越多的关注。1957 年，Springer 等（Springer，1957）发现岩藻多糖具有抗凝血活性和降血脂功效，并证实其作用效果可达肝素的两倍。1980 年，Usui 等（Usui，1980）首次发现在 50mg/（kg·d）的剂量下，岩藻多糖对肉瘤具有 30% 的抑制作用，开启了其抑制肿瘤研究的先河。

20 世纪 80 年代后，科学家们对岩藻多糖的抗肿瘤功效进行了大量研究，并于 1996 年在第 55 届日本癌症学会大会上发表了《岩藻多糖可诱导癌细胞凋亡》

的报告，引发岩藻多糖研究的热潮。此后全球科研人员对岩藻多糖进行了大量的生物学功能研究，在 3000 多篇已经公开发表的文献中，岩藻多糖被陆续证明具有吸附重金属、抗病毒、诱导细胞凋亡、清除幽门螺旋杆菌、抗肿瘤、改善胃肠道、改善慢性肾衰竭、抗氧化、增强免疫力、抗血栓、降血压、抗病毒等多种功效（王鸿，2018；张国防，2016），并得到科学的验证，为其在功能食品、保健品等健康产品中的应用奠定了基础。表 2-2 列举了对岩藻多糖多种生物活性研究历程中的重要时间节点。

表 2-2 岩藻多糖多种生物活性研究历程中的重要时间节点

生物活性	时间 / 年	研究发现	参考文献
抗肿瘤	1980	岩藻多糖在 50mg/（kg·d）的剂量下，对肉瘤具有 30% 的抑制作用	Usui, 1980
	1984	岩藻多糖显著抑制白血病癌细胞增长	Maruyama, 1984
	1999	岩藻多糖对肺癌、肾癌、黑素瘤等多种实体瘤均具有抑制效果	Carbonnelle, 1999
	2003	岩藻多糖能抑制血管内皮生长因子（VEGF）的生成、抑制肿瘤血管新生、切断瘤体的营养供给源、饿死肿瘤，最大程度阻断肿瘤细胞的扩散和转移	Koyanagi, 2003
	2006	岩藻多糖进入肠道后能被免疫细胞识别，产生激活免疫系统的信号，对 NK 细胞、B 细胞和 T 细胞产生激活后特异性杀伤癌细胞，抑制肿瘤的形成和生长	Maruyama, 2006
	2012	岩藻多糖激活肿瘤细胞的凋亡蛋白 Bax，下调细胞抗凋亡蛋白 Bcl-2，降低 Bcl-2/Bax 的比例，诱导乳腺癌细胞自发凋亡，抑制小鼠体内肿瘤细胞的生长	Xue, 2012
	2015	岩藻多糖通过调节人结肠癌细胞生长周期、抑制肿瘤细胞中细胞周期蛋白和周期蛋白激酶的表达，通过影响正常的有丝分裂使其停滞在有丝分裂前期，抑制肿瘤细胞增殖	Han, 2015
吸附重金属	1981	泡叶藻中提取的岩藻多糖能显著抑制老鼠小肠吸收重金属钴、锰、锌	Becker, 1981

续表

生物活性	时间/年	研究发现	参考文献
增强免疫力	1982	岩藻多糖促进 T 细胞和 B 细胞增殖分化	Sugawara, 1982
	1984	岩藻多糖在免疫效应阶段能够增强巨噬细胞的活性	Sugawara, 1984
抗病毒	1989	岩藻多糖与乙肝病毒表面抗原结合，抑制病毒生长	Venkateswaran, 1989
结合幽门螺旋杆菌	1995	岩藻多糖能竞争性结合幽门螺旋杆菌	Hirmo, 1995
	1999	岩藻多糖分子结构中的硫酸基能与幽门螺旋杆菌表面的结合蛋白特异性结合后抑制其与胃黏膜的粘附	Hideyuki, 1999
抑制幽门螺旋杆菌附着	2003	岩藻多糖在蒙古沙鼠体内具有抗幽门螺旋杆菌作用，抑制幽门螺旋杆菌在胃黏膜的粘附	Shibata, 2003
	2014	岩藻多糖具有很好的抗菌作用，浓度为 100μg/mL 时就能完全抑制幽门螺旋杆菌增殖	Cai, 2014
抗血栓	2002	岩藻多糖通过抑制凝血酶的产生和活性以及增强组织纤溶酶原激活物（t-PA）激活纤溶酶原，达到抗血栓形成和纤溶	Zheng, 2002
改善慢性结肠炎	2004	岩藻多糖通过下调结肠上皮细胞中白介素 6 的产生而改善鼠类慢性结肠炎	Matsumoto, 2004
	2015	岩藻多糖能有效改善小鼠肠炎	Lean, 2015
放化疗协同增效	2011	岩藻多糖减轻肠癌晚期患者服用奥沙利铂抗癌药后的疲劳感，化疗周期得到延长	Ikeguchi, 2011
	2015	岩藻多糖通过下调基质金属蛋白酶（MMP）的表达抑制肺癌细胞在小鼠体内的转移	Huang, 2015
修护肾脏	2012	岩藻多糖缓解实验性腺嘌呤诱发的慢性肾脏疾病	Wang, 2012
	2017	岩藻多糖能很好抑制肾小管间质纤维化、改善肾脏功能，具有治疗糖尿病、肾病及延缓慢性肾衰的活性	Chen, 2017
抗氧化、抗炎	2015	岩藻多糖快速清除氧自由基、减少有害毒素氯胺的生成，抑制凝集素、补体以及乙酰肝素酶的活性，降低炎症反应	Besednova, 2015

续表

生物活性	时间/年	研究发现	参考文献
降血糖	2016	岩藻多糖具有很高的 α-葡萄糖苷酶抑制活性,有望成为治疗 2 型糖尿病的 α-葡萄糖苷酶抑制剂	Shan, 2016
改善便秘	2017	岩藻多糖可以促进肠道蠕动,改善便秘,服用 8 周后改善效果显著,试验期间没有发现任何副作用	Matayoshi, 2017
神经保护	2019	岩藻多糖减少 Aβ1-42 和过氧化氢对神经元 PC-12 细胞的细胞毒性,显示出对 Aβ1-42 的抑制作用以及 Aβ1-42 诱导的细胞凋亡,增强神经突生长,保护神经,可能会改变阿尔茨海默病的 Aβ1-42 神经毒性	Alghazwi, 2019

第四节　岩藻多糖的开发应用和商业化前景

作为一种性能优良、功效独特的海洋源健康产品,岩藻多糖是海洋健康产业中的一颗新星。现代科技创新使岩藻多糖的绿色规模化制备及功能化改性得到快速发展,有效解决了制备工艺粗放、纯度不高、活性基团含量低、产品附加值不高等难题,使岩藻多糖生物制品在改善胃、肠、肾功能以及肿瘤康复、伤口护理、美容护肤等方面发挥越来越重要的作用。

岩藻多糖在新时代健康产业领域有重要的应用价值,在全球各地已经广泛应用于功能食品、保健品、美容化妆品、生物医用材料、植物生长刺激剂等众多领域,是一种重要的海藻活性物质,可以有效清除幽门螺旋杆菌、调理肠道菌群、促进肿瘤康复,并且在促进慢性伤口愈合、润肤护肤、促进作物生长等众多领域发挥独特的作用。图 2-3 为岩藻多糖开发应用示意图。

科学界在岩藻多糖功效研究方面已经取得大量成果,未来的研究重点将在岩藻多糖的产品开发和应用上。目前国外企业已经陆续将岩藻多糖成功应用于功能食品、保健品、药品等健康产品中,其中日本、韩国、美国等国已经开发并商业化生产很多成熟的产品。美国市场上的岩藻多糖主要应用于食品补充剂、功能饮料和动物营养领域,日本和韩国市场上岩藻多糖主要应用于营养补充剂、肿瘤康复辅助剂、护肤品等领域。日本在岩藻多糖领域的研究处于世界领先地位,

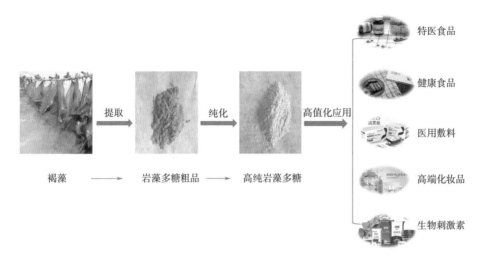

图 2-3　岩藻多糖开发应用示意图

是相关产品研发、生产、推广、应用最成熟的国家。我国对岩藻多糖的开发和应用尚处于起步阶段，市场上的产品主要以原料供应为主。

　　岩藻多糖的多种健康功效在我国新时代健康产业中有巨大的应用潜力。进入 21 世纪，社会经济的发展和生活方式的转变使人类面临全新的健康挑战，恶性肿瘤、心脑血管疾病、糖尿病、慢性呼吸系统疾病成为影响健康的主要慢性非传染性疾病，其发病率随着我国工业化、城镇化、老龄化进程的加快以及生态环境和生活方式的不断改变呈现持续快速增长趋势。目前我国成人高血压患病人数达 2 亿多人，心脑血管疾病、糖尿病、恶性肿瘤等慢性病确诊患者 2.6 亿人，慢性病导致的死亡人数已经占总死亡人数的 85%，导致的疾病负担占总疾病负担的 70%。

　　习近平总书记在十九大报告中指出"实施健康中国战略"。2016 年 10 月 25 日，中共中央、国务院印发并实施《"健康中国 2030"规划纲要》，2019 年 6 月 24 号，国务院印发《国务院关于实施健康中国行动的意见》，倡导加快推动从以治病为中心转变为以人民健康为中心的健康中国行动方案。

　　大量科学研究证明岩藻多糖对巨噬细胞、T 细胞有直接免疫调节作用，具有明显的抗凝血、促纤溶等药理活性，能诱导癌细胞凋亡、诱发细胞生长因子生成、促进细胞生长、修复受损或机能减退的器官和组织、预防血栓形成，还具有良好的降血脂、降血糖、降胆固醇的功效，可治疗慢性肾衰，对中早期肾衰效果显著，特别对改善肾功能、提高肾脏对肌酐清除率效果显著。作为金属离子的结合剂和阻吸剂，岩藻多糖可以有效降低人体对铅等有害重金属离子的吸收。

面向未来，以岩藻多糖为代表的海洋源生物材料是人类社会的一种重要健康资源。随着社会的进步、科学技术的发展，包括海藻生物产业在内的海洋产业对人类健康的重要作用已逐步成为人们的共识。拓展蓝色经济、壮大海洋产业对《健康中国行动 2019—2030 年》战略目标的实施具有重要意义。2018 年我国实现海洋生产总值 8.3 万亿元，同比增长 6.7%，海洋生产总值占国内生产总值的 9.3%，其中海洋生物医药产业产值全年实现增加值 413 亿元，比上年增长 9.6%，展现出强大的发展活力。据《人民日报》报道，岩藻多糖在国外平均售价达 32.7 美元 /g，每 1kg 折合人民币约 31 万元。2008 年我国产干海带 80 万 t，考虑提取率及加工过程中的损失，按岩藻多糖含量 2% 提取率计算，可生产岩藻多糖 8000t，产生可观的经济效益，有望助力我国海藻生物产业成为千亿元大产业的目标。

第五节　小结

岩藻多糖在褐藻中的含量相对较少，但其突出的生理活性已经越来越引起世界各国的重视。如何充分发掘和利用岩藻多糖这一天然多糖资源，对提高海藻养殖和加工行业的附加值、发展我国海藻生物产业具有深远意义。科学技术在岩藻多糖的深度开发应用过程中起关键作用，将通过生物、医药、化工、材料等技术的集成进一步验证岩藻多糖的生理功能和疗效，明确其结构和功效相关性，阐明其作用机制，为更有效开发和利用岩藻多糖及海藻生物资源提供理论依据，促进海藻生物资源在健康产品领域的广泛应用，造福人类健康。

参考文献

［1］Albuquerque I R L，Queiroz K C S，Alves L G，et al. Heterofucans from *Dictyota menstrualis* have anticoagulant activity. Brazilizan［J］. Journal of Medical and Biological Research，2004，37：167-171.

［2］Alghazwi M，Smid S，Karpiniec S，et al. Comparative study on neuroprotective activities of fucoidans from *Fucus vesiculosus* and *Undaria pinnatifida*［J］. International Journal of Biological Macromolecules，2019，122：255-264.

［3］Becker G, Osterloh S, Schafer S, et al. Influence of fucoidan on the intestinal absorption of iron, cobalt, manganese and zinc in rats［J］. Digestion, 1981, 21: 6-12.

［4］Besednova N N, Zaporozhets T S, Somova L M, et al. Review: prospects for the use of extracts and polysaccharides from marine algae to prevent and treat the diseases caused by *Helicobacter pylori*［J］. Helicobacter, 2015, 20: 89-97.

［5］Bilan M I, Grachev A A, Ustuzhanina N E, et al. Structure of a fucoidan from the brown seaweed *Fucus evanescens* C. Ag［J］. Carbohydrate Research, 2002, 337: 719-730.

［6］Bilan M I, Grachev A A, Ustuzhanina N E, et al. A highly regular fraction of a fucoidan from the brown seaweed *Fucus distichus* L［J］. Carbohydrate Research, 2004, 339: 511-517.

［7］Bilan M I, Grachev A A, Shashkov A S, et al. Structure of a fucoidan from the brown seaweed *Fucus serratus* L［J］. Carbohydrate Research, 2006, 341: 238-245.

［8］Bird G M, Haas P. On the nature of the cell wall constituents of *Laminaria* spp mannuronic acid［J］. Biochemical Journal, 1931, 25: 403-411.

［9］Black W A P. The seasonal variation in the combined L-fucose content of the common British Laminariaceae and Fucaceae［J］. Journal of the Science of Food and Agriculture, 1954, 5: 445-448.

［10］Cai J, Kim T S, Jang J Y, et al. In vitro and in vivo anti-*Helicobacter pylori* activities of FEMY-R7 composed of fucoidan and evening primrose extract［J］. Lab Anim Res, 2014, 30: 28-34.

［11］Carbonnelle D, Pondaven P, Morancais M, et al. Antitumor and antiproliferative effects of an aqueous extract from the marine diatom *Haslea ostrearia*（Simonsen）against solid tumors: lung carcinoma（NSCLC-N6）, kidney carcinoma（E39）and melanoma（M96）cell lines［J］. Anticancer Research, 1999, 19: 621-624.

［12］Chen C H, Sue Y M, Cheng C Y, et al. Oligo-fucoidan prevents renal tubulointerstitial fibrosis by inhibiting the CD44 signal pathway［J］. Scientific Reports, 2017, 7: 40183-40195.

［13］Chevolot L, Foucault A, Chaubet F, et al. Further data on the structure of brown seaweed fucans: relationships with anticoagulant activity［J］. Carbohydrate Research, 1999, 319: 154-165.

［14］Choi Y, Hosseindoust A, Goel A, et al. Effects of Ecklonia cava as fucoidan-rich algae on growth performance, nutrient digestibility, intestinal morphology and caecal microflora in weanling pigs［J］. Asian-Australas Journal of Animal Sciences, 2017, 30（1）: 64-70.

[15] Cock J M, Sterck L, Rouze P, et al. The Ectocarpus genome and the independent evolution of multicellularity in the brown algae [J]. Nature, 2010, 465: 617-621.

[16] Conchie J, Percival E G V. Fucoidin. Part II .The hydrolysis of a methylated fucoidin prepared from *Fucus vesiculosus* [J]. Journal of the Chemical Society, 1950: 827-832.

[17] De Reviers B, Marbeau S, Kloareg B. Attempt to interpret the structure of fucoidans in relation to their localization in the cell wall of Phaeophyceae [J]. Cryptogamie Algologie, 1983, 4: 55-62.

[18] Gulbrand L, Eirik H, Emil O. Uber Fucoidin [J]. Biological Chemistry, 1937, 247: 189-196.

[19] Han Y S, Lee J H, Lee S H. Fucoidan inhibits the migration and proliferation of HT-29 human colon cancer cells via the phosphoinositide-3 kinase/Akt/mechanistic target of rapamycin pathways [J]. Molecular Medicine Reports, 2015, 12: 3446-3452.

[20] Hideyuki H, Itsuko K T, Masato N, et al. Inhibitory effect of Cladosiphon fucoidan on the adhesion of *Helicobacter pylori* to human gastric cells [J]. Journal of Nutritional Science and Vitaminology, 1999, 45 (3): 325-336.

[21] Hirmo S, Utt M, Ringner M, et al. Inhibition of heparan sulphate and other glycosaminoglycans binding to *Helicobacter pylori* by various polysulphated carbohydrates [J]. FEMS Immunology and Medical Microbiology, 1995, 10: 301-306.

[22] Huang T H, Chiu Y H, Chan Y L, et al. Prophylactic administration of fucoidan represses cancer metastasis by inhibiting vascular endothelial grown factor (VEGF) and matrix metalloproteinases (MMPs) in Lewis tumor-bearing mice [J]. Marine Drugs, 2015, 13: 1882-1990.

[23] Ikeguchi M, Yamamoto M, Arai Y, et al. Fucoidan reduces the toxicities of chemotherapy for patients with unresectable advanced or recurrent colorectal cancer [J]. Oncology Letters, 2011, 2: 319-322.

[24] Katsumi A, Yokoyama T, Matsuo K. Structural characteristics and antioxidant activities of fucoidans from five brown seaweeds [J]. Journal of Applied Glycoscience, 2016, 63: 31-37.

[25] Kimiko A, Terahata H, Hayashi Y, et al. Isolation and purification of fucoidin from brown seaweed *Pelvetia wrightii* [J]. Biological Chemistry, 1966, 30 (5): 495-499.

[26] Kitamura K, Matsuo M, Yasui T. Fucoidan from brown seaweed *Laminaria angustata* var. longissima [J]. Agricultural and Biological Chemistry, 1991, 55 (2): 615-616.

[27] Koyanagi S, Tanigawa N, Nakagawa H, et al. Oversulfation of fucoidan

岩藻多糖的功能与应用

enhances its anti-angiogenic and antitumor activities[J]. Biochemical Pharmacology, 2003, 65: 173-179.

[28] Kylin H. Biochemistry of sea algae[J]. Hoppe-Seylers Zeitschrift fur Physiologische Chemie, 1913, 83: 171-197.

[29] Lean Q Y, Eri R D, Fitton J H, et al. Fucoidan extracts ameliorate acute colitis[J]. PLoS ONE, 2015, 10: e0128453.

[30] Lim S J, Aida W M, Schiehser S, et al. Structural elucidation of fucoidan from *Cladosiphon okamuranus* (*Okinawa mozuku*)[J]. Food Chemistry, 2019, 272: 222-226.

[31] Lin T Y, Hassid W Z. Pathway of alginic acid synthesis in the marine brown alga *Fucus gardneri Silva*[J]. Journal of Biological Chemistry, 1966, 241: 5284-5297.

[32] Liu S, Wang Q K, Song Y F, et al. Studies on the hepatoprotective effect of fucoidans from brown algae *Kjellmaniella crassifolia*[J]. Carbohydrate Polymers, 2018, 193: 298-306.

[33] Mabeau S, Kloareg B, Joseleau J P. Fractionation and analysis of fucans from brown algae[J]. Phytochemistry, 1990, 29: 2441-2445.

[34] Magdel-Din Hussein M, Abdel-Aziz A, Mohamed-Salem H. Sulfated heteropolysaccharides from *Padina pavoia*[J]. Phytochemistry, 1980, 19: 2131-2132.

[35] Marais, M F, Joseleau J P. A fucoidan fraction from *Ascophyllum nodosum*[J]. Carbohydrate Research, 2001, 336: 155-159.

[36] Maria E R D, Cardoso M A, Noseda, M D, et al. Structural studies on fucoidans from the brown seaweed *Sargassum stenophyllum*[J]. Carbohydrate Research, 2001, 333: 281-293.

[37] Maruyama H, Yamamoto I. An antitumor fucoidan fraction from an edible brown seaweed *Laminaria religiosa*[J]. Hydrobiologia, 1984, 116/117: 534-536.

[38] Maruyama H, Tamauchi H, Iizuka M, et al. The role of NK cells in antitumor activity of dietary fucoidan from Undaria pinnatifida sporophylls (Mekabu)[J]. Planta Med, 2006, 72: 1415-1417.

[39] Matayoshi M, Teruya J, Yasumoto-Hirose M, et al. Improvement of defecation in healthy individuals with infrequent bowel movements through the ingestion of dried Mozuku powder: a randomized, double-blind, parallel-group study[J]. Functional Foods in Health and Disease, 2017, 7 (9): 735-742.

[40] Matsumoto S, Nagaoka M, Hara T, et al. Fucoidan derived from *Cladosiphon okamuranus* tokida ameliorates murine chronic colitis through the down-regulation of interleukin-6 production on colonic epithelial cells[J].

Clinical and Experimental Immunology, 2004, 136: 432-439.

[41] Mian A J, Percival E. Carbohydrates of the brown seaweeds himanthalia lorea and bifurcaria bifurcata[J]. Carbohydrate Research, 1973, 26: 147-161.

[42] Michel G, Tonon T, Scornet D, et al. Central and storage carbon metabolism of the brown alga Ectocarpus siliculosus: insights into the origin and evolution of storage carbohydrates in Eukaryotes[J]. New Phytologist, 2010, doi: 10.1111/j.1469 - 8137.2010.03345.x.

[43] Mousa A, Scott S, Samuel K, et al. Comparative study on neuroprotective activities of fucoidans from *Fucus vesiculosus* and *Undaria pinnatifida*[J]. International Journal of Biological Macromolecules, 2019, 122: 255-264.

[44] Nishitsuji K, Arimoto A, Iwai K, et al. A draft genome of the brown alga, *Cladosiphon okamuranus*, S-strain: A platform for future studies of 'Mozuku' biology[J]. DNA Res, 2016, 23 (6): 561-570.

[45] Nora M A, Ponce C A, Stortza C A, et al. Fucoidans from the brown seaweed *Adenocystis utricularis* extraction methods, antiviral activity and structural studies[J]. Carbohydrate Research, 2003, 338: 153-165.

[46] Patankar M S, Oehninger S, Barnett T, et al. A revised structure for fucoidan may explain some of its biological activities[J]. Journal of Biological Chemistry, 1993, 268: 21770-21776.

[47] Percival E G V, Ross A G. Fucoidin. Part I. The isolation and purification of fucoidin from brown seaweeds[J]. Journal of the Chemical Society, 1950: 717-720.

[48] Rocha H A O, Moraes F A, Trindade E S, et al. Structural and hemostatic activities of a sulfated galactofucan from the brown alga *Spatoglossum schroederi*: an ideal antithrombotic agent[J]. Journal of Biological Chemistry, 2005, 280: 41278-41288.

[49] Shan X, Liu X, Hao J, et al. In vitro and in vivo hypoglycemic effects of brown algal fucoidans[J]. International Journal of Biological Macromolecules, 2016, 82: 249-255.

[50] Shibata H, Limuro M, Kawamori T et al. Preventive effects of Cladosiphon fucoidan against Helicobacter pylori infection in *Mongolian gerbils*[J]. Helicobacter, 2003, 8 (1): 59-65.

[51] Shiroma R, Uechi S, Taira T, et al. Isolation and characterization of fucoidan from *Hizikia fusiformis* (Hijiki)[J]. The Japanese Society of Applied Glycoscience, 2003, 50: 361-365.

[52] Silva T M A, Alves L G, Santos M G L, et al. Partial characterization and anticoagulant activity of a heterofucan[J]. Brazilian Medical and Biological Research, 2005, 38: 523-533.

[53] Springer G F, Wurzel H A, Mcneal G M, et al. Isolation of anticoagulant

　　　　　　　　　　　岩藻多糖的功能与应用

fractions from crude fucoidin [J] . Federation Proceedings, 1957, 1: 438-439.

[54] Springer G F, Wurzel H A . New method for the isolation of an antibiotic of the grisein type: H [J] . Thrum *Naturwissenschaften*, 1957, 44: 561-562.

[55] Sugawara I, Ishizaka S. Polysaccharides with sulfate groups are human T-cell mitogens and murine polyclonal B-cell activators (PBAs) [J] .Cellular Immunology, 1982, 74: 162-171.

[56] Sugawara I, Lee K C. Fucoidan blocks macrophage activation in an inductive phase but promotes macrophage activation in an effector phase [J] . Microbiol Immunol, 1984, 28: 371-377.

[57] Takashi N, Yokoyama G, Dobashi K, et al. Isolation, purification, and characterization of fucose-containing sulfated polysaccharides from the brown seaweed *Ecklonia Kurome* and their blood-anticoagulant activities [J] . Carbohyrate Research, 1989, 186: 119-129.

[58] Takashi N, Nishioka C, Ura H. Isolation and partial characterization of a novel amino sugar-containing fucan sulfate from commercial *Fucus vesiculosus* fucoidan [J] . Carbohydrate Research, 1994, 255: 213-224.

[59] Tako M, Nakada T, Hongou F. Chemical characterization of fucoidan from commercially cultured *Nemacysus decipiens* [J] . Bioscience Biotechnology and Biochemistry, 1999, 63: 1813-1815.

[60] Usui T, Asari K, Mizuno T. Isolation of highly purified fucoidan from *Eisenia bicyclis* and its anticoagulant and antitumor activities [J] . Agricultural and Biological Chemistry, 1980, 44: 1965-1966.

[61] Vasseur E. Chemical studies on the jelly coat of the sea-urchin egg [J] . Acta Chemica Scandinavica, 1948, 2: 900-913.

[62] Venkateswaran P S, Millman I, Blumberg B S. Interaction of fucoidan from *Pelvetia fastigiata* with surface antigens of Hepatitis B and Woodchuck Hepatitis viruses [J] . Planta Medica, 1989, 55: 265-270.

[63] Wang J, Wang F, Yun H, et al. Effect and mechanism of fucoidan derivative from *Laminaria japonica* in experimental adenine-induced chronic kidney disease [J] . Journal of Ethnopharmacol, 2012, 139: 807-813.

[64] Wang Q K, Song Y F, He Y H, et al. Structural characterisation of algae *Costaria costata* fucoidan and its effects on CCl_4-induced liver injury [J] . Carbohydrate Polymers, 2014, 107: 247-254.

[65] Xue M, Ge Y L, Zhang J Y, et al. Anticancer properties and mechanisms of fucoidan on mouse breast cancer in vitro and in vivo [J] . Plos One, 2012, 7: e43483.

[66] Ye N, Zhang X, Miao M, et al. Saccharina genomes provide novel insight into kelp 1067 biology [J] . Nature Communication, 2015, 6: 6986.

［67］Zhang W，Oda T，Yu Q，et al. Fucoidan form Macrocysitis pyrifera has powerful immune modulatory effects compared to three other fucoidans［J］. Marine drugs，2015，13：1084-1104.

［68］Zheng J，Qan J，Yang H，et al. Study progresses on the antithrombotic activities of fucoidan［J］. Chinese Journal of Marine Drugs，2002，2：014.

［69］纪明侯.海藻化学［M］.北京：科学出版社，1997.

［70］姜龙，宋悦凡，罗宣，等.树皮藻岩藻聚糖硫酸酯的纯化及化学结构研究［J］.大连海洋大学学报，2017，32（1）：73-78.

［71］张海霞，汪秋宽，何云海，等.马尾藻褐藻多糖硫酸酯的分离纯化及结构研究［J］.大连海洋大学学报，2016，31（5）：559-562.

［72］周晓，宋悦凡，何云海，等.萱藻中褐藻多糖硫酸酯的纯化及其组分分析［J］.大连海洋大学学报，2018，33（2）：239-243.

［73］王鸿，张甲生，严银春，等.褐藻岩藻多糖生物活性研究进展［J］.浙江工业大学学报，2018，46（2）：209-215.

［74］张国防，秦益民，姜进举，等.海藻的故事［M］.北京：知识出版社，2016.

第三章　岩藻多糖的提取和纯化

第一节　引言

作为一种褐藻源海藻活性物质，岩藻多糖是褐藻中固有的细胞间多糖，存在于细胞壁基质中（Kiseleva，2005）。在墨角藻等生长于潮间带、长时间与空气接触的褐藻中，岩藻多糖的干基含量可高达20%，生长在海洋较深处的海带中岩藻多糖的含量较低，为1%~2%（王晶，2017）。作为一种生物质成分，岩藻多糖对藻体起到保湿、抗菌、抗紫外损伤等重要作用，在藻体不同部位的含量有较大变化。研究发现，岩藻多糖在海带中的含量与海带部位密切相关，叶片中的含量比颈部高，其中叶片边缘的岩藻多糖含量更高，其含量也随产地和褐藻种属的变化而变化，产地为大连、青岛和福建的海带的岩藻多糖提取率分别为5.5%、2.6%和2.8%，其中岩藻糖含量分别为29.3%、24.0%和28.8%（陈伟强，2005）。海带的生长季节对岩藻多糖的含量也有影响，以7~12月份含量较高、3~4月份含量较低。

在海洋生物中，岩藻多糖也存在于以海带、裙带菜等褐藻为食物的海参、鲍鱼、海胆中，成为其养生保健价值的重要组成部分。图3-1显示含有岩藻多糖的海带、鲍鱼、海参等海洋生物。

图3-1　含有岩藻多糖的海带、鲍鱼和海参

岩藻多糖在海带等褐藻中的含量虽少，但凭借其突出的生物活性以及很高的附加值，已引起世界各国越来越多的重视，其中提取、分离、纯化技术和生产工艺在岩藻多糖生物材料产业的发展以及下游健康产品的开发应用中起重要作用。

第二节　岩藻多糖的提取技术和生产工艺

岩藻多糖是一种极性大分子化合物，因其结构中含有大量羟基易溶于水。目前国内外主要采用水提法、酸提法、氯化钙法等浸提法提取岩藻多糖，这些方法的优点是工艺简单、操作方便、成本低，但也存在提取率较低、活性损失大、过滤纯化困难等缺点，限制了岩藻多糖的规模化生产。近年来在传统的浸提法基础上开发出了超声波辅助提取、微波辅助提取、酶解辅助提取等新工艺，有效推动了岩藻多糖的产业化生产和应用。图3-2显示以褐藻为原料提取岩藻多糖的一个典型工艺流程图。

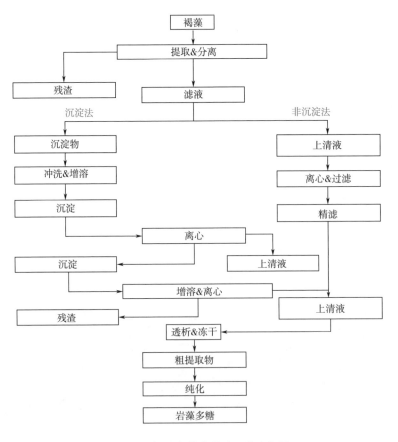

图 3-2　提取岩藻多糖的工艺流程图

　　　　　　　　　　岩藻多糖的功能与应用

一、水提法

水提法主要是用热水浸泡海带等褐藻后使藻体中的岩藻多糖溶解于水中，实现其与藻体的分离，该方法是岩藻多糖的传统提取方法。热水提取法中的提取剂为水，主要工艺参数为料液比、浸提温度、提取时间、提取次数等，其中温度是影响岩藻多糖提取的重要因素之一，温度过低，提取率低，温度过高会导致多糖失去活性或产生降解。程仕伟等（程仕伟，2010）通过单因素和正交试验优化岩藻多糖的水提条件，获得的最佳工艺参数是：料液比 1 ： 40（g/mL）、提取温度 70℃、浸提时间 6h，在此工艺条件下岩藻多糖的提取率达 4.99%、总多糖含量 96.9%。图 3-3 显示工艺参数对提取率的影响。

孙海森（孙海森，2012）用水提法从海带中提取岩藻多糖，通过响应面法得到的最佳提取条件为：料液比 1 ： 23、pH3.42、温度 83℃、时间 3.95h，在此条件下测得的岩藻多糖得率为 1.259%。史永富等（史永富，2009）用热水浸提法从鼠尾藻中提取岩藻多糖的最佳工艺条件为：pH6、时间 5h、温度 98℃、料液比 1 ： 15，该条件下岩藻多糖的提取率为 3.15%、总硫酸根质量分数为 0.87%。邢杰等（邢杰，1998）以海带为原料，以提取率为指标得出的最佳提取工艺为：温度 100℃、时间 6h、加水量 90mL/g。赖晓芳等（赖晓芳，2006）研究了以裙带菜为原料提取岩藻多糖的生产工艺，其最佳条件为：温度 80℃、时间 8h、料液比（g/mL）1 ： 20，该工艺下的岩藻多糖得率为 1.62%。

陈绍媛等（陈绍缓，1998）在从羊栖菜提取岩藻多糖的研究中，首先将 75g 羊栖菜粉置于 30mL 的 95% 乙醇中，水浴加热回流 24h 溶出极性较小的成分，过滤后向滤渣中加入 250mL 水，回流提取 4h，冷却至室温后抽滤，滤渣再按上述方法提取 3 次，提取结束后合并提取液，旋转蒸发至液体呈黏稠状，向其中加入 100mL 氯仿 - 正丁醇混合液（5 ：1），振荡至分层，离心除去蛋白质，重复操作 5 次以去除完全，加 3 倍体积的 95% 乙醇后抽滤，沉淀物按照无水乙醇、丙酮和乙醚的顺序进行洗涤后干燥，得到岩藻多糖粗品 6.4g。

二、酸提法

除了岩藻多糖，褐藻还含有海藻酸、褐藻淀粉等不溶于酸的多糖成分。利用海藻酸在较低 pH 下难以溶解的特点，酸提法一般采用盐酸、三氯乙酸等调节提取液的 pH，使提取物中的海藻酸含量降低、岩藻多糖纯度更高。但是由于酸性环境容易对大分子活性物质造成部分降解和分子形态的破坏，使用此法时提取时间不能太长，以尽量保持岩藻多糖分子的天然状态。

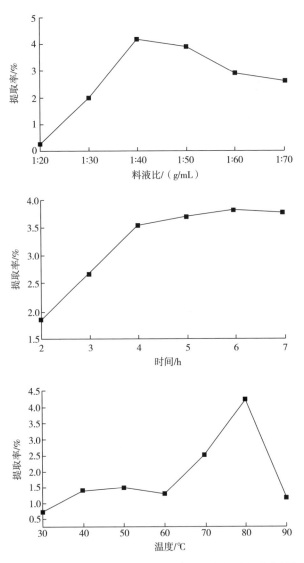

图 3-3　料液比、提取时间、温度等工艺参数对岩藻多糖提
取率的影响（程仕伟，2010）

　　O′Neill（O′Neill，1954）在 200g 墨角藻粉中加入 2L 浓度为 0.17mol/L、pH2.2 的稀 HCl 溶液，65℃下抽提 3 次，每次抽提前调整 pH 到 2.2，每次提取 1h，提取后合并 3 次所得的提取液，离心后取上清液，用 NaOH 中和至中性后通过旋转蒸发仪减压蒸发至干，溶于 0.5L 蒸馏水中并去除不溶物，先加乙醇至 30% 乙醇浓度，离心并除去沉淀，上清液加乙醇至 60% 乙醇浓度，离心得到沉淀物，干燥后即为岩藻多糖粗品。

　　　　　　　　　岩藻多糖的功能与应用

徐杰等（徐杰，2006）将干燥的羊栖菜粉碎后加入一定体积的甲醇，70℃回流2h后过滤，向滤渣中加入0.1mol/L的HCl水溶液提取1h，重复3次，用乙醇分级沉淀，得到岩藻多糖粗品。姚兰等（姚兰，2006）用酸法提取海带中岩藻多糖的最佳工艺为：温度80℃、时间10h、料液比1∶8，其中酸性条件下工艺的料液比明显低于常规水提法。

酸提法可以提取酸溶性的岩藻多糖，但是也可能导致部分提取物的酸水解，使分子质量和黏度降低（曲桂燕，2013）。李波等（李波，2004）研究了羊栖菜中岩藻多糖的提取和纯化方法，结果表明酸提法和水提法存在很大差别，酸提法得到的粗品中岩藻糖含量为12.9%、海藻酸含量为2.2%，而水提法得到的粗品中岩藻糖含量仅为3.9%、海藻酸含量高达37.8%。酸提法和水提法中得到的岩藻多糖粗品经氯化钙纯化除去海藻酸后，黏度分别为37.3mPa·s和101.9mPa·s，可见酸法提取过程中岩藻多糖有一定程度水解，使其分子质量减小，黏度降低。

樊文乐（樊文乐，2006）分别用水提法和酸提法从脱脂海带中提取岩藻多糖，运用单因素和正交实验对提取工艺进行优化，两种方法中粗提物的提取率分别是9.29%和8.10%。对两种方法提取的岩藻多糖进行进一步纯化和抗氧化活性测定后的结果表明，两种方法提取的岩藻多糖都具有一定的抗氧化活性。综合各种指标进行比较，两种方法各有优劣，其中水提法需要的料液比大、产率较低，并且提取液中含有较多的海藻酸，增加了进一步纯化的难度，但水提法得到的产品较完整保持了岩藻多糖原有的分子状态，表现出较强的抗氧化活性；酸提法的岩藻多糖产率高，但会发生水解，容易对岩藻多糖原有的大分子结构造成破坏。

三、氯化钙法

氯化钙法是利用海藻酸钙不溶于水，将海藻酸转化为海藻酸钙后实现其与岩藻多糖的分离，改善提取物的纯度。Chandia等（Chandia，2008）在干燥的褐藻样品（*Lessonia vadosa*）中加入2%的$CaCl_2$水溶液，80℃下提取5h，得到岩藻多糖的提取率为4.4%。Cumashi等（Cumashi，2007）在脱脂后的褐藻中加入浓度为2%的$CaCl_2$溶液，85℃下提取5h，得到的上清液经十六烷基三甲基溴化铵沉淀后，用钙盐洗涤，所得岩藻多糖的主要成分为岩藻糖、甘露糖、木糖、半乳糖、葡萄糖、糖醛酸及硫酸盐。

四、酶解提取法

酶解提取法是最近几年发展起来的新工艺，其基本原理是通过酶的作用破坏褐藻植物细胞壁后使其中的多糖更好地溶解于提取液中，例如在浸提过程中加入纤维素酶可以充分破坏褐藻细胞的组织结构，其优点是工艺条件温和，对岩藻多糖的活性影响较小，可加速岩藻多糖的提取，提高提取率（Hahn，2012）。

刘轲等（刘轲，2002）用纤维素酶、半纤维素酶、果胶酶和蛋白酶在50℃下酶解海带4h，最终获得的岩藻多糖提取率是水提法的2倍。翟为等（翟为，2012）用复合酶法从海带中提取岩藻多糖，通过正交试验法和方差分析确定的最佳提取工艺为：纤维素酶、果胶酶、木瓜蛋白酶和木聚糖酶的用量分别为0.5%、1.0%、1.0%和1.0%，pH5.0，温度30℃，提取时间3h。

郑金娃（郑金娃，2013）采用正交试验研究得到厚叶海带源岩藻多糖的最佳提取工艺为：纤维素酶：果胶酶：木瓜蛋白酶=4：1：1、加酶量1.8%、酶解温度45℃、pH5.0、酶解时间50min。在该酶解条件下，厚叶海带的岩藻多糖粗提取率为6.24%、多糖含量为62.92%、硫酸根含量为25.20%。史永富等（史永富，2009）利用复合酶解-热水浸提法提取鼠尾藻中的岩藻多糖，其最佳工艺为：复合酶添加量1.7%、pH5.5、时间1h、温度45℃，该条件下鼠尾藻中岩藻多糖的提取率为3.6%、总硫酸根质量分数为1.1%。

何云海等（何云海，2007）研究了用酶提法从海带中提取岩藻多糖，其最佳工艺为：纤维素酶加酶量0.221%、果胶酶加酶量0.074%、温度50℃、pH4.5、时间50min，在该酶解条件下又经3h热水浸提，最终得到海带中岩藻多糖的提取率为1.337%。

刘志新等（刘志新，2013）采用超声波复合酶法提取岩藻多糖，将新鲜海带60℃烘干粉碎后经超声处理、酶解、醇沉得到岩藻多糖，其中超声波提取优化条件为：料液比1：45、功率80W、时间40min。在超声波优化的基础上进行复合酶处理，当pH4.0，纤维素酶、果胶酶和木瓜蛋白酶的加酶率分别为2.5%、2.0%和1.0%，55℃下酶解210min时，提取率最高，为18.16%。

李丽迪（李丽迪，2014）以大连厚叶海带为原料，对岩藻多糖的提取、分离、纯化以及结构进行了初步研究，采用复合酶解结合乙醇分级纯化得到岩藻多糖，通过单因素实验和正交试验确定的最佳提取工艺参数为：料液比1：17，纤维素酶：果胶酶：木瓜蛋白酶=4：1：1，酶加量为620U/g，pH4.5，酶解温度45℃，酶解时间60min。在该酶解条件下，大连海域厚叶海带中岩藻多糖的粗提取率为1.98%、多糖含量为63.33%、硫酸基含量为25.14%。

杨晓雪（杨晓雪，2017）以海带裙边为原料，在与传统热水浸提法比较的基础上，研究了复合酶法高效提取岩藻多糖和海藻酸钠的工艺。通过单因素实验和正交试验，考察了复合酶法中各种酶的添加量、酶解温度、酶解时间、pH和液固比对岩藻多糖提取效果的影响。结果表明，复合酶中纤维素酶、果胶酶、木聚糖酶、α-淀粉酶和酸性蛋白酶添加量的最佳比例为18∶11∶11∶1∶5，最佳酶解条件为：复合酶添加量480U/g、酶解温度59℃、pH4.5、时间10h、液固比（mL/g）30，该条件下得到岩藻多糖的平均得率为2.04%、岩藻多糖的一次提取率为80.63%，其中总糖含量为67.43%，硫酸根含量为28.46%。热水浸提法的最佳提取条件是：温度80℃、时间20h、液固比（mL/g）25，该条件下岩藻多糖的平均得率为0.84%，岩藻多糖的一次提取率为33.20%，其中总糖含量为36.30%，硫酸根含量为14.63%，明显低于复合酶法提取得到的岩藻多糖的指标。

杨晓雪（杨晓雪，2017）以岩藻多糖得率和海藻酸钙得率为指标，比较了分别添加纤维素酶、果胶酶、木聚糖酶和α-淀粉酶的酶解效果，图3-4显示酶的种类对酶解效果的影响。

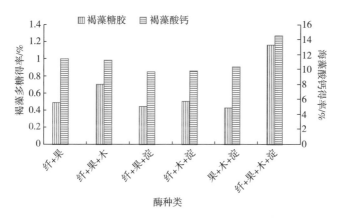

图3-4　酶种类对酶解效果的影响（杨晓雪，2017）
纤—纤维素酶　果—果胶酶　木—木聚糖酶　淀—α-淀粉酶

图3-5为提取岩藻多糖后海带残渣的电镜照片，可以看出经酶处理后的海带渣碎片较多，而经热水处理的海带渣有明显的片层结构，形态较为完整，能清晰地看到完整的细胞壁结构，而经酶处理后的海带渣中细胞壁结构破碎较为完全，基本看不到完整的细胞壁结构。二者的比较验证了复合酶提取法能高效破坏细胞壁，有利于岩藻多糖的溶出。

 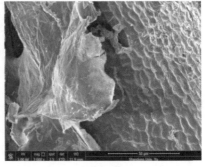

(1)复合酶提取法   (2)热水浸提法

图 3-5　提取岩藻多糖后海藻残渣的电镜照片（杨晓雪，2017）×3000

五、超声波辅助提取法

超声波是频率高于 20000Hz 的一种弹性波，其方向性好、穿透力强，能产生强大的能量并将其传递出去。当大能量的超声波作用于液体时，振动处会产生空化状态，此时超声波的穿透力比电磁波更强，停留时间也更长，可以把液体击化成很多小空穴。小空穴闭合产生的瞬间压力高达 3000MPa，这个作用称为空化作用，能使溶液破裂。此外，超声波的乳化扩散、机械振动、击碎等多级效应有利于溶液中有效成分的提取、扩散和转移。

在岩藻多糖的提取过程中，超声波辅助提取法是以水溶液浸提法为基础，利用超声波的热作用、机械作用、空化作用及击碎、扩散等次级效应使海藻生物体处于高温、高压状态，促使组织细胞变形、破裂后有效成分溶出，不仅提高提取率，缩短提取时间，还节约溶剂。与传统的热水提取法相比，可以大大缩短提取时间，获得的粗多糖的色泽也比传统法更好。

周军明等（周军明，2005）对超声波提取的时间、温度与水提时间和温度做了 4 因素 3 水平的正交试验，得出最佳的超声波辅助提取工艺条件为：藻粉与料液比 1：40、浸泡 24h、超声功率 800W 条件下超声 60min、固体残渣加蒸馏水在 90℃提取 4h，离心并合并上清液，对提取液进行乙醇分级沉淀，去除 20% 组分，得 60% 多糖组分即为岩藻多糖粗品。

谭洁怡等（谭洁怡，2006）利用超声波法从裙带菜中提取岩藻多糖，通过单因素与正交试验对提取工艺进行优化，并以多糖提取率为指标与传统的热水提取法进行对比。实验结果显示，在加水量为 100 倍、功率 1kW、超声时间为 20min 的条件下，岩藻多糖的提取率最大，得率可达 16.87%，纯度为 74.19%，硫酸基含量为 10.22%，而传统的热水提取法的得率、纯度和硫酸基含量分别为 23.59%、30.92% 和 13.94%。与传统方法相比，超声波法提取的多糖中色素和蛋白质等杂质的析出少，岩藻多糖的纯度较高。

贲永光等（贲永光，2010）采用正交设计，以超声波提取时间、超声功率、固液比以及提取温度为因素，对超声波辅助提取岩藻多糖的工艺进行了研究。结果表明，超声时间对提取率的影响最大，其次为固液比，最后是提取时间和超声功率。以提取率为指标的最佳优化条件为：超声时间 30min、固液比 1∶30、提取温度 40℃、超声功率 32W，该条件下岩藻多糖的提取率可达 19.89mg/g。

刘旭等（刘旭，2013）通过正交试验优化超声波提取岩藻多糖的条件，得到的最佳条件为：超声 70min、温度 90℃、时间 2h、料液比 1∶80，该条件下从海带藻渣和泡叶藻中提取岩藻多糖的得率分别为 3.69% 和 4.49%，分子质量分别为 136ku 和 142ku。

戴圣佳等（戴圣佳，2015）通过单因素试验和正交试验对海带源岩藻多糖的超声波辅助提取工艺进行优化，确定最佳工艺条件为：超声功率 250W、超声时间 25min、料液比 1∶70（g/mL）、温度 60℃，该条件下的岩藻多糖提取率达 5.58%，粗多糖中岩藻糖含量 20.93%、硫酸酯基含量 26.87%，均高于热水法提取的岩藻多糖。热水提取法和超声波辅助提取法得到的岩藻多糖均不含蛋白质和核酸，超声波辅助提取的岩藻多糖中色素更少。

表 3-1 比较了超声波辅助提取法和热水提取法的各项指标。可以看出，超声波辅助提取工艺所需时间短、温度较低，能增加岩藻多糖提取率并保持其生物活性。超声波辅助提取获得的岩藻多糖产品颜色较浅，说明超声波辅助提取能有效减少色素的析出，有利于简化除色素等预处理步骤。

表 3-1　超声波辅助提取法和热水提取法的比较（戴圣佳，2015）

项目	超声波辅助提取法	热水提取法	
		相同时间	高温长时间
功率 /W	250	无	无
时间 /min	25	25	480
料液比 /（g/mL）	1∶70	1∶40	1∶40
温度 /℃	60	80	80
岩藻多糖提取率 /%	5.58	2.67	5.42

项目	超声波辅助提取法	热水提取法	
		相同时间	高温长时间
岩藻糖含量 /%	20.93	15.54	16.36
硫酸酯基含量 /%	26.87	18.44	15.67
粗多糖性状	浅黄褐色颗粒	棕褐色颗粒	棕褐色颗粒
蛋白质核酸含量 /%	无	无	无

宋海燕（宋海燕，2016）比较了超声波辅助提取和传统热水提取工艺在鹿角菜源岩藻多糖提取工艺中的应用，研究了料液比、水浴温度和提取时间对岩藻多糖提取率的影响。传统水提法最佳提取工艺条件为：料液比 32mL/g、水浴温度 90℃、提取时间 8.4h，该工艺条件下岩藻多糖的最高提取率为 5.20%。超声波辅助法的最佳工艺条件为：料液比 51mL/g、水浴温度 91℃、超声时间 60min、提取时间 5h，在此条件下，岩藻多糖的提取率达到 5.96%。

六、微波辅助提取法

微波有强大的穿透能力，海藻细胞经微波处理后，通过吸收能量使胞内液体温度升高、水分子蒸发、细胞壁破裂，进而使胞内物质得到更好释放。采用微波辅助提取岩藻多糖具有操作方便、提取时间短、效率高、无污染等优点，但耗电量大，对多糖的结构和活性可能有一定程度的破坏（施英，2006；王振宇，2006；王莉，2001；吴艳芳，2011；Conchie，1950）。

第三节　岩藻多糖的纯化技术

岩藻多糖的粗提取物中通常含有水溶性的海藻酸钠、褐藻淀粉、蛋白质、色素等杂质，需要进行纯化进一步去除。目前常用以下的方法对岩藻多糖进行纯化。

一、乙醇分级沉淀法

海藻酸钠、褐藻淀粉、岩藻多糖在不同浓度的乙醇中有不同的溶解度，乙醇浓度较低时（20%~30%），海藻酸钠首先析出，乙醇浓度达到 60% 时，褐藻淀粉开始析出，而当乙醇浓度为 70%~80% 时，岩藻多糖能从提取液中析出。通过控制提取液中乙醇的浓度，可以实现岩藻多糖与海藻酸钠、褐藻淀粉的分离。

操作过程中首先将粗提岩藻多糖溶于水中，加乙醇至30%乙醇浓度，离心去沉淀，然后再加乙醇至70%乙醇浓度，也可加入少量NaCl溶液，得到的沉淀物即为纯化的岩藻多糖。

二、季铵盐类沉淀法

岩藻多糖能与十六烷基三甲基溴化铵（CTAB）、十六烷基氯化吡啶（CPC）等季铵盐类物质结合后形成沉淀，从提取液中分离（李波，2003）。该沉淀物能溶于高浓度的NaCl或$CaCl_2$水溶液，有效实现岩藻多糖的纯化。刘承颖（刘承颖，2008）比较了乙醇分级沉淀法、CTAB法和$CaCl_2$法对岩藻多糖纯化的影响，结果表明，CTAB法优于另外两种方法，其岩藻多糖的得率和含量都较高。但是通过季铵盐法纯化得到岩藻多糖的纯度虽然较高，其操作步骤较为繁琐，而通过乙醇分步沉淀法得到的岩藻多糖的纯度虽然低于季铵盐法，其操作简便，适用于工业化生产，因此乙醇沉淀法的应用最为广泛。

三、脱蛋白

常用的脱蛋白方法有Savage法、三氯乙酸法、三氟三氯乙烷法、酶法或酶与Savage结合法、等电点沉淀法等（杨世林，2010），其中Savage法和三氯乙酸法都是利用蛋白质在溶剂中易变性析出的性质，但三氯乙酸法的作用条件剧烈，可能使岩藻多糖结构遭到破坏，而Savage法的作用条件相对温和，对岩藻多糖的破坏性也小，因而应用更加广泛，是一种经典且高效的脱蛋白质方法；三氟三氯乙烷法的效率高，但其容易挥发；酶法或酶与Savage结合法是首先利用蛋白酶水解蛋白质，再通过透析除去小分子水解产物，该方法的条件较为温和，对岩藻多糖结构的破坏作用较小，且蛋白酶安全高效，已成为一种脱蛋白的新方式；等电点沉淀法是通过调节多糖溶液的pH，达到去除酸性蛋白质的目的，比较适宜于工业生产（刘轲，2002；郑军，2002；李知敏，2004；叶将瑜，2002）。

陈淑华等（陈淑华，2011）研究了用三氯乙酸法和Savage法去除岩藻多糖提取液中的蛋白质，单独采用Savage法脱蛋白时多糖损失率大，不宜选用，而三氯乙酸法较温和，脱蛋白效果较好且多糖损失率不大。将Savage法与三氯乙酸法结合脱蛋白的效果最佳，蛋白脱除率为78.68%，多糖回收率为71.11%。

杨晓雪（杨晓雪，2017）对复合酶法提取的岩藻多糖用Savage法和透析法进行纯化，分别研究脱蛋白次数和透析时间对脱蛋白和脱盐的影响。结果表明，用Savage法处理2次后能去除70.05%的蛋白质，透析48h能基本除去盐离子。

最终纯化后的岩藻多糖的提取率为76.36%，总糖含量达到69.15%，硫酸根含量达到28.99%，蛋白质含量为1.12%。

四、脱色

岩藻多糖的粗提物中经常伴有酚类化合物等色素，其颜色较深并且影响岩藻多糖的纯度。目前脱色的方法主要有四种：醇洗法、活性炭吸附法、强氧化剂氧化脱色法和色谱柱吸附脱色法，其中醇洗法是将提取的粗多糖水溶后醇沉，适用于色素含量较少的多糖纯化；活性炭吸附法操作简单、效果良好，但易造成多糖损失；强氧化剂氧化脱色法在碱性条件下会使部分多糖降解；色谱柱吸附脱色法利用离子交换树脂或大孔树脂等吸附色素，对多糖的影响较小。周军明（周军明，2006）用DEAE-纤维素离子交换剂对岩藻多糖提取液进行脱色，发现不仅可以除掉色素，还可以辅助分离和纯化岩藻多糖。

五、去除小分子物质

经过脱蛋白、脱色素的粗多糖中还含有无机盐、低聚糖等小分子质量物质，需要进一步分离去除。透析法是最常用的方法，其因操作简单而被广泛使用。纯化过程中首先把粗多糖复溶后置于半透膜透析袋中，逆向流水透析1~3d即可除去小分子质量化合物，得到更纯的岩藻多糖产品。

王长振（王长振，2007）研究了岩藻多糖的分离纯化技术，采用乙醇分级、Savage法脱蛋白、活性炭去色素，纯化后得到的岩藻多糖的总糖和硫酸根含量显著增加、蛋白质含量显著降低。表3-2显示纯化前后岩藻多糖提取物的总糖、硫酸根以及蛋白质含量。

表3-2 岩藻多糖提取物的总糖、硫酸根以及蛋白质含量（$X \pm SD$，$n=5$）（王长振，2007）

测试指标	岩藻多糖粗提取物	纯化的岩藻多糖
总糖	26.12 ± 2.28	37.63 ± 4.68
硫酸根	12.21 ± 3.54	26.47 ± 3.48
蛋白质	11.30 ± 3.73	2.84 ± 2.67

李凯凯等（李凯凯，2019）研究了膜分离技术在岩藻寡糖分离、纯化中的应用，以马尾藻为原料，采用传统水体醇沉方法制备出岩藻寡糖粗提取物后，用微滤、超滤、纳滤结合的综合膜处理使岩藻寡糖的纯度显著提高。在提取岩藻寡糖的过程中，用预先清洗并干燥的马尾藻粉末，设置料液比（1∶10），加入相当于

原料 10% 的氯化钙，在 65~75℃ 温度下充分搅拌提取 3h，放出料液，离心操作处理后，蒸发浓缩至料液的 70% 后降温至（41±3）℃，加入 SE 酶及 FE 酶后分别处理 3h 与 2h 后停止酶解，迅速升温至 90℃ 灭酶 10min，离心处理后向料液中加入相当于 3 倍体积的 95% 乙醇,沉降静置 lh 后离心得到沉降物,干燥备用。随后采用超滤、微滤、纳滤膜处理合理搭配使用，可以有效去除岩藻寡糖中的杂质蛋白分子，也能较好控制盐分含量、去除重金属离子含量，对岩藻寡糖的分离纯化有显著作用。表 3-3 显示膜分离技术在岩藻寡糖分离纯化中的综合实验数据对比。

表 3-3 综合实验数据对比表（李凯凯，2019）

项目	蛋白含量 /%	氯离子含量 /（mg/L）	砷含量 /（mg/L）
原料寡糖	13.55	1678	23.61
超滤处理后	12.59	1584	20.44
超滤 + 微滤处理后	7.03	1363	6.45
超滤 + 微滤 + 纳滤处理后	3.34	503	5.21

第四节　利用海藻渣和褐藻加工污水提取岩藻多糖

海带等褐藻综合利用的主要产品是海藻酸盐、甘露醇和碘，加工过程中水溶性的岩藻多糖通常作为工业废弃物排除或作为肥料使用，利用率不高，造成资源的浪费（解秋菊，2011）。刘旭（刘旭，2013）以海带和巨藻提取海藻酸盐后的海藻渣为原料，建立了海藻渣中提取岩藻多糖的高效制备技术。利用单因素实验、响应面分析法和均匀试验设计，比较了氯化钙水提法、超声波辅助酸提法和普通水提法的最佳提取条件，确立超声波辅助提取法为从海藻渣中提取岩藻多糖的最优工艺选项，其最佳条件为：温度 90℃、超声 70min、提取 2h、料液比 1：80、pH6。在最佳制备条件下，分别提取了巨藻和海带藻渣中的岩藻多糖，结果显示巨藻藻渣中岩藻多糖的提取率为 3.69%、海带藻渣中岩藻多糖的提取率为 4.49%，前者的岩藻糖含量较高，后者富含硫酸根，从海带渣和巨藻渣中提取的岩藻多糖的分子质量分别为 142ku 和 136ku。

在提取温度 70℃、提取时间 4h、料液比为 1：30~1：80 时，料液比对提取率有较大影响。如图 3-6 所示，随着料液比的增加，岩藻多糖的提取率不断升高，当料液比为 1 ∶ 80 时，提取率达到最高值 3.41%，进一步提高料液比对提取率的影响不大。

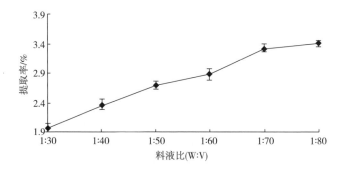

图 3-6　料液比对从海藻渣中提取岩藻多糖的影响（刘旭，2013）

通过高效液相色谱分析可以得到海带源岩藻多糖（LPF）和巨藻源岩藻多糖（NPF）的单糖摩尔比。从表 3-4 可以看出，LPF 和 NPF 的单糖组成有较大差异，其中 LPF 的岩藻糖和半乳糖摩尔比为 1.03 ∶ 1，其中的半乳糖和岩藻糖含量均较高，此外还含有葡萄糖、甘露糖、葡萄糖醛酸和少量鼠李糖、木糖。NPF 以岩藻糖为主，其次鼠李糖和甘露糖含量较高，还含有半乳糖、木糖和少量葡萄糖，未检测到葡萄糖醛酸。其他学者从褐藻中提取的岩藻多糖中岩藻糖和半乳糖的摩尔比为 1.0 ∶（0.2~1.1）（Anastyuk，2012）。

表 3-4　海带源岩藻多糖和巨藻源岩藻多糖中的中性糖构成（摩尔比）（刘旭，2013）

岩藻多糖	甘露糖	鼠李糖	糖醛酸	葡萄糖	半乳糖	木糖	岩藻糖
海带源	0.27	0.12	0.25	0.35	1.03	0.14	1.00
巨藻源	0.57	0.59	—	0.11	0.39	0.38	1.00

除了海藻渣，生产海藻酸盐的污水中也含有岩藻多糖。罗宏宇等（罗宏宇，2002）从海带综合利用生产甘露醇、碘及海藻酸钠的污水中提取岩藻多糖，结果显示在 pH5.5 的条件下可以从加工污水中提取岩藻多糖，制得的岩藻多糖的性质与直接从海带中提取的岩藻多糖的性质相似。

第五节　岩藻多糖的分析检测方法和标准

建立标准化分析检测方法和产品标准是研究岩藻多糖功效、开发其应用的基础。岩藻多糖的分子结构受褐藻来源和提取方法的影响，基于其结构复杂性，准确测定其含量并对其结构进行鉴定存在很大困难。目前岩藻多糖的检测方法及产品尚未建立国家标准，只有水产行业标准（SC/T 3404—2012）和中国医药保健品进出口商会团体标准（植物提取物 - 岩藻多糖），目前在这两个标准的基础上进行岩藻多糖的各项指标检测。对于岩藻多糖的产品标准，目前还是各企业根据各自的原料、生产方式、提取工艺及检测条件等自行制定企业标准，造成目前市售产品申明的岩藻多糖含量、组分相差较大。

生产过程中得到的提取物中岩藻多糖的含量是一个关键指标，可将样品中的岩藻多糖经酸水解分级后测定岩藻糖含量，再乘 1.75 间接估算岩藻多糖含量。值得注意的是，对于还含有其他单糖组分的岩藻多糖，此法不够准确，还需要检测岩藻多糖的总糖和硫酸基含量，除以提取率，可得到褐藻中岩藻多糖含量。

岩藻糖的检测方法有比色法、液相色谱法和气相色谱法，其中比色法相对简单，对样品进行预处理后直接检测，但过程受干扰因素比较多。液相和气相色谱法检测岩藻糖含量对样品的预处理要求较高，在对海藻原料样品检测时需要先提取、纯化岩藻多糖，进行水解处理后测定岩藻糖含量。

一、岩藻糖含量的测试

1.Dische 比色法

岩藻糖是六脱氧己糖，在浓硫酸存在下，六脱氧己糖与盐酸半胱氨酸反应后生成浅黄色化合物，在 396nm 有最大吸收，而在 427nm 无吸收，其他干扰性中性己糖的生成物在 396nm 和 427nm 两波长处吸收相等，因此岩藻糖的盐酸半胱氨酸生成物的浓度和两个波长之间的吸光度差值成正比，从而消除了其他中性己糖的影响。基于上述原理，Dische 比色法的具体步骤如下：

（1）海藻原料样品的预处理　称取干海藻样品 0.1~0.5g（磨碎，过 50 目筛），置于 250mL 烧杯中，加入 25mL 浓度为 0.2mol/L 的盐酸溶液于 70℃恒温水浴中加热提取 1h，期间用搅拌器不断搅动，水位过低时，添加蒸馏水 25mL。然后冷却至室温，使颗粒沉淀，倾出上清液，过滤至 100mL 容量瓶内。将沉淀再用 25mL 浓度为 0.02mol/L 的盐酸提取第二次，条件同上。最后合并滤液于 100mL 容量瓶内，蒸馏水定容，摇匀。对于岩藻多糖成品，直接称取 0.01g，定容至

100mL，摇匀。

（2）制定标准曲线　将岩藻糖标准储备溶液逐级稀释，配制浓度为 0，10，25，40，50，60，75，80，100μg/mL 的标准溶液。分别移取上述溶液 1mL 于试管中，每个梯度 2 个平行样。冰水浴条件下加入 87% 硫酸溶液 4.5mL，涡旋混匀；1min 后，在沸水浴中准确加热 10 min，迅速冷却至室温，加 0.5mL 浓度为 3% 的 L-盐酸半胱氨酸溶液，摇匀，静置 90min。分别在 427nm 和 396nm 的波长处测定吸光度。以两个吸光度之差为纵坐标，绘制标准曲线。

（3）样品检测　吸取 1mL 预处理后的海藻样品或岩藻多糖成品溶液，按照标准曲线处理步骤操作，直接测定样品吸光度。样品中岩藻糖含量按照下式计算

$$X = \frac{C \times V \times 10^{-6}}{m} \times 100\%$$

式中　X——样品岩藻糖的含量，%

　　　C——从标准曲线查得样品溶液中的含糖量，μg/mL

　　　V——样品定容的体积，mL

　　　m——海藻样品或岩藻多糖成品的质量，g

2. 气相色谱法

对于海藻样品，首先用热水提取岩藻多糖，经乙醇沉淀去除可溶性污染物，用 DEAE-Sephadex 离子交换柱色谱纯化后，再用盐酸水解，中性单糖和糖醛酸用阴离子交换色谱分离，然后用气相色谱法加以鉴定和定量分析，具体步骤如下：

（1）提取和纯化岩藻多糖　称取藻体 10g，切碎后浸入 100mL 的 3.7% 甲醛溶液中，置于具塞三角烧瓶中 30℃过夜后加入 200mL 蒸馏水，于 100℃下搅拌提取 4h，过滤后将滤液置于自来水中透析过夜，用硅藻土 545 过滤，滤液减压浓缩至 1/4 体积，加入乙醇至终浓度为 80%，得到的沉淀用乙醇、丙酮洗涤，气流干燥 12h，得到的提取物重新溶于少量蒸馏水，加入 0.05mol/L 氯化镁溶液，加入乙醇至终浓度为 20%，离心（3000×g，10min），将上清液减压浓缩，置于自来水中透析过夜。取透析液，过 DEAE-Sephadex 柱，先以蒸馏水洗脱至无糖为止，再以稀盐酸洗脱，减压蒸发浓缩，透析过夜，将透析液冻干，得到纯化的岩藻多糖样品。

（2）岩藻多糖的水解　称取 10mg 纯化的岩藻多糖，加 2mL 的 1mol/L 盐酸溶解，置于封口试管中 110℃加热水解 2h，冷却后在水解液中加入 2mL 浓度为 1mol/L 的盐酸，减压蒸干。将残渣重新溶于 4mL 蒸馏水中，减压蒸发至干，

重复操作一遍，水解液溶于 1mL 蒸馏水中，加入 1.2mL 浓度为 0.13 mol/L 氨水将水解液中的糖醛酸内酯转换成糖醛酸，溶液于室温下放置 5min，然后用 1mL 浓度为 0.2mol/L 的醋酸中和，再加入 1mL 蒸馏水混合均匀后，将溶液减压蒸发至干。残渣用 4mL 蒸馏水重溶，减压蒸发至干。重复处理三次。

（3）样品柱衍生化　采用 Dowex1*8 微型柱子（100~200 目，2.5mL）用 1mol/L 的氢氧化钠溶液活化，用 2mol/L 和 0.2mol/L 的醋酸冲洗平衡，将步骤 2 中残渣溶解于 1mL 浓度为 0.2mol/L 的醋酸中，上柱。用 13mL 浓度为 0.2mol/L 的醋酸洗脱，洗脱液减压浓缩至干。然后溶解于 1mL 蒸馏水，上 Amberlite IR-120B 微型柱子（100~200 目，2.5mL），用 13mL 蒸馏水洗脱，洗脱液减压浓缩至干，残渣即为中性糖部分，将此组分用三氟醋酐处理，制成三氟醋酐衍生物（TFA），柱子再用 23mL 浓度为 2mol/L 的醋酸洗脱，洗脱液减压浓缩至干，残渣为糖醛酸部分。将此组分用六甲基二硅胺烷和三甲基氯硅烷的混合溶剂处理，制成三甲基硅醚化衍生物（TMS）。

（4）气相色谱检测　气相色谱仪的操作条件是：氮气流速为 40mL/min、中性糖三氟醋酐衍生物的进样温度 200℃、柱温为 125℃、糖醛酸三甲基硅烷衍生物的进样温度为 200℃，程序升温，从 160℃到 200℃，升温速度为 1℃/min，通过与标准品的保留时间对照进行定性和定量分析。

3. 液相色谱法

遵照水产行业标准检测方法，采用液相色谱法检测岩藻糖含量的前处理步骤与气相色谱法的样品前处理方法类似，对于海藻样品，首先进行提取、纯化和酸水解，水解产物用 1- 苯基 -3- 甲基 -5- 吡唑啉酮（PMP）进行衍生化，最后用高效液相色谱分析岩藻糖含量，采用外标法定量，具体步骤如下：

（1）海藻样品中岩藻多糖的提纯方法详见气相色谱法。

（2）岩藻多糖的水解　准确称取岩藻多糖 0.1g（精确至 0.0001g），于水解管中，加入 4mol/L 三氟乙酸溶液 10mL，混匀后充入氮气封盖，在 110℃电热恒温干燥箱中水解 2h，取出后冷却至室温，加入 4mol/L 氢氧化钠溶液 10mL 中和，调节 pH 至中性。将水解液转移到 25mL 容量瓶中，用 0.1mol/L 磷酸二氢钾缓冲溶液定容，摇匀。

（3）水解产物的 PMP 衍生化　取水解后的样品溶液 1mL 于 5mL 具塞玻璃试管中，加入 1mL 浓度为 0.3mol/L 氢氧化钠溶液，涡旋混合，然后加入 0.5mol/L 的 PMP 甲醇溶液 1mL，涡旋混合，置于 70℃恒温水浴锅中反应 70min。取出后冷却至室温，加入 0.3mo/L 乙酸溶液 1mL 中和，转移至 10mL 容量瓶中，用 0.1mol/L 磷酸二氢钾缓冲溶液定容至刻度。取上述溶液 1mL 于 5mL 具塞玻璃试管中，加入三氯甲烷 2mL，充分涡旋后去除三氯甲烷相，重复萃取 2 次，将得到的水相过 0.45μm 水系膜，进行色谱分析，外标法定量。

（4）高效液相色谱检测　色谱条件如下：

①色谱柱：C18 色谱柱，250mm×4.6mm，5μm，或相当者。

②柱温：40℃。

③流速：1.0mL/min。

④流动相。

溶剂 A：乙腈 -0.05mol/L 磷酸二氢钾缓冲液（15+85）。

溶剂 B：乙腈 -0.05mol/L 磷酸二氢钾缓冲液（40+60）。

梯度洗脱程序见表 3-5。

表 3-5　梯度洗脱程序

运行时间 /min	A/%	B/%
0	100	0
9	90	10
15	45	55
25	100	0

⑤紫外检测器：波长 250nm。

⑥进样体积：20μL。

样品中岩藻糖含量按如下公式计算

$$X=\frac{C\times V\times 10^{-6}}{m}\times f\times 100$$

式中　X——样品岩藻糖的含量，%

　　　C——样品制备液中岩藻糖的浓度，μg/mL

　　　V——样品制备液最终定容的体积，mL

　　　m——样品的质量，g

　　　f——样品稀释倍数

岩藻多糖中单糖组成也多用液相色谱法进行鉴定，方法与检测岩藻糖含量方法相似，但是要延长水解时间和色谱峰出峰时间，更好地将各种单糖水解和色谱柱分离。在标准曲线制作过程中，加入其他单糖标准品，分别进行定性和定量分析。

二、总糖含量的测试

总糖含量可以通过苯酚硫酸法测定（DuBois，1956）。

1. 试剂准备

100 μg/mL 岩藻糖标准溶液：将 0.01g 岩藻糖配成 100mL 溶液。

80% 苯酚：称取 80g 苯酚，加蒸馏水溶解后，定容至 100mL，在室温下可保存数月。

6% 苯酚：取 80% 苯酚 3mL，加蒸馏水至 40mL，现用现配。

2. 标准曲线的制备

分别吸取岩藻糖标准溶液 0，0.4，0.6，0.8，1.0，1.2，1.4，1.6，1.8mL 于试管中，加水定容至 2mL，然后分别加入 1.0mL 6% 苯酚溶液、混合均匀后快速加入 5mL 95% 浓 H_2SO_4，静置 10min 摇匀，室温放置 20min 后，在 490nm 下测定吸光度。$Y=0.016X-0.0148$，$R^2=0.9963$。图 3-7 显示总糖测定标准曲线。

3. 样品测定

取配制的 0.1% 样品溶液 0.5mL，按上述方法测定其吸光度。

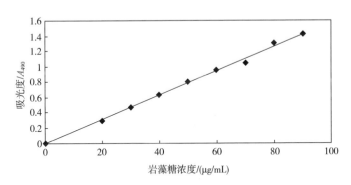

图 3-7　总糖测定标准曲线（曲桂燕，2013）

三、硫酸基含量的测试

1. 试剂配制

氯化钡 - 明胶试液：将 1.5g 明胶溶于 300mL 蒸馏水中（于 60~70℃ 水浴中加热溶解），在冰箱中静置过夜，取 3.0g 氯化钡溶于上述溶液中，室温下静置 2~3h，如有沉淀，离心除去，存放于冰箱中，一周内使用。

标准硫酸基溶液：硫酸钾在 105~110℃干燥至恒重，精确称取 543.5mg 置于 100mL 容量瓶中，加 1mol/L HCl 至刻度，取出 5mL 置于 25mL 容量瓶中，以 1 mol/L HCl 稀释至刻度，得标准硫酸基溶液。

2. 标准曲线制作

吸取 0.1，0.2，0.3，0.4，0.5，0.6mL 标准溶液于带塞试管中，各管以 1mol/L HCl 补加至总体积为 0.6mL，再加入 9.0mL 3% 三氯乙酸和 2.4mL 氯化钡 - 明胶试液，混合后在室温下静置 15~20min，以 0.6mL 1mol/L HCl 作空白对照，在波长为 360nm 下测吸光度值，得不同浓度的硫酸基对其吸光度值作出的标准曲线，标准曲线方程为 $Y=49.706X-0.2928$，$R^2=0.9989$。

3. 样品测定

精确称取多糖样品 7.5mg，以 1mol/L HCl 作溶剂，配制浓度为 1.5mg/mL 的多糖样品液，封管后在 100℃下加热水解 2~3h，冷却后分别吸取 0.6mL 水解液进行分析，其余操作同标准曲线制备，测得各样品的吸光度值，从标准曲线查得样品中硫酸基的质量浓度，得出样品中总硫酸基的含量（刘承颖，2008；张惟杰，1987）。

第六节　小结

岩藻多糖是褐藻类海洋植物中一种含量小、结构独特的海藻活性物质，可以通过热水浸提、复合酶解、膜分级过滤等多种技术的集成实现不同纯度、分子质量等多种规格的岩藻多糖生物制品的提取和纯化，获得高纯度岩藻多糖生物制品，为其在健康食品、特殊医学用途配方食品、医用敷料、化妆品、绿色肥料的多领域、多渠道应用提供原料保障。

参考文献　　［1］Anastyuk S D, Imbs T I, Shevchenko N M, et al. ESIMS analysis of fucoidan preparations from *Costaria costata*, extracted from alga at different life-stages［J］. Carbohydr Polym, 2012, 90（2）: 993-1002.

［2］Chandia N P, Matsuhiro B. Characterization of a fucoidan from *Lessonia vadosa*（Phaeophyta）and its anticoagulant and elicitor properties［J］. International Journal of Biological Macromolecules, 2008, 42（3）: 235-240.

［3］Conchie J, Pereival E. Fucoidin, Part II: The hydrolysis of a methylated fucoidin prepared from *Focus vesiculosis*［J］. J Chem Soc, 1950: 827-832.

［4］Cumashi A, Ushakova N A, Preobrazhenskaya M E, et al. A comparative study of the anti-inflammatory, anticoagulant, antiangiogenic and antiadhesive activities of nine different fucoidans from brown seaweeds［J］. Glycobiology, 2007, 17（5）: 541-552.

［5］DuBois M, Gilles K A, Hamilton J K, et al. Colorimetric method for determination of sugars and related substances［J］. Analytical Chemistry, 1956, 28（3）: 350-356.

［6］Hahn T, Lang S, Ulber R, et al. Novel procedures for the extraction of fucoidan from brown algae［J］. Process Biochemistry, 2012, 47（12）: 1691-1698.

［7］Kiseleva M I, Shevchenko N M, Krupnova T N, et al. Effect of fucoidans on the developing embryos of the sea urchin *Strongylocentrotus intermedius*［J］. Journal of Evolutionary Biochemistry and Physiology, 2005, 41（1）: 63-72.

［8］O' Neill A N. Degradative studies on fucoidan［J］. Journal of American Chemical Society, 1954, 76: 5074-5076.

［9］王晶, 张全斌.褐藻多糖硫酸酯的结构与生物活性研究［J］.海洋科学集刊, 2017, 52: 68-89.

［10］陈伟强, 李丽, 章慧敏.褐藻多糖硫酸酯［J］.江西化工, 2005,（2）: 43-44.

［11］程仕伟, 陈超男, 冯志彬, 等.海带岩藻多糖的水提制备及其抗氧化活性研究［J］.食品科学, 2010, 31（6）: 101-104.

［12］孙海森.海带岩藻多糖硫酸酯的分离纯化及相关活性研究［D］.杭州: 浙江工商大学, 2012.

［13］史永富, 汪秋宽, 张甜翠.鼠尾藻中岩藻聚糖硫酸酯提取工艺及纯化研究［J］.现代食品科技, 2009, 25（5）: 511-515.

［14］邢杰, 刘守涛, 高君, 等.海带多糖的提取及组分的分离与鉴定［J］.抚顺石油学院学报, 1998, 18（1）: 8-11.

［15］赖晓芳, 沈善瑞, 徐士军.裙带菜褐藻糖胶的提取［J］.淮海工学院学报（自然科学版）, 2006, 15（1）: 63-65.

［16］陈绍缓, 莫卫民.海洋药物研究, III.羊栖菜多糖［J］.兰州大学学报（自然科学版）, 1998, 34（4）: 110-113.

［17］徐杰, 李八方, 薛长湖, 等.羊栖菜岩藻聚糖硫酸酯的提取纯化和化学组成研究［J］.中国海洋大学学报, 2006, 36（2）: 269-272.

［18］姚兰, 蒋文强, 杨海涛.酸法提取海带中岩藻聚糖硫酸酯的研究［J］.2006, 27（7）: 89-91.

［19］曲桂燕.五种褐藻岩藻聚糖硫酸酯提取纯化及其功能活性的比较研究

［D］.青岛：中国海洋大学，2013.

［20］李波，许时婴.羊栖菜中褐藻糖胶的提取纯化研究［J］.食品工业，2004，2：40-43.

［21］樊文乐.海带的综合利用研究［D］.天津：天津科技大学，2006.

［22］刘轲，王琪琳，吕辉，等.海带硫酸多糖的提取、纯化及其理化分析［J］.中国生化药物杂志，2002，23（3）：114-116.

［23］翟为，张美双，张莉霞，等.复合酶法提取海带多糖工艺优化［J］.食品科学，2012，33（18）：6-9.

［24］郑金娃.厚叶海带岩藻聚糖硫酸酯的纯化及其抗肝损伤作用的研究［D］.大连：大连海洋大学，2013.

［25］何云海，汪秋宽.海带岩藻聚糖硫酸酯酶解工艺及分离和纯化研究［J］.沈阳农业大学学报，2007，38（2）：215-219.

［26］刘志新，刘金富，徐凤，等.超声波复合酶法提取海带多糖的优化［J］.安徽农业科学，2013，41（20）：8467-8469.

［27］李丽迪.大连海域厚叶海带岩藻聚糖硫酸酯的纯化及其结构分析［D］.大连：大连海洋大学，2014.

［28］杨晓雪.海带多糖综合提取纯化工艺的研究［D］.泰安：山东农业大学，2017.

［29］周军明，崔艳丽，毛建卫.超声波辅助提取褐藻糖胶活性成分优化研究［J］.氨基酸和生物资源，2005，27（4）：74-76.

［30］谭洁怡，王一飞，钱垂文.超声波法提取裙带菜中岩藻多糖硫酸酯的工艺研究［J］.食品与发酵工业，2006，32（1）：115-117.

［31］贲永光，钟红茂，吴晓燕.海带中褐藻糖胶的超声提取工艺的优化［J］.广东药学院学报，2010，26（5）：466-469.

［32］刘旭，曲桂燕，周裔彬，等.泡叶藻及海带藻渣中岩藻聚糖硫酸酯的提取及其抗氧化活性［J］.海洋科学，2013，37（12）：34-39.

［33］戴圣佳，刘振锋，吕卫金，等.超声辅助提取海带褐藻糖胶硫酸酯的工艺研究［J］.食品研究与开发，2015，36（22）：28-32.

［34］宋海燕.鹿角菜中岩藻多糖提取、分离、纯化及其免疫活性研究［D］.上海：上海海洋大学，2016.

［35］施英，吴娱明，廖森泰，等.微波辅助提取蚕顿虫草多糖的研究［J］.广东农业科学，2006，（11）：41-42.

［36］王振宇，孙芳，刘荣.微波辅助提取松仁多糖的工艺研究［J］.食品工业科技，2006，（9）：133-139.

［37］王莉，刘志勇，鲁建江，等.黄蓂多糖的微波提取及含量测定团［J］.中医药学报，2001，29（6）：35-36.

［38］吴艳芳，王新胜，张延萍，等.微波辅助提取山茱萸多糖的工艺研究［J］.湖北农业科学，2011，2（50）：570-572.

［39］李波，许时婴.褐藻糖胶的提取纯化方法［J］.海洋水产研究，2003，24

（3）：75-79.

［40］刘承颖.半叶马尾藻中岩藻聚糖硫酸酯提取纯化及其降血脂研究［D］. 湛江：广东海洋大学，2008.

［41］杨世林，热娜·卡斯木.天然药物化学［M］.北京：科学出版社，2010： 106-140.

［42］郑军，王英，钱俊杰，等.褐藻糖胶的提取纯化及其抗凝血活性的研究 ［J］.分子科学学报，2002，18（2）：109-112.

［43］李知敏，王泊初，周菁，等.植物多糖提取液的几种脱蛋白方法的比较分 析［J］.重庆大学学报，2004，27（8）：57-59.

［44］叶将瑜，谈锋.紫芝多糖的纯化及组分分析［J］.西南师范大学学报， 2002，27（6）：945-949.

［45］陈淑华，张淑平，杜秀秀，等.褐藻糖胶脱蛋白及脱色方法研究［J］.湖 南农业科学，2011，（7）：92-95.

［46］周军明.褐藻糖胶提取纯化、结构分析及抗氧化研究［D］.杭州：浙江 大学，2006.

［47］王长振.海带硫酸多糖蛋白复合物的分离纯化及其生物活性研究［J］.北 京：中国人民解放军军事医学科学院，2007.

［48］李凯凯，严国富，汤洁.膜分离技术在岩藻寡糖分离纯化中的应用［J］. 中国食品添加剂，2019，（5）：92-95.

［49］解秋菊，闫培生，池振明.真姬菇发酵海带废渣制备多糖的抗氧化活性 ［J］.食品工业科技，2011，（2）：115-117.

［50］刘旭.海藻渣中岩藻聚糖硫酸酯的提取、纯化及其体外活性研究［D］.合 肥：安徽农业大学，2013.

［51］罗宏宇，吴常文，任刚，等.利用褐藻酸钠生产污水提取褐藻糖胶［J］. 水产科学，2002，21（5）：18-20.

［52］张惟杰.复合多糖生化研究技术［M］.上海：上海科学技术出版社， 1987：296-297.

第四章 岩藻多糖的化学结构、理化性能和功能化改性

第一节 引言

在1913年报道的实验中，Kylin用稀醋酸从掌状海带中首次提取出岩藻多糖，并对其化学组分进行了研究（Kylin，1913）。2年后的1915年，Kylin又在提取的岩藻多糖中发现了L-岩藻糖（Kylin，1915），并将其命名为Fucoidin。也是在1915年，Hoagland & Lieb（Hoagland，1915）的研究发现岩藻多糖的分子结构中含有一部分硫酸化的岩藻糖。此后更多科学家对岩藻多糖进行了研究，证明其为一种结构复杂、性能优良的天然硫酸酯化多糖（Bird，1931；Nelson，1931；Lunde，1937；Percival，1950；Black，1952）。根据国际IUPAC命名法，目前这种从褐藻中提取出的硫酸酯多糖的正式命名为Fucoidan。

大量研究显示岩藻多糖是一类具有复杂化学组成和独特结构的含硫酸基水溶性杂聚糖，是海洋独有的天然功能性多糖，其核心成分为岩藻糖和硫酸基，随褐藻种类的不同还含有木糖、甘露糖、半乳糖、葡萄糖、鼠李糖、阿拉伯糖、糖醛酸等其他成分（王晶2017；Bilan，2008）。近年来的研究表明岩藻多糖具有抗肿瘤、免疫调节、抗氧化、抗凝血等很多优良的生物活性（Senthilkumar，2013），在新时代健康产业中有重要的应用价值。

岩藻多糖的单糖组成、连接方式、硫酸酯化程度随褐藻的种类和分布呈现出非常丰富的多样性，全球各地的科研人员围绕其化学结构和理化性能开展了大量的研究，对进一步理解其生物活性并开展功能化改性起重要作用，尤其是通过阐明岩藻多糖的精细结构建立构效关系和生物学功能与机制，为其在生物医药领域的应用奠定基础。

第二节　岩藻多糖的化学结构

作为一种硫酸酯化杂多糖，岩藻多糖的化学结构主要体现在单糖组成、连接方式、硫酸酯化度及酯化位点等方面，其中海藻的种类及来源对岩藻多糖的化学结构有重要影响。

一、岩藻多糖的单糖组成

岩藻多糖主要是由含硫酸基的岩藻糖（Fucose）构成的水溶性多糖，其分子链的主要成分是岩藻糖和硫酸基（Gulbrand，1937），还含有少量的木糖、甘露糖、半乳糖、阿拉伯糖、葡萄糖醛酸等。图 4-1 显示 L- 岩藻糖的分子结构。

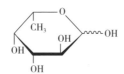

图 4-1　L- 岩藻糖的分子结构

继 Kylin 发现岩藻多糖后，各国学者研究了从泡叶藻、巨藻、海带、裙带菜、羊栖菜、墨角藻、绳藻等褐藻中提取的岩藻多糖的结构和性能。Percival 等（Percival，1968）发现泡叶藻源岩藻多糖含有 49% 的岩藻糖、10% 的木糖和 11% 的葡萄糖醛酸。Nishide 等（Nishide，1990）对 21 种日本产褐藻中提取的岩藻多糖的单糖及糖醛酸组分进行研究，结果表明其单糖组分以 L- 岩藻糖为主，均含有木糖、甘露糖、半乳糖、葡萄糖和鼠李糖，少数含有阿拉伯糖，其糖醛酸以葡萄糖醛酸或甘露糖醛酸为主，有的含有半乳糖醛酸。Nishino 等（Nishino，1994）对墨角藻源岩藻多糖进行分析，发现其中除了岩藻糖等成分，还含有 0.4% 的氨基葡萄糖，说明岩藻多糖是一种化学组分和结构十分复杂的大分子多糖化合物，其以 L- 岩藻糖和硫酸基团为主，随着褐藻的种类、生长季节和藻体部位以及提取分级手段的不同，在化学组分上有较大差异。

王长振（王长振，2007）从海带中提取出岩藻多糖，分析显示其单糖组成主要由 L- 岩藻糖、α- 鼠李糖、D- 阿拉伯糖、D- 木糖、D- 甘露糖、D- 半乳糖以及葡萄糖组成，各种单糖的摩尔比为 1.0∶0.04∶0.13∶0.09∶0.48∶0.26∶0.09，岩藻多糖的分子质量达 1000ku，硫酸根、总糖和蛋白质含量分别为 26.47%、37.63% 和 2.84%。

不同的生长环境赋予不同褐藻独特的化学生态，使其含有的岩藻多糖具有丰富的结构多样性，分子结构中的单糖组成也有很大差异。王晶等（王晶，2017）总结了从不同褐藻中提取的岩藻多糖中各种单糖的含量，见表4-1。

表4-1　几种岩藻多糖中各种单糖的含量（王晶，2017）

褐藻种类	中性单糖 /%						
	岩藻糖	半乳糖	甘露糖	鼠李糖	木糖	阿拉伯糖	葡萄糖
Fucus distichus L.	51.6	1.5	0.7	—	2.7	—	0.2
Hizikia fusiformis（F3）	56.7	31.4	5.9	—	4.7	—	1.3
Hizikia fusiformis（F4）	80.0	20.0	—	—	—	—	—
Fucus serratus L.（F3）	54.8	2.6	1.4	—	4.0	—	—
Ascophyllum nodosun	95.6	—	—	—	4.4	—	—
Analipus japonicus（F2）	83.5	12.3	4.2	—	—	—	—
Cladosiphon okamuranus Tokida	92.0	1.0	2.0	1.0	2.0	—	2.0
Ecklonia cava Kjellman	53.0	9.0	21.0	2.0	5.0	—	10.0
Ishige okamurae Yendo	59.0	11.0	9.0	8.0	10.0	1.0	2.0
L.ochotensis Miyabe	80.0	8.0	7.0	2.0	1.0	1.0	1.0
Myelophycus simplex Papenfuss	39.0	20.0	11.0	5.0	13.0	2.0	10.0
Sargassum hemiphyllum C. Agardh	55.0	18.0	10.0	8.0	5.0	—	4.0
S. miyabei（*Turner*）C. Agardh	86.0	6.0	3.0	2.0	2.0	—	1.0
S. patens C. Agrdh	31.0	24.0	17.0	13.0	4.0	—	11.0
S. thunbergii（Mertens et Roth）Kuntze	33.0	20.0	10.0	14.0	8.0	2.0	12.0

二、岩藻多糖的单糖连接方式

岩藻多糖的主要来源为褐藻和棘皮动物，其分子结构随来源的不同有较大差异。一般来说，棘皮动物源岩藻多糖的结构比较简单，多为线性分子，硫酸根的连接方式也比较有规律，而褐藻源岩藻多糖多有支链结构，单糖的种类和硫酸根的连接方式也比较复杂。

1913 年 Kylin 首先报道了岩藻多糖中含有 L- 岩藻糖，随后的大量科学研究证实岩藻糖通过 α-（1→2），α-（1→3）或 α-（1→4）连接构成主链，主链上除了岩藻糖还有其他单糖，部分岩藻多糖分子链上还有支链。岩藻多糖分子结构中的硫酸基主要结合在 L- 岩藻糖的 C2、C3 或 C4 位上，平均每两个岩藻糖基含有一个硫酸基（Morya，2012；曲桂燕，2013）。图 4-2 显示从墨角藻中提取的岩藻多糖的结构模型。

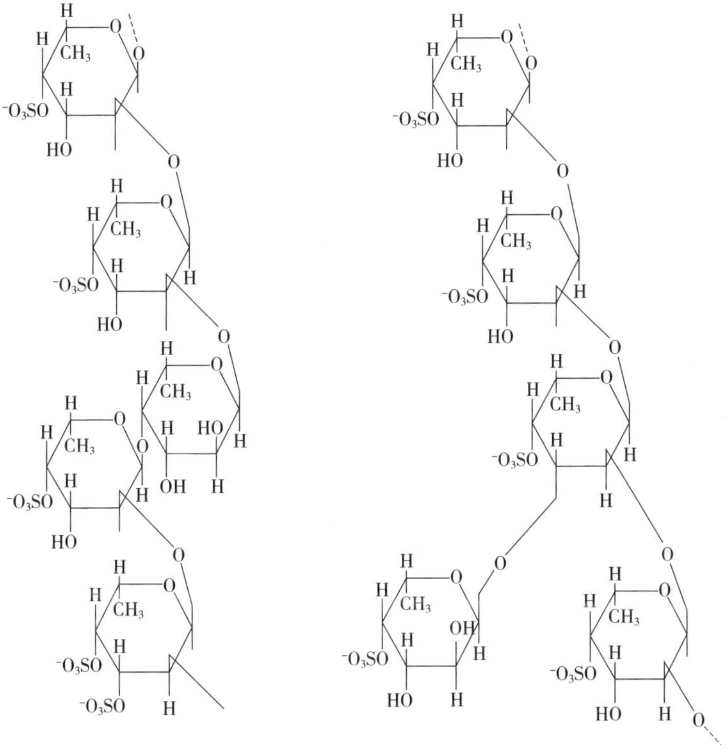

图 4-2　从墨角藻中提取的岩藻多糖的结构模型（Conchie，1950）

1993 年，Patankar 等（Patankar，1993）提出墨角藻岩藻多糖的高分子骨架结构由（1→3）连接的 α-L- 岩藻糖组成，硫酸根主要取代在 C4 位上，同时，每 2~3 个岩藻糖残基就有一个由岩藻糖组成的支链。此后，Pereira 等（Pereira，1999）运用化学分析和波谱分析的方法，对从棘皮动物海参和海胆中提取的岩藻多糖的结构进行了细致的研究，发现这些多糖都是以（1→3）连接的 α-L- 岩藻糖为基本骨架，硫酸根主要取代在 2 位或（和）4 位上，每 4 个糖单元构成一个重复单元。

图 4-3 显示岩藻多糖的典型分子结构，其高分子链骨架主要有两种结构，一种是（1-3）-α-L-岩藻糖重复片段，另一种是（1-3）-和（1-4）-α-L-岩藻糖重复片段（Chevolot，1999），其中图 4-3（1）是直链结构，由 1，3-α-L-吡喃岩藻糖 -4-硫酸酯组成，图 4-3（2）是支链结构，由 1,3/1,4-α-L-吡喃岩藻糖 -2/4-硫酸酯组成。

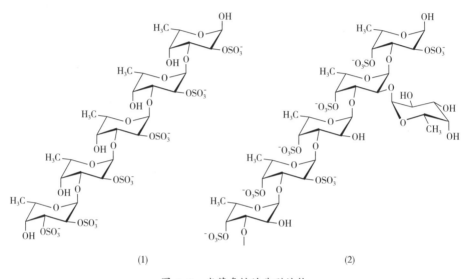

(1)   (2)

图 4-3　岩藻多糖的典型结构

三、岩藻多糖的硫酸基取代方式

岩藻多糖的生物活性主要取决于其化学组成和结构特性，尤其是硫酸基团的含量及其位置（吴茜茜，2001；张连飞，2011）。在岩藻多糖的分子结构中，每个岩藻糖上至少含有一个硫酸基团（Morya，2012），其取代位置因褐藻种属、产地及生长季节而不同。我国青岛、福建产海带中提取的岩藻多糖的硫酸基主要连接在 C-4 位上，而大连产的海带源岩藻多糖的硫酸基主要连接在 C-2 或 C-3 位上。从墨角藻中提取的岩藻多糖中的绝大多数硫酸基团位于岩藻糖残基的 C-4 位置，其中岩藻多糖中的岩藻糖含量约 44.1%、硫酸基含量约 26.3%（Nishino，1994）。

四、影响岩藻多糖化学结构的各种因素

岩藻多糖的化学组成非常复杂，受褐藻种属、产地、季节、部位以及提取工艺等因素影响，目前主要以标志性成分岩藻糖和硫酸根含量表征岩藻多糖含量，例如以岩藻糖含量乘 1.75 表示岩藻多糖的含量，其中 1.75 是岩藻多糖对岩

藻糖分子质量的比值，即（128+96）/128=1.75（范晓，1996）。

研究发现，不同褐藻来源的岩藻多糖的结构并不完全相同。对从粉团扇藻（*Padina pavonia*）中提取的岩藻多糖的结构研究表明，该多糖含有（1→4）连接的 β-D- 葡萄糖醛酸、(1→4)连接的 β-D- 葡萄糖、(1→4)连接的 β-D- 甘露糖、(1→4)连接的 β-D- 半乳糖及(1→2)连接的 α-L- 岩藻糖等多种残基(Hussein，1980)。Checolot 等（Chevolot，2001）采用甲基化分析和 NMR 对从泡叶藻中提取的岩藻多糖的酸水解产物 - 低分子质量岩藻多糖的结构进行研究，结果表明该多糖的主链含有大量（1→4）连接的 α-L- 岩藻糖，硫酸根主要连接在 C2 位，少量连接在 C3 位，极少连接在 C4 位，同时首次发现 C2、C3 双取代的岩藻糖，与 Patankar 等（Patankar，1993）报道的墨角藻源岩藻多糖的结构有很大差别。

Rocha 等（Rocha，2005）研究了从施氏褐舌藻（*Spatoglossum schroederi*）中提取的岩藻多糖的分子结构，该多糖的分子质量为 215ku，岩藻糖、木糖、半乳糖及硫酸根的摩尔比为 1.0 : 0.5 : 2.0 : 2.0，此外还含有少量的糖醛酸。化学分析、甲基化分析和 NMR 分析的结果表明该多糖拥有一种特殊的结构，主链由 4- 连接的 β-D- 半乳糖构成，硫酸根取代在 C3 位上，约有 25% 的糖残基含有支链，支链由 α-L- 岩藻糖（C3 被硫酸根取代）或者是两个非硫酸根取代的 4- 连接的 β-D- 木糖组成，如图 4-4 所示。

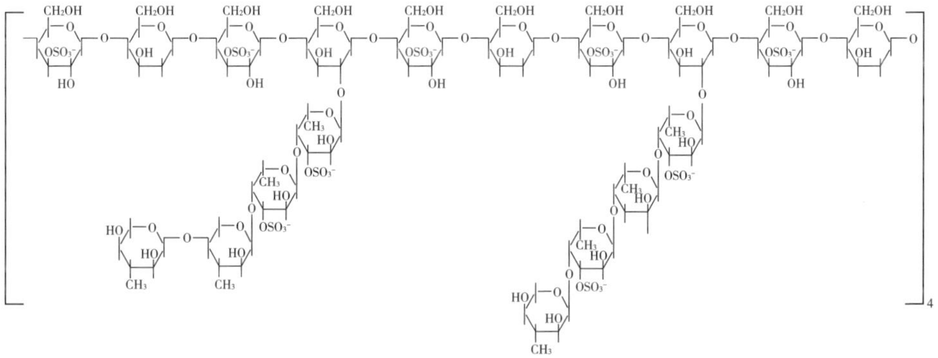

图 4-4　从施氏褐舌藻（*Spatoglossum schroederi*）提取的
岩藻多糖的分子结构模型（Rocha，2005）

不同种类的褐藻在不同的季节和生长区域所含岩藻多糖的结构有较大变化。表 4-2 总结了不同褐藻中提取的岩藻多糖的化学组成。

表4-2　不同褐藻中提取的岩藻多糖的化学组成

褐藻种类	化学组成	参考文献
Analipus japonicas	岩藻糖、木糖、半乳糖、甘露糖和硫酸根	Bilan，2007
Ascophyllum nodosum	岩藻糖（49%）、木糖（10%）、葡糖醛酸（11%）和硫酸根	Marais，2001
Ascophyllum nodosum	岩藻糖（49%）、木糖（10%）、葡糖醛酸（11%）和硫酸根	Chevolot，2001
Chorda filum	岩藻糖/木糖/甘露糖/葡萄糖/半乳糖（1.0：0.14：0.15：0.40：0.10）和硫酸根	Chizhov，1999
Fucus distichus	岩藻糖/硫酸根/醋酸根（1/1.21/0.08）	Bilan，2007
Fucus evanescens c. Ag.	岩藻糖/硫酸根/醋酸根（1/1.23/0.36）	Bilan，2006
Fucus serratus L.	岩藻糖/硫酸根/醋酸根（1/1/0.1）	
Hizikia fusiforme	岩藻糖、半乳糖、甘露糖、木糖、葡糖醛酸和硫酸根	Li，2006
Stoechospermum marginatum	岩藻糖、半乳糖醛酸、木糖、半乳糖和硫酸根	Adhikari，2006
Undaria pinnatifida（Mekab*u*）	岩藻糖、半乳糖、甘露糖、木糖和硫酸根	Kim，2007
Adenocytis utricularis	岩藻糖、半乳糖、甘露糖、木糖和硫酸根	
Dictyota menstrualis	岩藻糖/木糖/糖醛酸/半乳糖/硫酸根（1/0.8/0.7/0.8/0.4）	
Ecklonia kurome	岩藻糖、半乳糖、甘露糖、木糖、葡糖醛酸和硫酸根	
Fucus vesiculosus	岩藻糖和硫酸根	
Himanthalia lorea *Bifurcaria bifurcate*	岩藻糖、木糖、葡糖醛酸和硫酸根	
Laminaria angustata	岩藻糖/半乳糖/硫酸根（9/1/9）	Morya，2012
Laminaria saccharina	岩藻糖、木糖、甘露糖、葡萄糖和半乳糖（30.8：1.4：2.1：0.9：7.9）	
Lessonia vadosa	岩藻糖/硫酸根（1/1.12）	
Macrocytis pyrifera	岩藻糖/半乳糖（18/1）和硫酸根	
Padina pavonia	岩藻糖、木糖、甘露糖、葡萄糖、半乳糖和硫酸根	
Pelvetia wrightii	岩藻糖/半乳糖（10/1）和硫酸根	
Sargassum stenophyllum	岩藻糖、半乳糖、甘露糖、葡糖醛酸、葡萄糖、木糖和硫酸根	
Spatoglossum schroederi	岩藻糖/木糖/半乳糖/硫酸根（1/0.5/2/2）	

第三节　岩藻多糖的理化性能

岩藻多糖为乳白色粉末，溶于水，不溶于乙醇、丙酮、氯仿等有机溶剂。海带源岩藻多糖水溶液的 pH 为 6.46，呈弱酸性，其旋光度范围较广，$[\alpha]_D$ 为 -140°~-75°。根据其分子质量的不同，岩藻多糖水溶液的黏度有很大变化，1% 岩藻多糖溶液有黏性，低浓度岩藻多糖溶液有膨胀流动特性。岩藻多糖中的硫酸基团带负电，在酸性条件下可与明胶或胶原中带正电的氨基基团相互作用形成离子键。

岩藻多糖的生物活性与其分子质量、硫酸基含量以及岩藻糖等单糖的组分密切相关（Berteau，2003；Li，2005；Zhao，2008），例如为了与凝血酶结合，岩藻多糖在实现抗凝活性的过程中需要较高的分子质量，从褐藻（*Lessonia vadosa*）中提取的分子质量为 320ku 的岩藻多糖具有很好的抗凝活性，分子质量降解到 32ku 时其抗凝活性有所下降（Holdt，2011）。

从褐藻中提取的岩藻多糖的分子质量在 100~1600ku（Rioux，2007）。作为天然高分子多糖，岩藻多糖的分子质量测定可以采用光散射法、黏度法和凝胶过滤法（王芸，2015；Bilan，2010）。研究表明岩藻多糖的分子质量大小与其生物活性相关，主要表现为低分子质量岩藻多糖的生物活性更高，具有更丰富的多样性（史大华，2012）。岩藻多糖分子质量的降解可以使用盐酸降解、酶法和自由基降解法等。Park 等（Park，2012）用盐酸降解法、酶法和超高压辅助酶法降解岩藻多糖，使分子质量从原来粗岩藻多糖的 877ku 下降到 15ku。Yu 等（Yu，2014）用酶法降解岩藻多糖，实现分子质量由原来的 1284ku 下降到 98.7 ku。Chandia 等（Chandia，2008）将由氯化钙法得到的岩藻多糖 1.00g 与 0.16g 乙酸铜（Ⅱ）单水合物溶解混合，加入 9% H_2O_2 后在 pH 为 7.5，60℃的条件下进行降解处理，可得产率为 54.8%，其中硫酸根含量占 33.7%，岩藻多糖的分子质量由 320ku 下降到 32ku。此外，Choi 等（Choi，2013）采用新型方法 γ 射线辐照降解岩藻多糖后获得低分子质量的岩藻多糖，研究显示，岩藻多糖的分子质量随辐照剂量的增加而下降，可以有效降解岩藻多糖。

近年来的研究表明低分子质量岩藻多糖具有多种生物活性，如抗凝血、抗病毒、抗血栓、抗肿瘤等，通过降解的方法制备寡糖并对其结构和性能进行研究是未来岩藻多糖研究领域的一个重点，其中一个关键的技术手段是从海藻生物体内寻找岩藻多糖合成的关键酶，从生物合成途径解析岩藻多糖的结构特点，同时利用寻找到的关键酶在体外合成岩藻多糖寡糖，这对于岩藻多糖寡糖的大量制备和应用有重要意义。此外，对岩藻多糖生物活性的研究已经逐渐从药效学的研究深入到药理机制的研究，但是由于多糖是一个大分子物质，寻找能和靶目标特异性结合的糖单元困难。在未来的研究中，一方面可以针对制备特异性岩藻多糖寡糖单元进行机制研究，另一方面可以通过一些模拟软件寻找可以与特定靶点结合的糖单元。同时，可以利用相关软件模拟岩藻多糖二级结构，通过糖与靶点的结合能力分析优化多糖的结构。在此过程中，通过物理、化学、生物等技术的应用对岩藻多糖进行功能化改性是进一步发展岩藻多糖产业的一个重点。

第四节　岩藻多糖的功能化改性

作为一种多糖类物质，岩藻多糖的理化性能和生物活性与其化学组成、空间结构、分子质量、取代基团的种类、数量和连接位置密切相关，对岩藻多糖进行化学修饰可以获得活性高、毒性低的先导化合物（Feldman，1999；Qi，2005；Qi，2006）。目前，对于陆生植物多糖的化学修饰的研究报道比较多，常见的功能化改性手段主要有硫酸化、磷酸化、烷基化、乙酰化等，这些基团可以通过改变多糖的电荷和空间取向影响其活性，在强化应用功效的同时还可以产生新的功效。

对于岩藻多糖的化学修饰方面的研究目前还不是很多，现有的研究主要集中在改变分子质量和过硫酸化修饰，其中硫酸根的增加与岩藻多糖的活性有很大相关性。岩藻多糖的分子结构中包含羟基、硫酸基等反应活性较强的基团，对其结构进行化学修饰可产生具有特定生物活性的"定制"结构，强化其应用功效、拓宽其应用领域。研究表明，岩藻多糖的化学修饰为获得具有潜在药用价值的新制剂提供了可能（Holtkamp，2009）。

一、岩藻多糖的分子质量修饰

天然岩藻多糖的分子质量高、结构复杂，其结构的准确测定充满挑战。另外，分子质量对岩藻多糖的生物活性有较大影响。对岩藻多糖进行水解后获得低分子质量产物是一个主要的研究方向，其中用于降解的方法主要有化学法、酶法和物理法。

1. 化学法降解岩藻多糖

酸水解是最常见的一种化学降解多糖的方法，可以通过控制酸的种类、浓度及反应时间和温度控制降解后的分子质量。对于岩藻多糖，高酸浓度可能会破坏硫酸基和糖链，产生一些不活泼的单糖。Pielesz 等（Pielesz，2011）从 *F. vesiculosus* Linnaeus 藻中提取岩藻多糖后用浓度为 0.01mol/L 的 HCl 进行水解，采用 FT-拉曼光谱对反应过程进行监测。对照天然岩藻多糖和降解岩藻多糖的谱图，发现两种化合物在 845cm^{-1} 处的尖峰与 C-4 的硫酸根有关，研究结果显示温和酸降解不会破坏 C-4 位的硫酸基。

Sinurat 等（Sinurat，2016）采用浓度为 1mol/L 的 TFA，在 121℃温度下对岩藻多糖进行水解 60min，产物用 5% NH$_4$OH 进行中和，然后用 H$_2$O/EtOH 1∶10 的溶液进行沉淀，得到 75.3ku 的低分子质量岩藻多糖。Jin 等（Jin，2013）采用 4% 硫酸对岩藻多糖的分级组分硫酸化的岩藻杂聚糖进行降解，得到聚合度为 2~8 的甘露葡萄糖醛酸寡糖和单硫酸化、二硫酸化的岩藻糖和半乳糖寡糖，可见，控制酸水解条件可以选择性破坏岩藻多糖的主链结构及不同链接位点的硫酸基团。

自由基降解法是另外一种广泛应用于制备低分子质量多糖的方法，其中最常用的催化剂是过氧化氢，通过生成 HOO·、HO·、O$_2^-$· 等活性氧自由基攻击和破坏糖苷键，实现岩藻多糖的降解。自由基降解法是一种比较温和的多糖降解方法，其中多糖的结构单元和取代基团不会发生较大变化。Hou 等（Hou，2012）研究了过氧化氢降解岩藻多糖的条件，结果表明反应温度、过氧化氢浓度和反应时间是岩藻多糖分子质量降低的主要因素。从 IR 谱图中可以看出，过氧化氢处理后岩藻多糖的骨架并没有发生较大变化，相比于原始样品，降解后岩藻多糖的硫酸基仅发生极小的变化。

单独使用过氧化氢的氧化降解法过程中使用的过氧化氢浓度较高，反应温度也较高。Zhao 等（Zhao，2006）的研究表明，在用过氧化氢氧化降解岩藻多糖时加入等比例的抗坏血酸可以大大减少过氧化氢浓度，降低反应温度，使岩藻多糖的降解反应更加温和、条件可控，有利于工业生产应用。Wang 等（Wang，2010）采用抗坏血酸和过氧化氢（30mmol/L，1∶1）结合的方法制备分子质量为 6000~7000u 的低分子质量岩藻多糖，该方法条件温和、反应时间短、反应温度低。

2. 酶法降解岩藻多糖

相比化学水解方法的非特异性，酶法水解岩藻多糖是一种特异性的降解方法。近年来，在岩藻多糖降解酶的研究方面已经取得一定进展，其中内切型降解酶可以断裂岩藻多糖核心处的糖苷键，导致分子质量快速降低；外切型岩藻多糖降解酶可以作用于糖链的端基，依次释放一些单糖和寡糖，使分子质量缓慢降低（Tanaka，1970）。目前对于岩藻多糖降解酶来源的研究主要集中在海洋软体动物和海洋细菌中，也有科学家从其他无脊椎动物中获得了岩藻多糖降解酶（Berteau，2003）。

岩藻多糖降解酶对底物有较强的依赖性，不同来源的岩藻多糖降解酶只能降解一种或几种特定结构的岩藻多糖。Silchenko 等（Silchenko，2013）从海洋细菌 KMM3553 中分离出一种岩藻多糖降解酶，发现这种降解酶可以催化水解来源于 *Fucus evanescens* 和 *Fucus vesiculosus* 的岩藻多糖，而不能催化水解来源于 *Saccharina cichorioides* 的岩藻多糖。该酶更容易水解脱乙酰后的 *F. evanescens* 源岩藻多糖，而对脱硫的岩藻多糖水解作用非常弱。分析酶解产物的结构发现，这种海洋细菌合成的是一种 α-L- 岩藻糖苷酶，可以通过内切作用特异性切断由 3- 和 4- 交替连接、2 位硫酸化的岩藻多糖链中的 1-4 糖苷键。

Kim 等（Kim，2015）利用生物信息学的方法表达和纯化了一种来自细菌 *Sphingomonas paucimobilis* PF-1 的岩藻多糖降解酶（FNase S），可以将分子质量为 1246ku 的岩藻多糖降解为分子质量小于 4ku 的半乳岩藻寡糖。进一步研究表明 FNase S 是一种内切型岩藻多糖酶，可以同时攻击岩藻多糖糖链，迅速制备出低分子质量的半乳岩藻寡糖。但是，不论是从细菌或软体动物中直接发现的岩藻多糖降解酶还是重组表达的岩藻多糖降解酶，其活性都比较低，只能用于实验室小剂量降解岩藻多糖，目前还没有商品化的岩藻多糖降解酶。

3. 物理法降解岩藻多糖

近年来伽马射线辐照、超声、微波等物理方法也被用于制备低分子质量岩藻多糖。Choi 等（Choi，2013）发现当岩藻多糖被 10kGy 的伽马射线辐照后，分子质量会快速降低到 38ku，然后逐渐降低到 7ku，在此过程中硫酸基不会被破坏。

在用超临界二氧化碳提取岩藻多糖的实验中，微波辅助技术被用于降解制备分子质量为 5~30ku 的低分子质量岩藻多糖（Quitain，2013）。

近年来有科学家将化学降解法和物理降解法结合后更有效地降解岩藻多糖。Jo & Choi（Jo，2014）在过氧化氢水溶液中采用超声波或电子束照射降解岩藻多糖，在此过程中，过氧化氢和超声波或电子束发挥协调作用，可以更有效地降解岩藻多糖，在加速岩藻多糖降解的同时不改变低聚糖中的硫酸基等官能团。

二、岩藻多糖的取代基团修饰

影响岩藻多糖生物学活性的结构因素包括主链性质、支链性质、取代基团和大分子的高级结构，其中支链的类型、取代基团的类型和位置、聚合度、支链在多糖链上的分布及其取代度决定了岩藻多糖的活性大小。为提高岩藻多糖的活性，对其分子结构进行修饰和改造具有重要意义，目前已经有硫酸化、羧甲基化、硒化、甲基化、磷酸酯化、双基团衍生化等功能化改性方法（Tsiapali，2001；Nishino，1992；Soeda，1994）。

1. 过硫酸化修饰

岩藻多糖是一类天然的含有硫酸基的杂多糖，研究发现硫酸基含量与其活性密切相关，硫酸基含量的升高往往能提高岩藻多糖的活性，其中硫酸化改性的常用方法有 Nagasawa 法（Adachi，1989）、Wolfrom 法（氯磺酸 - 吡啶法）（Ueno，1982）、氯磺酸 - 二甲基甲酰胺法（Guiseley，1977）、三氧化硫 - 吡啶（SO_3-Py）法（Guiseley，1978）等。不同多糖的单糖组成不同，因此需要选用不同的硫酸化方法。呋喃型的多糖常采用 Nagasawa 法，即将多糖溶于二甲基亚砜（DMSO），加入 N- 吡啶 - 磺酸后制备硫酸酯化的多糖；而吡喃型的多糖则一般采用 Wolfrom 法。

影响多糖硫酸化程度的因素主要有反应时间、反应温度、硫酸化试剂与多糖羟基的摩尔比以及适宜的反应溶剂，通过控制不同的反应条件可以得到不同取代度的硫酸化多糖。Wang 等（Wang，2009）将岩藻多糖溶解于乙酰胺中，采用 SO_3-DMF 作为硫酸化试剂，50℃反应 3h 后得到过硫酸化岩藻多糖，其硫酸根含量为 36.63%，比天然岩藻多糖高 9.07%。Soeda 等（Soeda，1994）采用二甲基甲酰胺和三氧化二硫 - 三甲胺络合物，50℃反应 24h 后制备了过硫酸化的岩藻多糖，测试其硫酸根含量约为 52%，而反应前的硫酸根含量 31.2%。

2. 脱硫酸化修饰

研究表明硫酸基的含量与岩藻多糖的结构和活性密切相关，因此，脱硫酸化修饰也是岩藻多糖常见的一种修饰方法。脱硫酸化岩藻多糖最常用的方法是首先制备岩藻多糖的吡啶盐，然后在 DMSO 中脱硫。Usoltseva 等（Usoltseva，2016）先将 10mL 岩藻多糖水溶液（10mg/mL）通过离子交换树脂 CG-120（200~400 目，H^+ 型，Serva，德国），然后用吡啶中和后冻干制备岩藻多糖的吡啶盐。将这些岩藻多糖的吡啶盐溶解在 DMSO 和吡啶中，100℃孵育 3h。把溶液用截留量为 5ku 的透析膜透析 48h 后冻干，得到脱硫酸化的岩藻多糖。也有人（Soeda，1994）使用10%（体积分数）甲醇和二甲亚砜在80℃下反应18h后得到脱硫酸化岩藻多糖。

硫酸酯酶可以用于选择性地制备脱硫酸化岩藻多糖。Ermakova等（Ermakova，2016）在海洋软体动物 *P. maximus* 体内消化腺中发现了一种硫酸酯酶，可以有效酶解岩藻多糖中的硫酸基。通过毛细血管电泳和 ^{13}C-^{1}H NMR（500 MHz）对酶解产物进行分析，结果表明该酶是一种高度区域选择性的硫酸酯酶，只能酶解 2 位硫酸化的吡喃岩藻糖。硫酸酯酶对岩藻多糖的活性研究是一种很有用的工具，文献资料表明，2-*O*- 硫酸化水平在多糖的生物学特性中起着重要作用。

3. 磷酸化修饰

多糖的磷酸化修饰是在其结构中引入磷酸酯键，由于磷酸根带三个负电荷，电负性的增加会影响多糖的某些活性，同时，生物体的膜结构中有很多磷酸酯键，相似的结构也会提高多糖的活性。常用的多糖磷酸化方法有磷酸、五氧化磷、多聚磷酸、磷酸盐和磷酰氯法（Suflet，2006；Nishi，1984；Inoue，1983）。

磷酸及磷酸酐或二者的混合物是最早采用的磷酰化试剂，但一般糖苷键在酸性条件下极易水解，而此反应又是在高温下进行，使产物收率和取代度（DS）均不高，大大限制了该法的应用。磷酸盐廉价、易得，但反应活性极低，不易获得高 DS 的产物。与磷酸相比其优点是不会引起多糖的降解。常用的磷酸盐有磷酸氢钠、磷酸二氢钠、三聚磷酸钠、偏磷酸钠或它们的混合盐。磷酰氯作为磷酰化试剂可获得高 DS 的磷酰化产物，但反应激烈，收率低、副产物多，有多种取代磷酸酯，因而限制了它的广泛应用，往往只用于合成简单的磷酰酯。Wang 等（Wang，2009）采用两种不同的方法对岩藻多糖进行磷酸酯化修饰，获得两种磷酸酯化的岩藻多糖，其中 PF1 样品的改性中采用三氯氧磷（POCl$_3$）作为磷酸化试剂、甲酰胺作为溶剂、吡啶作为助溶剂。PF1 样品的总磷酸基含量为 10.82%。另一种磷酸化反应中以多聚磷酸作为磷酸化试剂、三丁胺作为助溶剂，获得的 PF2 样品的磷酸根含量为 9.62%。这两种方法制备得到的磷酸化岩藻多糖的磷酸基取代度相似，但是 PF1 中有些支链岩藻糖在酸性环境中被水解掉。

4. 胺化修饰

岩藻多糖的胺化修饰是通过环氧活化的岩藻多糖上引入氨基制备的。由于岩藻多糖的分子质量大、结构复杂，且分子中伯羟基较少，直接与氨基连接十分困难。Soeda 等（Soeda，1994）利用两步反应对岩藻多糖进行了胺化修饰，首先将环氧氯丙烷引入糖环，然后与氨水反应制备丙胺修饰的岩藻多糖。胺化反应是否成功由氮元素的定量分析确认，元素分析结果可知改性后产物中 N 的含量比初始样品增加 0.151%，可知胺化反应是成功的。由于岩藻多糖本身是一种非均相聚合物，引入氨基的方法并不完善，该反应较为复杂，其中发生一些副反应，导致胺化岩藻多糖的岩藻糖含量有所降低。

5. 乙酰化修饰

多糖的乙酰化修饰是一种重要的化学修饰方法。一方面，乙酰基可以使糖链的伸展方向发生变化，导致多糖的羟基暴露，从而增加其在水中的溶解度。另一方面，乙酰基能改变多糖分子的定向性和横向次序，改变糖链的空间排布，进而使之活性发生变化（Petitou，1992）。多糖乙酰化过程中常用的酰化剂为乙酸和乙酸酐，反应常在甲酰胺等有机溶剂中进行，其中催化剂的选用对反应有较大影响。常用的催化剂为吡啶、4- 二甲氨基吡啶（DMAP）和 N- 溴代琥珀酰亚胺（NBS）。吡啶因为有难闻的恶臭味及毒性使得其使用范围受到限制。DMAP 的催化效率很高，是吡啶的 10^4 倍，可是由于价格昂贵使用也受到了限制。NBS 是新型的高效、低毒、价廉催化剂，是近年来乙酰化反应常用的催化剂之一（Sun,2004）。Wang 等（Wang,2009）采用 N- 溴代丁二酰亚胺（NBS）在 N,N- 二甲基甲酰胺溶液中，利用乙酸酐对岩藻多糖进行乙酰化修饰，经红外光谱和核磁共振光谱分析，该乙酰化修饰是成功的，乙酰化程度为 0.87。

6. 苯甲酰化修饰

多糖的苯甲酰化修饰不仅可以引入酰基改变其空间的延伸方向，使活性基团和作用位点暴露，同时，苯基的引入还可以改变其油水分配系数，使水溶性多糖更易穿过膜结构进入细胞中发挥作用。多糖苯甲酰化修饰常用的酰化试剂是邻苯二甲酸酐，在催化剂的作用下与多糖的游离羟基发生酯化反应，生成苯甲酰化衍生物。Wang 等（Wang，2009）采用 N- 溴代丁二酰亚胺（NBS）在 N,N- 二甲基甲酰胺溶液中，利用邻苯二甲酸酐对岩藻多糖进行苯甲酰化修饰，经红外光谱和核磁共振光谱分析证实，成功获得了苯甲酰化修饰的岩藻多糖。

第五节　小结

岩藻多糖具有独特的化学结构和多种生物活性，可应用于医药、功能食品、特医食品、医美用品、化妆品等健康产品中。在对岩藻多糖的结构和性能进行充分研究的基础上，理化改性是进一步提高岩藻多糖生物活性、加快其在医药和卫生领域中应用的一个重要途径。通过对岩藻多糖的分子质量和取代基团的修饰可以改变岩藻多糖的生物活性，拓宽其应用领域，同时也是发现高活性先导化合物的重要方法和研究方向。

参考文献

［1］ Adachi Y，Ohno N，Ohsawa M，et al.Physicochemical properties and antitumor activities of chemically modified derivatives of antitumor glucan grifolan le from grifola-frondosa［J］. Chemical & Pharmaceutical Bulletin，1989，37（7）：1838-1843.

［2］ Adhikari U，Mateu C G，Chattopadhyay K，et al. Structure and antiviral activity of sulfated fucans from *Stoechospermum marginatum*［J］. Phytochemistry, 2006，67（22）：2474-2482.

［3］ Berteau O，Mulloy B. Sulfated fucans，fresh perspectives：structures，functions，and biological properties of sulfated fucans and an overview of enzymes active toward this class of polysaccharide［J］. Glycobiology，2003，13：29R-40R.

［4］ Bilan M I，Usov A I. Structural analysis of fucoidans［J］. Natural Product Communications，2008，3（10）：1639-1648.

［5］ Bilan M I，Grachev A A，Shashkov A S，et al. Structure of fucoidan from the brown seaweed *Fucus serratus* L.［J］. Carbohydr Res，2006，341：238-245.

［6］ Bilan M I，Zakharova A N，Grachev A A，et al. Polysaccharides of algae：60. Fucoidan from the Pacific brown alga *Analipus japonicus*（Harv.）Winne（Ectocarpales，Scytosiphonaceae）［J］. Russian Journal of Bioorganic Chemistry，2007，33（1）：38-46.

［7］ Bilan M I，Grachev A A，Shashkov A S，et al. Further studies on the composition and structure of a fucoidan preparation from the brown alga *Saccharina latissima*［J］. Carbohydr Res，2010，345（14）：2038-2047.

［8］ Bird G M，Hass P. On the nature of the cell wall constituents of *Laminaria* spp. mannuronic acid［J］. Biochem J，1931，25（2）：403-411.

［9］ Black W A P，Dewar E T，Woodward F N. Laboratory-scale isolation of fucoidan from brown marine algae：Manufacture of algal chemicals. IV.［J］. J Sci Food Agric，1952，3：122-129.

［10］ Chandia N P，Matsuhiro B. Characterization of a fucoidan from *Lessonia vadosa*（phaeophyta）and its anticoagulant and elicitor properties［J］. International Journal of Biological Macromolecules，2008，42（3）：235-240.

［11］ Chevolot L，Mulloy B，Ratiskol J，et al. A disaccharide repeat unit is the major structure in fucoidans from two species of brown algae [J]. Carbohydrate Research, 2001, 330 (4): 529-535.

[12] Chevolot L, Foucault A, Chaubet F, et al. Further data on the structure of brown seaweed fucans: relationships with anticoagulant activity [J]. Carbohydr Res, 1999, 319: 154-165.

[13] Chizhov A O, Dell A, Morris H R, et al. A study of fucoidan from the brown seaweed *Chorda filum* [J]. Carbohydrate Research, 1999, 320 (2): 108-119.

[14] Choi J I, Kim H J. Preparation of low molecular weight fucoidan by gamma-irradiation and its anticancer activity [J]. Carbohydr Polym, 2013, 97 (2): 358-362.

[15] Conchie J, Percival E G V. Fucoidin. Part II. The Hydrolysis of a Methylated Fucoidin Prepared from fucusvesiculosus [J]. Journal of the Chemical Society, 1950: 827-832.

[16] Ermakova S P, Menshova R V, Anastyuk S D, et al. Structure, chemical and enzymatic modification, and anticancer activity of polysaccharides from the brown alga *Turbinaria ornata* [J]. Journal of Applied Phycology, 2016, 28 (4): 2495-2505.

[17] Feldman S C, Reynaldi S, Stortz C A, et al. Antiviral properties of fucoidan fractions from *Leathesia difformis* [J]. Phytomedicine, 1999, 6 (5): 335-340.

[18] Guiseley K B. Some novel methods and results in sulfation of polysaccharides [J]. Abstracts of Papers of the American Chemical Society, 1977, 174 (SEP): 51.

[19] Guiseley K B. Some novel methods and results in the sulfation of polysaccharides [J]. ACS Symposium Series, 1978, 77: 148.

[20] Gulbrand L, Eirik H, Emil O. Uber fucoidin [J]. Biological Chemistry, 1937, 247: 189-196.

[21] Hoagland D R, Lieb L L. The complex carbohydrates and forms of sulphur in marine algae of the Pacific coast [J]. J Biol Chem, 1915, 23: 287-297.

[22] Holdt S L, Kraan S. Bioactive compounds in seaweed: functional food applications and legislation [J]. J Appl Phycol, 2011, 23: 543-597.

[23] Holtkamp A D, Kelly S, Ulber R, et al. Fucoidans and fucoidanases-focus on techniques for molecular structure elucidation and modification of marine polysaccharides [J]. Applied Microbiology and Biotechnology, 2009, 82 (1): 1-6.

[24] Hou Y, Wang J, Jin W, et al. Degradation of *Laminaria japonica* fucoidan by hydrogen peroxide and antioxidant activities of the degradation products of different molecular weights [J]. Carbohydrate Polymers, 2012, 87 (1):

153-159.

［25］Hussein M M D, Abdel-Aziz A, Salem H M. Some structural features of a new sulphated heteropolysaccharide from *Padina pavonia*. Phytochemistry, 1980, 19（10）: 2133-2135.

［26］Inoue K, Kawamoto K, Nakajima H, et al. Chemical modification and antitumor activity of amannoglucan from *Microellobosporia grisea*［J］. Carbohydrate Research, 1983, 115: 199-208.

［27］Jin W H, Zhang W J, Wang J, et al. Structural analysis of heteropolysaccharide from *Saccharina japonica* and its derived oligosaccharides［J］. International Journal of Biological Macromolecules, 2013, 62: 697-704.

［28］Jo B W, Choi S K. Degradation of fucoidans from Sargassum fulvellum and their biological activities［J］. Carbohydrate Polymers, 2014, 111: 822-829.

［29］Kim W J, Kim H G, Oh H R, et al. Purification and anticoagulant activity of a fucoidan from Korean Undaria pinnatifida sporophyll［J］. Algae, 2007, 22（3）: 247-252.

［30］Kim W, Park J, Choi D, et al. Purification and characterization of a fucoidanase （FNase S）from a marine bacterium *Sphingomonas paucimobilis* PF-1［J］. Marine Drugs, 2015, 13（7）: 4398-4405.

［31］Kylin H. Biochemistry of sea algae［J］. H Z Physiol Chem, 1913, 83: 171-197.

［32］Kylin H. Analysis of the biochemistry of the seaweed［J］. H Z Physiol Chem, 1915, 94: 337-425.

［33］Li B, Wei X J, Sun J L, et al. Structural investigation of a fucoidan containing a fucose-free core from the brown seaweed *Hizikia fusiforme*［J］. Carbohydrate Research, 2006, 341（9）: 1135-1146.

［34］Li N, Zhang Q B, Song J M. Toxicological evaluation of fucoidan extracted from *Laminaria japonica* in Wistar rats［J］. Food Chem Toxicol, 2005, 43: 421-426.

［35］Lunde G, Heen E. Über Fucoidin［J］. H Z Physiol Chem, 1937, 247（4-5）: 189-196.

［36］Marais M F, Joseleau J P. A fucoidan fraction from *Ascophyllum nodosum*［J］. Carbohydrate Research, 2001, 336（2）: 155-159.

［37］Morya V K, Kim J, Kim E K. Algal fucoidan: structural and size-dependent bioactivities and their perspectives［J］. Applied Microbiology & Biotechnology, 2012, 93（1）: 71-82.

［38］Nelson W L, Cretcher L H. The carbohydrate acid sulfate of *Macrocystis pyrifera*［J］. J Biol Chem, 1931, 94（1）: 147-154.

［39］Nishi N, Nishimura S, Ebina A, et al. Preparation and characterization of water-soluble chitin phosphate［J］. International Journal of Biological

Macromolecules, 1984, 6（1）: 53-54.

［40］Nishide E, Anzai H, Uchida N, et al. Sugar constituents of fucose-containing polysaccharides from various Japanese brown algae［J］. Thirteenth International Seaweed Symposium, Kluwer Acadmic Publishers, Belgium, 1990: 573-576.

［41］Nishino T, Nishioka C, Ura H, et al. Isolation and partial characterization of a novel amino sugar containing fucan sulfate from commerical *Fucus vericulosus* fucoidan［J］. Carbohydr Res, 1994, 255: 213-224.

［42］Nishino T, Nagumo T. Anticoagulant and antithrombin activities of oversulfated fucans［J］. Carbohydrate Research, 1992, 229（2）: 355-362.

［43］Park K, Cho E, Jin I, et al. Physico-chemical properties and bioactivity of brown seaweed fucoidan prepared by ultra high pressure-assisted enzyme treatment［J］. Korean Journal of Chemical Engineering, 2012, 29（2）: 221-227.

［44］Patankar M S, Oehninger S, Barnett T, et al. A revised structure for fucoidan may explain some of its biological activities［J］. The Journal of Biological Chemistry, 1993, 268（29）: 21770-21776.

［45］Pereira M S, Mulloy B, Mourão P A S. Structure and anticoagulant activity of sulfated fucans-Comparison between the regular, repetitive, and linear fucans from echinoderms with the more heterogeneous and branched polymers from brown algae［J］. Journal of Biological Chemistry, 1999, 274（12）: 7656-7667.

［46］Percival E G V, Ross A G. Fucoidin. Part 1. The isolation and purification of fucoidin from brown seaweeds［J］. J Chem Soc（Resumed）, 1950: 717-720.

［47］Percival E. Glucoroxylofucan, a cell wall component of *Ascophyllum nodosum*［J］. Carbohydr Res, 1968, 7: 272-283.

［48］Petitou M, Coudert C, Level M, et al. Selectively *O*-acylated glycosaminoglycan derivatives［J］. Carbohydrate Research, 1992, 236: 107-119.

［49］Pielesz A, Biniaś W, Paluch J. Mild acid hydrolysis of fucoidan: characterization by electrophoresis and FT-Raman spectroscopy［J］. Carbohydrate Research, 2011, 346（13）: 1937-1944.

［50］Qi H M, Zhao T T, Zhang Q B, et al. Antioxidant activity of different molecular weight sulfated polysaccharides from *Ulva pertusa* Kjellm（Chlorophyta）［J］. Journal of Applied Phycology, 2005, 17（6）: 527-534.

［51］Qi H M, Zhang Q B, Zhao T T, et al. In vitro antioxidant activity of acetylated and benzoylated derivatives of polysaccharide extracted from *Ulva pertusa*（Chlorophyta）［J］. Bioorganic & Medicinal Chemistry Letters, 2006, 16（9）: 2441-2445.

[52] Quitain A T, Kai T, Sasaki M, et al. Microwave-hydrothermal extraction and degradation of fucoidan from supercritical carbon dioxide deoiled *Undaria pinnatifida*[J]. Industrial & Engineering Chemistry Research, 2013, 52 (23): 7940-7946.

[53] Rioux L E, Turgeon S L, Beaulieu M. Characterization of polysaccharides extracted from brown seaweeds[J]. Carbohydr Polym, 2007, 69: 530-537.

[54] Rocha H A O, Moraes F A, Trindade E S, et al. Structural and hemostatic activities of a sulfated galactofucan from the brown alga *Spatoglossum schroederi*: an ideal antithrombotic agent?[J]. Journal of Biological Chemistry, 2005, 280 (50): 41278-41288.

[55] Senthilkumar K, Manivasagan P, Venkatesan J, et al. Brown seaweed fucoidan: Biological activity and apoptosis, growth signaling mechanism in cancer[J]. International Journal of Biological Macromolecules, 2013, 60: 366-374.

[56] Silchenko A S, Kusaykin M I, Kurilenko V V, et al. Hydrolysis of fucoidan by fucoidanase isolated from the marine bacterium, *Formosa algae*[J]. Marine Drugs, 2013, 11 (7): 2413-2430.

[57] Sinurat E, Saepudin E, Peranginangin R, et al. Immunostimulatory activity of brown seaweed-derived fucoidans at different molecular weights and purity levels towards white spot syndrome virus (WSSV) in shrimp *Litopenaeus vannamei*[J]. J App Pharm Sci, 2016, 6 (10): 82-91.

[58] Soeda S, Ishida S, Honda O, et al. Aminated fucoidan promotes the invasion of 3 Ll cells through reconstituted basement membrane-its possible mechanism of action[J]. Cancer Letters, 1994, 85 (1): 133-138.

[59] Soeda S, Ishida S, Shimeno H, et al. Inhibitory effect of oversulfated fucoidan on invasion through reconstituted basement membrane by murine lewis lung carcinoma[J]. Japanese Journal of Cancer Research, 1994, 85 (11): 1144-1150.

[60] Suflet D M, Chitanu G C, Popa V I. Phosphorylation of polysaccharides: New results on synthesis and characterisation of phosphorylated cellulose[J]. Reactive and Functional Polymers, 2006, 66 (11): 1240-1249.

[61] Sun X F, Sun R C, Sun J X. Acetylation of sugarcane bagasse using NBS as a catalyst under mild reaction conditions for the production of oil sorption-active materials[J]. Bioresource Technology, 2004, 95 (3): 343-350.

[62] Tanaka K, Sorai S. Hydrolysis of fucoidan by abalone liver α-L-fucosidase[J]. FEBS Letters, 1970, 9 (1): 45-48.

[63] Tsiapali E, Whaley S, Kalbfleisch J, et al. Glucans exhibit weak antioxidant activity, but stimulate macrophage free radical activity[J]. Free Radical Biology and Medicine, 2001, 30 (4): 393-402.

［64］Ueno Y. An antitumor activity of the Sclertia of *Grifora umbellate*（Fr.）［J］. Carbohydrate Research, 1982, 101: 106-107.

［65］Usoltseva R V, Anastyuk S D, Shevchenko N M, et al. The comparison of structure and anticancer activity in vitro of polysaccharides from brown algae *Alaria marginata* and *A. angusta*［J］. Carbohydrate Polymers, 2016, 153: 258-265.

［66］Wang J, Zhang Q B, Zhang Z S, et al. Potential antioxidant and anticoagulant capacity of low molecular weight fucoidan fractions extracted from *Laminaria japonica*［J］. International Journal of Biological Macromolecules, 2010, 46 （1）: 6-12.

［67］Wang J, Liu L, Zhang Q B, et al. Synthesized oversulphated, acetylated and benzoylated derivatives of fucoidan extracted from *Laminaria japonica* and their potential antioxidant activity in vitro［J］. Food Chemistry, 2009, 114（4）: 1285-1290.

［68］Wang J, Zhang Q B, Zhang Z S, et al. Synthesized phosphorylated and aminated derivatives of fucoidan and their potential antioxidant activity in vitro ［J］. International Journal of Biological Macromolecules, 2009, 44（2）: 170-174.

［69］Yu L, Xue C, Chang Y, et al. Structure elucidation of fucoidan composed of a novel tetrafucose repeating unit from sea cucumber the lenota ananas［J］. Food Chem, 2014, 146: 113-119.

［70］Zhao T T, Zhang Q B, Qi H M, et al. Degradation of porphyran from Porphyra haitanensis and the antioxidant activities of the degraded porphyrans with different molecular weight［J］. International Journal of Biological Macromolecules, 2006, 38（1）: 45-50.

［71］Zhao X, Xue C H, Li B F. Study of antioxidant activities of sulfated polysaccharides from *Laminaria japonica*［J］. J Appl Phycol, 2008, 20: 431-436.

［72］王晶, 张全斌. 褐藻多糖硫酸酯的结构与生物活性研究［J］. 海洋科学集刊, 2017, 52: 68-89.

［73］王长振. 海带硫酸多糖蛋白复合物的分离纯化及其生物活性研究［D］. 北京: 中国人民解放军军事医学科学院, 2007.

［74］曲桂燕. 五种褐藻岩藻聚糖硫酸酯提取纯化及其功能活性的比较研究 ［D］. 青岛: 中国海洋大学, 2013.

［75］吴茜茜, 吴克, 蔡敬民, 等. 海带岩藻多糖的分离与部分性质研究［J］. 食品与发酵工业, 2001, 27（10）: 39-42.

［76］张连飞, 宋淑亮, 吉爱国. 过硫酸化岩藻多糖硫酸酯［J］. 生命的化学, 2011, 31（2）: 258-261.

［77］范晓, 严小军, 韩丽君. 海藻化学分析方法［M］. 北京: 学苑出版社,

1996.

［78］王芸，张淑平.岩藻多糖制备及结构研究进展［J］.应用化工，2015，44（1）：146-149.

［79］史大华，刘玮炜，刘永江，等．低分子量海带岩藻多糖的制备及其抗肿瘤活性研究［J］．时珍国医国药，2012，23（1）：53-55.

第五章　岩藻多糖的生物相容性和吸收代谢

第一节　引言

生物相容性是指材料与人体之间相互作用产生的各种生物、物理、化学反应的性质，包括组织相容性、血液相容性及免疫相容性等多个方面。生物相容性的研究是一个对细胞毒性、过敏性反应、刺激、炎症和全身毒性等方面进行体内外评价的复杂过程（沈鑫，2018）。近年来，生物医用材料和制品的研究与应用获得广泛关注。在应用过程中，外源性材料与生物体接触时，由于排斥异物的本能，生物体可能出现发炎、过敏或血凝等不良现象，甚至造成癌变或免疫系统紊乱等严重后果。为避免这些不良反应的发生，医学用途的生物材料必须具有良好的生物相容性。

岩藻多糖是一种无毒、无害且具有良好生物相容性的海洋多糖，是一种安全、可靠的医用高分子材料。基于其优良的高分子性能与生物相容性，岩藻多糖在生物医用材料领域表现出巨大的应用潜力。

本章从岩藻多糖的安全性、组织相容性、血液相容性及免疫相容性方面介绍岩藻多糖的生物相容性，同时介绍了其在应用过程中的吸收代谢性能。

第二节　岩藻多糖的安全性

天然生物高分子普遍具有理想的生物安全性，大量研究表明岩藻多糖的安全性高，无毒副作用。Li 等（Li，2005）利用大鼠模型测试了从海带中提取的岩藻多糖的毒性，结果显示以 300mg/kg 的剂量持续喂养 180d 后，大鼠无不良反应，尽管 900~2500mg/kg 的剂量会使大鼠凝血时间延长，但并未发现其他毒副作用。Gideon 等（Gideon，2008）利用大鼠评估了从冈村枝管藻中提取的岩藻多糖的毒性，结果表明每日以超过 600mg/kg 的剂量进行灌胃，未出现明显的不良反应及毒副作用；每日剂量超过 1200mg/kg 时，会导致凝血时间延长，但未观察到其他毒副作用。Lim 等（Lim，2016）利用细胞及大鼠模型对马来西亚马尾藻中的岩藻多糖进行毒理学实验，细胞实验表明，200mg/mL 的岩藻多糖对细胞抑制率低于 50%，大鼠模型实验表明，每日 2000mg/kg 的灌胃剂量未造成大鼠中毒或死亡，进一步利用各器官相对于大鼠体重的平均百分比评价了马来西亚马尾藻中岩藻多糖的急性毒性，结果显示各实验组与对照组相比无显著变化（图 5-1），证明马来西亚马尾藻中岩藻多糖不具有急性毒性。Chung等（Chung，2010）通过体内外毒理学实验研究了裙带菜中岩藻多糖的潜在毒性，通过连续 28 日对大鼠灌胃岩藻多糖，经生化分析、血液成分分析、尸检及肝组织病理学分析发现，每日 1000mg/kg 以下的剂量未引起毒理学反应，且在此剂量下不会引起遗传毒性或急性毒性反应。Kim 等（Kim，2010）以每日 1350mg/kg 的剂量对大鼠连续 4 周灌胃从裙带菜孢子叶中提取的岩藻多糖，发现灌胃后的大鼠体重、眼睛及尿液均无异常，表明该岩藻多糖在此用量下不会产生毒副作用。

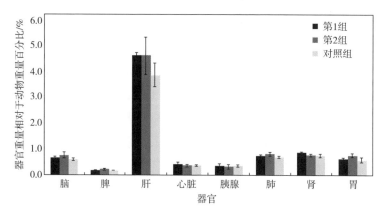

图 5-1　实验组（灌胃岩藻多糖）和对照组各器官相对于大鼠重量的百分比（第 1 组为每日 2000mg/kg 的灌胃剂量喂养 14d，第 2 组为 2000mg/kg 的灌胃剂量喂养 1d，对照组为未灌胃岩藻多糖喂养 14d）

低分子质量岩藻多糖是岩藻多糖的部分降解产物，同样具有无毒、无害的特性。Hwang 等（Hwang，2016）通过酶解法制得低分子质量岩藻多糖，并利用小鼠和大鼠模型通过细菌回复突变、染色体畸变及体内微核测定等实验进行毒理学评估，研究结果表明低分子质量岩藻多糖对体内红细胞无破坏性，且无致突变性。高剂量灌胃实验（每日 2000mg/kg）进一步证实了低分子质量岩藻多糖不存在毒性。

大量研究结果表明，岩藻多糖及低分子质量岩藻多糖在控制用量的情况下不会产生毒副作用。

第三节　岩藻多糖的组织相容性

具有优良生物相容性的岩藻多糖可与多种生物大分子形成复合材料，在多个领域具有应用潜力。岩藻多糖具有良好的物化性质以及适宜的网状结构，并能够发挥良好的吸水性能及细胞粘附作用，兼具抗菌抗病毒、促进组织再生的功能，适用于创面愈合敷料、支架材料等复合材料。岩藻多糖可与有机材料或合成高分子材料进行复合，目前研究表明利用岩藻多糖构建的不同功能复合材料均具有良好的组织相容性。

一、岩藻多糖与有机材料复合物的组织相容性

岩藻多糖有利于伤口封闭、修复及损伤组织的修补，是良好的伤口敷料复合材料。Murakami 等（Murakami，2010）利用壳聚糖、岩藻多糖与褐藻胶复合制成的水凝胶片可以通过刺激丝裂霉素的修复作用修复受损创面，是一种良好的创面愈合剂。Sezer 等（Sezer，2007）利用小鼠模型研究了岩藻多糖与壳聚糖组成的复合膜，发现该膜可增强伤口的愈合能力，利于组织再生，是一种具有应用潜力的材料。

岩藻多糖具有促进骨组织再生和修复受损骨组织的功能，是大分子交联生物复合支架的常用材料。Lowe 等（Lowe，2016）使用壳聚糖 - 天然纳米羟基磷灰石 - 岩藻多糖复合材料制成三维立体复合支架用于骨组织工程，该支架材料吸水率较低，且具有适宜细胞生长与营养补充的微观结构。Sumayya 等（Sumayya，2017）使用羟基磷灰石、褐藻胶、壳聚糖和岩藻多糖制成大分子交联生物复合支架应用于皮下植入软骨组织工程，发现其对炎症和应激信号转导具有良好的调节作用。

岩藻多糖也可以与胶原蛋白形成性能优良的生物复合材料。易静楠等（易静楠，2014）以 I 型胶原蛋白与岩藻多糖为主要原料制备复合支架，制得的复合支架材料内部具有一定孔径的网状结构，有利于成纤维细胞等细胞的粘附。岩藻多糖 - 胶原复合支架材料结合了胶原和岩藻多糖的双重优点，是一种新型

的组织工程支架材料，有望作为皮肤修复的生物复合材料。

二、岩藻多糖与合成高分子复合物的组织相容性

Lee 等（Lee，2012）的研究发现电纺聚己内酯 - 岩藻多糖形成的生物复合材料可用于骨组织再生，其中岩藻多糖可以发挥其本身的生理活性，刺激细胞活性，但加入岩藻多糖后可能会使电纺聚己内酯材料的电可纺性和机械性能变差，因此在实际应用时应综合评价岩藻多糖对复合材料生物活性及力学性能的影响。Jin 等（Jin，2011）同样利用了聚己内酯与岩藻多糖形成的生物复合材料有利于骨组织再生的特点合成了生物医用复合支架，发现细胞更易粘附在聚己内酯 - 岩藻多糖支架上并快速生长，因此聚己内酯 - 岩藻多糖复合材料可作为一种具有应用潜力的骨组织再生支架材料。图 5 -2 显示细胞在聚己内酯 - 岩藻多糖复合材料上的生长情况。

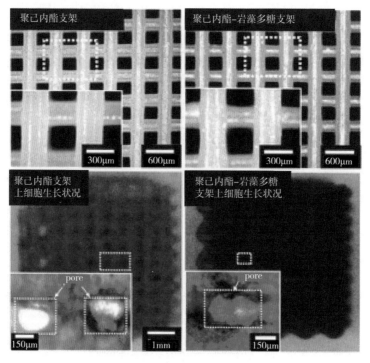

图 5 -2　细胞在聚己内酯 - 岩藻多糖复合材料上的生长情况

第四节　岩藻多糖的血液相容性

外源性材料与血液接触后可能会诱发溶血和凝血等一系列不良生物学反应，

因此良好的血液相容性是生物材料的基本要求。岩藻多糖表现出较高的抗血栓形成和抗凝血功能，具有良好的血液相容性，是一种具有发展前景的血管移植涂层物。Ozaltin 等（Ozaltin，2016）在低密度聚乙烯表面进行等离子体功能化，并以此为载体分别固定化岩藻多糖与肝素，分析其血液相容性和抗凝活性。结果表明固定化的岩藻多糖与肝素均具有抗凝作用，与固定化肝素相比，固定化岩藻多糖具有更好的抗凝效果。Vesel 等（Vesel，2011）用氮等离子体处理聚对苯二甲酸乙二醇酯聚合物，改变其表面润湿性，同时将氨基引入表面作为连接剂进一步结合岩藻多糖，可以有效改善材料的血液相容性。Wang 等（Wang，2016）采用层层静电自组装技术，构建了粘连蛋白 - 岩藻多糖多层膜，该复合膜可改善血液相容性及内皮化，并可作为涂层膜应用于血管植入。Ye 等（Ye，2016）以岩藻多糖和层粘连蛋白为原料，制备出一种新型的多功能涂层，将其在血管内膜条件下进行生物模拟，发现此涂层具有良好的抗凝血以及调控血管细胞生长的功能，通过促进血管快速内皮化，防止血管狭窄，从而改善血液相容性。Su 等（Su，2017）将抗 CD133（内皮组细胞特异性抗体）和岩藻多糖固定在聚多巴胺膜上，证明该生物涂层可改善血液相容性，并通过体外实验证实了抗 CD133- 岩藻多糖涂层具有良好的捕获内皮组细胞的能力。Sumayya & Kurup（Sumayya，2017）报道壳聚糖 - 岩藻多糖微复合水凝胶可用作肝素结合生长因子控释载体，用于缺血肢体血管和纤维组织的形成。

第五节　岩藻多糖的免疫相容性

免疫相容性是生物材料生物相容性的另一个重要方面，评价免疫相容性的标准是生物材料与机体接触时是否会引起机体产生一系列防御反应，包括炎症反应及各种炎症因子的表达。岩藻多糖被证明具有较好的免疫相容性，在药物传递等方面具有潜在的应用价值。Sumayya 等（Sumayya，2017）合成了以岩藻多糖、羟磷灰石、褐藻胶、壳聚糖为原料的水凝胶支架；将该支架切成小块与 L-929 小鼠成纤维细胞共同培养后发现免疫细胞中白介素 -6、肿瘤坏死因子 -α 等炎症细胞因子的表达均未见升高，说明该水凝胶支架具有很好的免疫相容性。Huang & Li（Huang，2014）开发了具有抗氧化性能且可用于抗生素递送的新型壳聚糖 - 岩藻多糖纳米粒子，该纳米粒子不仅具有免疫相容性，还可通过清除 1，1- 二苯基 -2- 吡啶酰肼（DPPH）、降低吞噬细胞内的活性氧（ROS）和超氧阴离子（O$_2^-$）的浓度，提高人体的免疫能力。Nguyen 等（Nguyen，2016）开发了一种海藻酸钠、明胶与岩藻多糖复合的多孔支架，并在此支架中培养小胶质细胞，结果表明细胞中多种炎症因子（一氧化氮、前列腺素 E2 和活性氧）的表达量均有降低，表明此多孔支架具有良好的免疫相容性。

第六节　岩藻多糖的吸收和代谢

随着全球各地对岩藻多糖研究得越来越深入和广泛，其抗氧化、抗肿瘤、抗凝血及提高免疫力等多种生物学功能在很多健康产品中得到应用，呈现出广阔的市场前景，已成为目前健康产品研究领域的一个热点（Wang，2019）。

作为海洋源生物高分子，岩藻多糖是一种结构较为复杂的非淀粉大分子硫酸多糖，其中硫酸酯化的 α-L- 岩藻糖残基是基本组成成分，因人体中缺乏与之相关的消化酶，口服后无法在上消化道被降解利用，几乎全部进入大肠（谢洁玲，2017）。相关肠道组织和液体检查未见非淀粉多糖在胃和小肠中可被降解的结果，从而证实了非淀粉多糖不易被胃肠道消化吸收。

无论是胰液还是黏膜组织中都没有能够水解岩藻多糖的酶。利用肠囊外翻法可见，10% 左右的非淀粉多糖进入小肠囊，在 2h 内穿过黏膜而未被降解。结肠内容物对非淀粉多糖有明显的降解作用，但降解时间相对较慢（t，0.5~13h）；盲肠内容物对非淀粉多糖的降解较快，且与肠内容物的提取物用量成正比。同时，利用肠囊外翻法可见，结肠和盲肠的情况完全不同，大量的放射性物质可通过黏膜运输（分别为 17% 和 23%），但主要以降解产物双糖的形式存在，特别是在盲肠中（2h 后为 77%）（Barthe，2004）。因此，对于岩藻多糖这样的大分子，其无法通过消化系统直接吸收转运到体内，最可能的吸收机制是通过内吞作用穿过上皮。

在体内，岩藻多糖的生物学效应可通过给药后其在胃肠道中引起的各种生理反应来体现，但这些生物学效应的发生机制尚不清楚。近年来，动物体内实验发现，腹腔注射和静脉注射岩藻多糖能迅速动员造血干细胞 / 组细胞，具有长期的骨髓再生潜能。临床上，为了更好地应用岩藻多糖，采用口服的方式给药比静脉注射或肌肉注射更方便。已有研究表明，岩藻多糖可被人和大鼠的肠道吸收，但是对其吸收的具体作用机制知之甚少（Tokita，2017；Nagamine，2014）。

2005 年，Irhimeh 等（Irhimeh，2005）首次通过使用针对硫酸化多糖的新型抗体，进行了竞争性酶联免疫吸附试验（ELISA），以定量来自健康志愿者的血浆样品中裙带菜衍生的岩藻多糖 - 半乳糖硫酸酯（GFS）的吸收。每天给予志愿者 3g 含 10% 或 75%GFS 的裙带菜口服，或 3g 非硫酸化安慰剂多糖口服超过 12d，与给药前相比，给药后在所有时间点均可检测到其对新抗体的反应性增加。假设检测的物质为完整的 GFS，则 12d 内分别口服 3g 含有 10% 或 75% 岩藻多糖的裙带菜后，检测到的 GFS 浓度（中位数）为 4.002mg/L 和 12.989mg/L，证明肠道吸收及血浆中岩藻多糖浓度增加的可能性，其肠内吸收率为 0.6%。

2010 年，Tokita 等（Tokita，2010）通过简单、可靠、实用的方法，首次在 ng/mL 水平上测定了口服给药后，血清和尿中岩藻多糖的存在及其浓度。该方法以不与其他多聚糖发生交叉反应的新型岩藻多糖特异性抗体为基础，首次采用 ELISA 法对口服岩藻多糖进行了研究，观察其在人体血清和尿液中的浓度。给药前，在健康志愿者的血清和尿液中未检测到岩藻多糖。单次口服 1g 岩藻多糖 6~9h 后，志愿者血清和尿液中岩藻多糖浓度随时间呈一定的升高趋势，同时也证实了口服岩藻多糖后尿液中岩藻多糖的明显排泄，血清中岩藻多糖浓度升高至 100ng/mL，尿中岩藻多糖浓度升高至 1000ng/mL。采用高效液相色谱（HPLC）- 凝胶过滤法测得血清中岩藻多糖的分子质量不变，而尿中岩藻多糖的分子质量明显降低。因此，岩藻多糖的降解可能发生在肾脏等排泄系统，其在肠道内的吸收率远低于 0.6%，且不同个体间岩藻多糖在肠道内的吸收速率不同。此研究有助于开发岩藻多糖的药物学功效，并验证其对人类及动物各种疾病的作用。

2017 年，谢洁玲等（谢洁玲，2017）通过体外厌氧发酵法，以海带硫酸岩藻多糖为研究对象，研究了人肠道微生物对高分子质量和低分子质量岩藻多糖的降解作用，分别采用薄层层析法（TLC）和聚丙烯酰胺凝胶电泳（PAGE）分析岩藻多糖分子质量的变化、高效液相色谱法（HPLC）分析单糖组成的变化、气相色谱法（GC）分析短链脂肪酸的生成情况。研究发现人肠道微生物能够很好地降解利用 90% 的寡糖和少量低分子质量的岩藻多糖，但是对于高分子质量岩藻多糖的降解程度很低，仅有 20% 左右。经过肠道微生物降解之后，剩余的低分子质量岩藻多糖的单糖组成基本不变，说明人肠道微生物能够很好地降解利用低分子质量岩藻多糖中的各种单糖。通过分析短链脂肪酸和肠道菌群结构的变化，发现高分子质量和低分子质量的岩藻多糖经人肠道微生物酵解后，均能产生乙酸、丙酸和丁酸等短链脂肪酸，同时在高分子质量岩藻多糖发酵液中还可检测到少量异丁酸和异戊酸等支链脂肪酸，说明肠道微生物对发酵液中的蛋白质进行了无氧酵解，而该过程通常还会生成胺类和吲哚等有害物质。可见，只有低分子质量岩藻多糖可以特异性地抑制肠道微生物对蛋白质的无氧酵解，有益于肠道健康。

此外，给予大鼠口服低分子质量岩藻多糖后，采用亲水液相色谱 - 质谱联用技术（HLIC-MS）分析获得血清中寡糖全指纹谱图，证明口服低分子质量岩藻多糖的大鼠血清中存在不同硫酸化的岩藻单糖 - 岩藻六糖寡糖 Fuc1-Fuc6，且硫酸岩藻 - 半乳寡糖 Fc-Gal（聚合度 dp2-dp8）和岩藻 - 半乳 - 糖醛酸寡糖 Gal- FUC-GICA（聚合度 dp2-dp8）的含量较高。HILIC-MS 的分析进一步证明，口服硫酸岩藻寡糖、硫酸岩藻 - 半乳糖和硫酸岩藻杂多糖能够通过肠道吸收入血液。

给予大鼠口服岩藻多糖后，肝枯否细胞吸收并吞噬岩藻多糖，使肝中岩藻多糖含量增加。肝素是一种类似于岩藻多糖的多糖，口服肝素 120h 后，尿液中可检测到其存在。肝素通过肠道吸收后立即进入肝脏，并逐渐由尿液排出（Hirsh, 2001）。同时，器官或细胞可快速摄取岩藻多糖，随后缓慢减少（Deux, 2002）。在这种情况下，岩藻多糖是由静脉途径输送的。海蕴是生长于日本海岸的一种褐藻，其种类之一的冲绳海蕴是琉球群岛特有的物种，主要由富含岩藻糖的硫酸多糖组成，其中含有约 1% 的岩藻多糖。与静脉给药相似，习惯性摄入的海蕴中含有的岩藻多糖可能会被肠道吸收并积聚在肝脏中，长时间后通过尿液缓慢排出。

影响岩藻多糖吸收的因素包括：

1. 分子质量的大小

岩藻多糖是一种水溶性的大分子多聚糖，通过物理、化学和生物方法处理可以得到低分子质量的岩藻多糖。高分子质量的岩藻多糖的溶解性及功能特性会受到分子质量的影响，限制其应用范围。研究显示（武晓琳，2011），分子质量的大小是影响岩藻多糖吸收的重要因素。SD 大鼠可消化吸收不同分子质量的海参岩藻多糖，并通过血清岩藻多糖的浓度变化来反映其消化吸收情况。低分子质量（M_w=437.8，52.7，20.5ku）的海参岩藻多糖可被大鼠直接经胃肠道吸收进入血液循环，大鼠体内血清岩藻多糖浓度在 0~2h 内呈上升趋势，并在 12~15h 达到吸收峰值。高分子质量（M_w>700ku）的海参岩藻多糖则需经盲肠内微生物降解后方可逐渐被肠道吸收进入血液循环，大鼠体内血清岩藻多糖浓度上升缓慢，在 36h 才达到吸收峰值。

2. 居住地与饮食习惯

肠道微生物通过人体基因组中缺乏的碳水化合物活性酶，从膳食多糖中为人体摄取能量（Cantarel，2009）。这些酶针对的是在人类进化过程中占据饮食主导地位的陆生植物中的多糖（Ley，2008）。卟啉酶是海洋拟杆菌门的重要成员之一，对卟啉属海洋红藻硫酸多糖具有活性。目前，已有研究证明碳水化合物活性酶可从海洋细菌中向从日本人体中分离得到的肠道细菌中转移，且经肠道宏基因组比较分析，可在日本人群中检测到卟啉酶和琼脂酶等海藻消化酶，而在不食用海藻的北美人中未检测到（Hehemann，2010；Kitahara，2005；Kurokawa，2007）。

日本营养调查结果显示，该国每人每天大约吃 14.3g 海藻，如昆布、裙带菜、羊栖菜、紫菜、海蕴等（Fukuda，2007）。作为一种可食用的海藻，冲绳海蕴是冲绳县居民喜爱的食物之一，约有 90% 的冲绳海蕴种植在冲绳县地区（Sho，2001；Nagaoka，1999）。食用海藻是人体肠道细菌获取新型碳水化合物活性酶的新途径，冲绳县居民可能已从他们的肠道细菌中获得了海藻消化酶，食用海藻的习惯是影响岩藻多糖吸收的重要因素。

Kadena 等（Kadena，2018）以 396 名志愿者为研究对象，进行了问卷调查及口服岩藻多糖的研究。其中，68% 的志愿者居住在冲绳县本地，32% 的志愿者居住在冲绳县以外的地区，居住在冲绳县本地的志愿者食用冲绳海蕴的习惯明显高于居住在冲绳县以外地区的志愿者，反映了冲绳县居民食用海藻的饮食习惯。97% 的志愿者在口服 3g 岩藻多糖饮料后，其尿液中可检测到岩藻多糖的排泄，再次证实岩藻多糖可被人体肠道消化吸收。有趣的是，在服用岩藻多糖之前，295 名志愿者（岩藻多糖阳性组）可检测到尿中的岩藻糖多糖，101 名志愿者（岩藻多糖阴性组）未检出。岩藻多糖阳性组尿岩藻糖多糖估计排泄量明显高于岩藻多糖阴性组，差异有显著性（$P<0.05$）。此外，岩藻多糖阳性组中生活在冲绳地区并有海藻饮食习惯的志愿者明显多于岩藻多糖阴性组。因此，以冲绳地区为居住地是影响岩藻多糖尿排出量的重要因素，居住在冲绳县本地的志愿者岩藻多糖尿排出量明显高于生活在冲绳县以外地区的志愿者，食用海藻的习惯与岩藻多糖的消化吸收有关。

第七节　小结

岩藻多糖及其降解产物具有抗菌消炎、抗氧化、抗凝血等多种生理活性，且表现出优良的组织相容性、无生物排斥性、不引起过敏反应、低毒性等性能，在各种健康产品的开发应用中展现出巨大的潜力。与此同时，岩藻多糖是一种极性很强的多糖分子，其通过肠上皮细胞吸收的能力有限。口服是最简单的给药方法，但由于该化合物分子质量大，口服生物利用度低。在未来的研究中，必须明确了解有关岩藻多糖的制备、质量标准和给药的技术问题，以充分利用其临床应用潜力。

参考文献

［1］Barthe L, Woodley J, Lavit M, et al. In vitro intestinal degradation and absorption of chondroitin sulfate, a glycosaminoglycan drug［J］. Arzneimittel-Forschung, 2004, 54: 286-292.

［2］Cantarel B L, Coutinho P M, Rancurel C, et al. The carbohydrate-active enzymes database (CAZy): an expert resource for glycogenomics［J］. Nucleic Acids Res, 2009, 37: D233-D238.

［3］Chung H, Jeun J, Houng S, et al. Toxicological evaluation of fucoidan from *Undaria pinnatifida* in vitro and in vivo［J］. Phytotherapy Research, 2010, 247: 1078-1083.

［4］Deux J F, Meddahi-Pelle A, Le Blanche A F, et al. Low molecular weight fucoidan prevents neointimal hyperplasia in rabbit iliac artery in-stent restenosis model［J］. Arterioscler Thromb Vasc Biol, 2002, 2: 1604-1609.

［5］Fukuda S, Saito H, Nakaji S, et al. Pattern of dietary fiber intake among the Japanese general population［J］. Eur J Clin Nutr, 2007, 61: 99-103.

［6］Gideon T P, Rengasamy R. Toxicological evaluation of fucoidan from *Cladosiphon okamuranus*［J］. Journal of Medicinal Food, 2008, 114: 638-642.

［7］Hehemann J H, Gaelle C, Tristan B, et al. Transfer of carbohydrate-active enzymes from marine bacteria to Japanese gut microbiota［J］. Nature, 2010, 464: 908-914.

［8］Hirsh J, Anand S S, Halperin J L, et al. Mechanism of action and pharmacology of unfractionated heparin［J］. Arterioscler Thromb Vasc Biol, 2001, 21: 1094-1096.

［9］Huang Y, Li R. Preparation and characterization of antioxidant nanoparticles composed of chitosan and fucoidan for antibiotics delivery［J］. Marine

Drugs, 2014, 128: 4379-4398.

［10］ Hwang P, Yan M, Lin H V, et al. Toxicological evaluation of low molecular weight fucoidan in vitro and in vivo［J］. Marine Drugs, 2016, 14（7）. pii: E121. doi: 10.3390/md14070121.

［11］ Irhimeh M R, Fitton J H, Lowenthal R M, et al. A quantitative method to detect fucoidan in human plasma using a novel antibody［J］. Methods Find Exp Clin Pharmacol, 2005, 27: 705-710.

［12］ Jin G, Kim G H. Rapid-prototyped PCL/fucoidan composite scaffolds for bone tissue regeneration: design, fabrication, and physical/biological properties［J］. Journal of Materials Chemistry, 2011, 2144: 17710.

［13］ Kadena K, Tomori M, Iha M, et al. Absorption study of Mozuku fucoidan in Japanese volunteers［J］. Marine Drugs, 2018, 16（8）. pii: E254. doi: 10.3390/md16080254.

［14］ Kim K, Lee O, Lee H, et al. A 4-week repeated oral dose toxicity study of fucoidan from the Sporophyll of *Undaria pinnatifida* in Sprague-Dawley rats ［J］. Toxicology, 2010, 2671-3: 154-158.

［15］ Kitahara M, Sakamoto M, Ike M, et al. *Bacteroides plebeius* sp. nov. and *Bacteroides coprocola* sp. nov., isolated from human faeces［J］. Int J Syst Evol Microbiol, 2005, 55: 2143-2147.

［16］ Kurokawa K, Itoh T, Kuwahara T, et al. Comparative metagenomics revealed commonly enriched gene sets in human gut microbiomes［J］. DNA Res, 2007, 14: 169-181.

［17］ Lee J S, Jin G H, Yeo M G, et al. Fabrication of electrospun biocomposites comprising polycaprolactone/fucoidan for tissue regeneration ［J］. Carbohydrate Polymers, 2012, 901: 181-188.

［18］ Ley R E, Lozupone C A, Hamady M, et al. Worlds within worlds: evolution of the vertebrate gut microbiota［J］. Nat Rev Microbiol, 2008, 6: 776-788.

［19］ Li N, Zhang Q B, Song J M. Toxicological evaluation of fucoidan extracted from *Laminaria japonica* in Wistar rats［J］. Food and Chemical Toxicology, 2005, 433: 421-426.

［20］ Lim S J, Mustapha W A W, Maskat M Y, et al. Chemical properties and toxicology studies of fucoidan extracted from Malaysian Sargassum binderi［J］. Food Science and Biotechnology, 2016, 25123-25129.

［21］ Lowe B, Venkatesan J, Anil S, et al. Preparation and characterization of chitosan-natural nano hydroxyapatite-fucoidan nanocomposites for bone tissue engineering［J］. International Journal of Biological Macromolecules, 2016, 93SIB: 1479-1487.

［22］ Murakami K, Ishihara M, Aoki H, et al. Enhanced healing of mitomycin C-treated healing-impaired wounds in rats with hydrosheets composed of chitin/

chitosan, fucoidan, and alginate as wound dressings [J] . Wound Repair and Regeneration, 2010, 185: 478-485.

[23] Nagamine T, Nakazato K, Tomioka S, et al. Intestinal absorption of fucoidan extracted from the brown seaweed, *Cladosiphon okamuranus* [J] . Mar Drugs, 2014, 13: 48-64.

[24] Nagaoka M, Shibata H, Kimura-Takagi I, et al. Structural study of fucoidan from *Cladosiphon okamuranus* TOKIDA [J] . Glycoconj J, 1999, 16: 19-26.

[25] Nguyen V T, Ko S C, Oh G W, et al. Anti-inflammatory effects of sodium alginate gelatine porous scaffolds merged with fucoidan in murine microglial BV2 cells [J] . International Journal of Biological Macromolecules, 2016, 93: 1620-1632.

[26] Ozaltin K, Lehocky M, Humpolicek P, et al. A new route of fucoidan immobilization on low density polyethylene and its blood compatibility and anticoagulation activity [J] . International Journal of Molecular Sciences, 2016, 176: 908.

[27] Sezer A D, Hatipoglu F, Cevher E, et al. Chitosan film containing fucoidan as a wound dressing for dermal burn healing: preparation and in vitro/in vivo evaluation [J] . AAPS Pharm Sci Tech, 2007, 82: 39-45.

[28] Sho H. History and characteristics of Okinawan longevity food [J] . Asia Pac J Clin Nutr, 2001, 10: 159-164.

[29] Su H, Xue G, Ye C, et al. The effect of anti-CD133/fucoidan bio-coatings on hemocompatibility and EPC capture [J] . Journal of Biomaterials Science, Polymer Edition, 2017, 2817: 2066-2081.

[30] Sumayya A S, Kurup G M. Marine macromolecules cross-linked hydrogel scaffolds as physiochemically and biologically favorable entities for tissue engineering applications [J] . Journal of Biomaterials Science-Polymer Edition, 2017, 289: 807-825.

[31] Sumayya A S, Muraleedhara Kurup G. Biocompatibility of subcutaneously implanted marine macromolecules cross-linked bio-composite scaffold for cartilage tissue engineering applications [J] . Journal of Biomaterials Science, Polymer Edition, 2017, 293: 257-276.

[32] Sumayya A S, Muraleedhara Kurup G. Marine macromolecules cross-linked hydrogel scaffolds as physiochemically and biologically favorable entities for tissue engineering applications [J] . Journal of Biomaterials Science, Polymer Edition, 2017, 289: 807-825.

[33] Tokita Y, Hirayama M, Nakajima K, et al. Detection of fucoidan in urine after oral intake of traditional Japanese seaweed, *Okinawa mozuku* (*Cladosiphon okamuranus* Tokida) [J] . J Nutr Sci Vitaminol (Tokyo), 2017, 63: 419-421.

[34] Tokita Y, Nakajima K, Mochida H, et al. Development of a fucoidan-specific

antibody and measurement of fucoidan in serum and urine by sandwich ELISA〔J〕. Biosci Biotechnol Biochem, 2010, 74: 350-357.

〔35〕Vesel A, Mozetic M, Strnad S. Improvement of adhesion of fucoidan on polyethylene terephthalate surface using gas plasma treatments〔J〕. Vacuum, 2011, 8512: 1083-1086.

〔36〕Wang Y, Ye C, Su H, et al. Layer-by-layer self-assembled laminin/fucoidan films: towards better hemocompatibility and endothelialization〔J〕. RSC Advances, 2016, 661: 56048-56055.

〔37〕Wang Y, Xing M, Cao Q, et al. Biological activities of fucoidan and the factors mediating its therapeutic effects: A review of recent studies〔J〕. Mar Drugs, 2019, 17. pii: E183.

〔38〕Ye C, Wang Y, Su H, et al. Construction of a fucoidan/laminin functional multilayer to direction vascular cell fate and promotion hemocompatibility〔J〕. Materials Science and Engineering: C, 2016, 64: 236-242.

〔39〕沈鑫, 刘宿, 陈李. 完全可降解聚乳酸及其共聚物的生物相容性: 研究、应用与未来〔J〕. 中国组织工程研究, 2018, 2214: 2259-2264.

〔40〕易静楠, 曹佳琳, 毛萱, 等. I胶原/岩藻聚糖硫酸酯复合支架的制备及性能〔J〕. 材料科学与工程学报, 2014, 32 (04): 480-483, 558.

〔41〕谢洁玲, 史晓翀, 史姣霞, 等. 人肠道微生物对海带岩藻聚糖硫酸酯及其寡糖的降解利用〔J〕. 海洋与湖沼, 2017, 48: 50-56.

〔42〕武晓琳, 常耀光, 王静凤, 等. 不同分子量海参岩藻聚糖硫酸酯的制备及消化吸收特性的初步研究〔J〕. 中国海洋药物, 2011, 30: 20-24.

第六章 岩藻多糖的生物活性

第一节 引言

岩藻多糖是褐藻类海洋植物中特有的多糖成分，自然状态下呈黏稠状液体，类似糖胶，因此也称为褐藻糖胶，其主要由 α-L- 岩藻糖 4- 硫酸酯的多聚物组成，同时还含有半乳糖、木糖、葡萄糖醛酸、少量结合蛋白质等物质，这种独特的结构赋予岩藻多糖一系列优良的生物活性，具有抗凝血、抗菌、抗肿瘤、抗氧化、免疫调节、辐射防护、调节骨代谢等众多应用功效，是目前健康产品研究中的热点之一。

第二节 岩藻多糖的生物活性

一、抗凝血和抗血栓

大量实验证明，岩藻多糖具有抗凝血活性，其抗凝活性与剂量浓度、硫酸化的位置、硫酸酯含量、硫酸酯 / 总糖比、分子质量、复合物的取代基团等多种因素相关（王晶，2011）。Nishino 等（Nishino, 1991）发现，分子质量相近时，随着硫酸酯基团含量增高，岩藻多糖对凝血酶的抑制作用也增强。岩藻多糖衍生物的抗凝活性优于低分子质量岩藻多糖，而且能抑制内源性和外源性血凝剂，表明分子质量和合适的构象是多糖抗凝活性的重要因素。此外，岩藻多糖还具有明显的抗血栓活性，抑制凝血酶原的激活及凝血酶活性是其主要的作用机制。

二、降血脂

岩藻多糖能明显降低血清胆固醇和甘油三酯的含量，且无肝、肾功能损害等毒副作用（王素贞，1994），可使血浆中胆固醇含量减少 13%~17%、低密度脂蛋白含量降低 20%~25%、高密度脂蛋白含量增加 16%，同时使动脉粥样硬化指数减少、血浆中脂质过氧化物浓度降低（Chang，2000）。另外，岩藻多糖是一种类唾液酸样的活性物质，能使细胞表面的负电荷增多，通过影响血液中胆固醇的沉积产生降低血清胆固醇的作用。

三、抗菌活性

随着越来越多耐药菌株和"超级细菌"的出现，人们在不断寻找具有抗菌作用的化合物。大量研究表明，许多天然多糖对细菌具有抑制作用。岩藻多糖是富含硫酸基和糖醛酸的多糖，对多种细菌有抑制作用，其抑菌活性与分子质量、硫酸基和糖醛酸有关，其作用机制与破坏细菌细胞膜有关。

海带来源的岩藻多糖无抑菌活性，但在解聚为低分子质量岩藻多糖（LMWF）后，可以有效抑制大肠埃希菌和金黄色葡萄球菌，并且对大肠埃希菌的抑制作用更强（Liu，2017），其作用机制为岩藻多糖通过与细菌细胞膜蛋白结合，改变膜蛋白结构、破坏磷脂双分子层、破坏细胞膜的完整性。在琼脂培养基中，当 LMWF 浓度为 6.00mg/mL 和 7.50mg/mL 时，可以分别完全抑制大肠埃希菌和金黄色葡萄球菌菌落的生长。在溶液中，当浓度为 5.00mg/mL 时，岩藻多糖能完全抑制大肠埃希菌和金黄色葡萄球菌生长，分子质量越低、糖醛酸含量越高、葡萄糖含量越低，其抑菌活性越强。

四、抗病毒

岩藻多糖对艾滋病病毒（HIV）、单纯疱疹病毒（HSV）、巨细胞病毒（CMV）、H5N1 病毒、对虾白斑综合征病毒（WSSV）等具有良好的抗病毒活性（Wang，2012），对于人类疾病防治和家禽与水产养殖有重要意义。Karmakar 等（Karmakar，2010）的实验证实，岩藻多糖的抗病毒活性与其磺化程度和分子质量有关。Mandal 等（Mandal，2007）通过实验发现，岩藻多糖对单纯 HSV-1 和 HSV-2 具有强大的抗病毒活性，对 Vero 细胞培养没有细胞毒性。研究发现，岩藻多糖对病毒粒子无直接灭活作用，其作用方式可能是抑制了病毒吸附过程。病毒在侵入人体时会引起宿主的免疫反应，因而，岩藻多糖还可以通过增强巨噬细胞吞噬能力和诱导 B 细胞分化成熟等免疫调节方式实现抗病毒活性（Adhikari，2006）。

五、抗肿瘤活性

恶性肿瘤与心脑血管疾患、糖尿病、慢性呼吸系统疾患一起成为影响人们健康的主要慢性非感染性疾病。目前用于治疗癌症的化疗药物不仅选择性差，而且副作用大，从天然产物中寻找靶向性强且无毒副作用的抗癌药物成为重要的研究方向。

大量研究表明，岩藻多糖对多种癌细胞有抑制作用，且对正常细胞无毒副作用。岩藻多糖能通过阻滞细胞周期、促进凋亡、抑制血管形成、活化 Toll 样受体 4（TLR4）/活性氧簇（ROS）/内质网应激轴等作用机制发挥抗肺癌活性，还能增强化疗药物的抗癌作用、减轻对机体的副作用。小叶喇叭藻来源的岩藻多糖能抑制人类腺癌肺泡基底上皮细胞 A549 细胞的增殖、介导其凋亡、阻滞细胞周期，使其停留在 G0/G1 期（Alwarsamy，2016）。羊栖菜来源的岩藻多糖能降低 A549 移植瘤小鼠模型的肿瘤体积和重量，该作用与抑制血管形成有关，岩藻多糖能干扰血管内皮生长因子（VEGF）与人微血管内皮细胞上血管内皮生长因子受体 2（VEGFR2）的结合，阻断 VEGFR2/Erk/VEGF 通路（Chen，2016）。

岩藻多糖可以在三阴性人乳腺癌 MDA-MB-231 细胞和二甲基苯蒽（DMBA）诱导乳腺癌小鼠模型中发挥抗肿瘤活性，介导 caspase 依赖性凋亡和 caspase 非依赖性凋亡、降低 β- 连环蛋白（β-catenin）的水平（Xue，2017）。此外，匍枝马尾藻来源的岩藻多糖对人乳腺癌 MCF-7 细胞也具有抑制作用（Palanisamy，2017）。

不同来源的多种岩藻多糖对多种人结直肠癌细胞具有抑制作用，通过多种机制发挥作用，如下调胰岛素样生长因子 I 受体（IGF-IR）信号通路、阻滞细胞周期、介导凋亡。有意思的是，岩藻多糖可以不依赖于 p53 基因，单独发挥抑癌作用，也可以与 p53 基因协同发挥抑癌作用。随机双盲对照实验发现，半叶马尾藻来源的低分子质量岩藻多糖（LMWF）与化疗药物共同应用可以有效改善转移性结直肠癌患者的预后（Tsai，2017）。Usoltseva 等（Usoltseva，2018）发现波利团扇藻来源的岩藻多糖及其衍生物可以抑制人结直肠腺癌上皮细胞 DLD-1 和人结肠癌细胞 HCT-116 的生长。

国内外实验还发现，岩藻多糖通过介导凋亡和阻滞细胞周期，对淋巴瘤发挥抑制作用。墨角藻来源的岩藻多糖能通过阻滞细胞周期和介导凋亡抑制人弥漫性大 B 细胞淋巴瘤细胞的生长，也能抑制移植瘤小鼠体内肿瘤的生长（Yang，2015）。岩藻多糖通过下调 CDK4 和 CDK6 的表达阻滞细胞周期，通过活化半胱天冬酶 -3（caspase-3）、-8 和 -9 以及下调抗凋亡蛋白 Bcl-xL、Mcl-1 和 X 连锁凋亡抑制蛋白（XIAP）介导凋亡。岩藻多糖还能通过调节 NF-κB 和激活蛋白 -1（AP-1）蛋白复合物发挥对 PEL 细胞的细胞毒性，通过抑制 T 淋巴细胞活化杀伤细胞来源蛋白激酶（TOPK）和核因子 κB 抑制蛋白 α（IκBα）的磷酸化来抑制 NF-κB 信号通路，通过减少 JunB 和 JunD 蛋白抑制 AP-1 信号通路。

岩藻多糖能抑制小鼠膀胱肿瘤血管的形成，促进人膀胱癌细胞的凋亡和端粒酶的失活，降低其迁移和和侵袭能力。墨角藻来源的岩藻多糖通过促进 5637 人膀胱癌细胞产生 ROS，抑制 PI3k/AKT 通路、诱导凋亡和端粒酶失活，发挥抗瘤活性（Han,2017）。此外,岩藻多糖可通过促进 ROS 的产生、MMPs 的丢失、细胞色素 C 的释放以及增大 Bax/Bcl-2 比值导致 5637 细胞的凋亡，还通过减少端粒酶逆转录酶（hTERT）、sp1 和 c-Myc 基因的表达导致端粒酶的失活。

岩藻多糖对胃癌、骨肉瘤、宫颈癌、多发性骨髓瘤等也具有抑制作用。从亨氏马尾藻中提取的岩藻多糖可以增强单功能烷化剂甲基硝基亚硝基胍（MNNG）诱导胃癌大鼠的免疫功能，发挥抗肿瘤作用（Han，2018）。墨角藻来源的岩藻多糖可抑制骨肉瘤中血管形成，实验对象为由人外周血来源的过度生长的内皮细胞（OEC）和人成骨肉瘤细胞 MG63 细胞组成的共同培养模型。研究显示岩藻多糖能显著减少血管生成，该作用与减少 VEGF、基质衍生因子 -1（stromal derived factor-1）和促血管生成素 -2（Ang-2）、改变肿瘤微环境有关（Wang，2017）。

六、免疫调节活性

单核细胞和巨噬细胞是机体免疫系统重要的组成部分，参与多种免疫过程。岩藻多糖通过作用于多种单核和巨噬细胞，调节 NO、细胞因子 TNF-α、IL-4、干扰素 -γ（IFN-γ）、集落刺激因子 -1（CSF-1）、趋化因子 CCL22 的分泌发挥免疫调节活性。岩藻多糖还能调节肠道辅助性 T 细胞（Th cell）Th1/Th2 的比值和免疫球蛋白 A（IgA）的表达维持肠道的免疫平衡。在环磷酰胺（CTX）介导的小鼠肠道黏膜炎模型中，有实验组（Zuo，2015）研究了海地瓜来源的岩藻多糖发挥的免疫调节作用，结果表明，口服岩藻多糖能通过增大 IFN-γ/IL4 的比值调节 Th1/Th2 的比值，维持肠道黏膜的免疫平衡、显著逆转 CTX 对小鼠肠道造成的损伤、增加肠道绒毛长度与隐窝深度的比值。岩藻多糖还能通过增加细胞因子 IL-6 和 IL-10 的表达增加 IgA 的表达，从而增强肠道的获得性免疫。

七、神经保护作用

多种不同来源的岩藻多糖可通过抗氧化、减少氧化应激、抑制凋亡等机制，调节多巴胺和胆碱能系统，对多种细胞及帕金森、阿尔茨海默病（AD）小鼠模型发挥神经保护作用。研究（Yang，2017）显示，在温水中从压缩膨化预处理过的马尾藻中提取的岩藻多糖具有神经保护作用，通过其抗氧化活性能减轻

H_2O_2 介导的细胞毒作用，可以预防神经退行性疾病。经过同样提取方法从半叶马尾藻中提取得到的岩藻多糖也具有神经保护作用，能减少细胞色素 C 的释放，抑制 caspase-8、caspase-9 和 caspase-3 的活性，抑制 6- 羟基多巴胺（6-OHDA）介导的人神经母细胞瘤细胞 SH-SY5Y 细胞的凋亡，发挥抗凋亡活性。经铁离子还原 / 抗氧化能力法（FRAP）测试，具有抗氧化活性，也具有 DPPH 和 ABTS 自由基清除活性，还能影响细胞周期分布，其神经保护作用也与 Akt 的磷酸化有关（Huang，2017）。

八、抗氧化活性

大量实验表明，岩藻多糖能清除羟基自由基、超氧负离子、过氧化氢和单态氧等活性氧簇（ROS），表现出良好的抗氧化活性。岩藻多糖的体外抗氧化能力随其浓度的增高逐渐增加（Cheng，2010），其抗氧化活性和羟基自由基的清除与提取物的总糖量、褐藻糖量、糖醛酸量的含量有关。Hifney 等（Hifney，2016）的实验结果显示，硫酸基团可能是作为还原剂促进了岩藻多糖的抗氧化活性，而不是直接对自由基的清除作用。Marudhupandi 等（Marudhupandi，2014）的研究结果证实，岩藻多糖的抗氧化活性依赖于其硫酸酯的含量。此外，岩藻多糖粗提物中的蛋白质和酚性成分有助于其抗氧化活性。研究表明，诸多方面因素可影响岩藻多糖的抗氧化能力。Mak 等（Mak，2013）的研究发现，岩藻多糖在不同的季节有不同的化学结构，因此其抗氧化活性也会发生变化。岩藻多糖的分子质量与其抗氧化活性之间并非单纯的线性关系，且不同的低分子质量降解法对其抗氧化活性亦有影响（Lim，2015）。此外，对岩藻多糖进行除臭、脱盐及衍生化（如磷酸化、过硫酸化、苯甲酰化、乙酰化）处理，可提高其抗氧化能力。

九、岩藻多糖与关节炎

岩藻多糖具有抗关节炎活性（Phull，2017）。在细胞水平，岩藻多糖能下调兔关节炎软骨细胞环氧合酶 -2（COX-2）的表达；在个体水平，岩藻多糖能显著减轻鼠足水肿，岩藻多糖能改善弗氏完全佐剂关节炎小鼠的临床症状，对受损的关节结构和组织发挥保护作用，能显著减轻小鼠足水肿，有效恢复受损的肝、胸腺和脾功能。此外，岩藻多糖还能改善关节炎小鼠的相关血液学参数、增加血红蛋白、红细胞、血小板数、减少白细胞数、降低血沉。

十、调节骨代谢

岩藻多糖既能缓解骨质疏松，也能抑制骨的钙化。金鑫等（金鑫，2016）

发现低分子质量岩藻多糖(LMWF)在去势大鼠模型中能够产生抗骨质疏松作用，即能增加骨密度、骨小梁的数量，降低骨代谢，增加骨最大载荷，减少骨折发生。进一步研究表明，LMWF可诱导成熟破骨细胞的凋亡，抑制骨吸收功能和破骨活性，这为LMWF的抗骨质疏松活性提供了理论支持（金鑫，2016）。还有研究发现，岩藻多糖能影响骨形成，实验以间充质干细胞（mesenchymal stem cells，MSC）和外周血来源的OEC为研究对象，发现岩藻多糖能抑制MSC单独培养基和MSC/OEC共同培养基的钙化过程（Wang，2017）。

十一、调节脂肪代谢

岩藻多糖具有调节脂肪细胞合成、分解脂肪的作用（Oliveira，2018）。通过油红O染色实验，发现不同岩藻多糖片段对小鼠胚胎成纤维（前脂肪）细胞3T3-L1细胞的作用不同，某些片段能够促进其合成甘油三酯，某些则能抑制其合成。某些片段还能显著抑制甘油三酯合成过程中的关键蛋白C/EBPα、C/EBPβ和过氧化物酶体增殖剂激活受体γ（peroxisome proliferators-activated receptor γ，PPAR γ）的表达。通过分析游离甘油含量，发现所有片段均具有脂肪分解活性。

十二、促进伤口愈合

低分子质量岩藻多糖能加速大鼠伤口收缩、促进伤口愈合，能明显减少伤口炎细胞的浸润、促进血管形成、增加胶原纤维的含量，四天后还能增加肉芽组织的形成，治疗七天后则能减少肉芽组织的形成（Park，2017）。

十三、预防胃溃疡

岩藻多糖具有预防胃溃疡的作用，并且该作用强弱与分子质量和构象有关。岩藻多糖对大鼠的胃具有保护作用，能恢复抗氧化酶GSH和SOD的活性，还能下调促炎性细胞因子和相关转录因子的表达，包括TNF-α、IL-6和NF-κB（Xu，2018）。

十四、保湿活性

有研究发现，褐藻中的低分子质量多糖显示出最高的水分吸收和保湿能力并且优于透明质酸（Wang，2013）。在硫酸化基团、单糖和分子质量等化学成分与功能之间的关系研究中发现硫酸化基团是水分吸收和保湿能力的主要活性部分，这些能力也与分子质量有关。石学连等（石学连，2010）对吸湿性和保湿性的研究表明，岩藻多糖及其衍生物与透明质酸有相似的保湿性质，环境湿度对其吸湿率影响较小。由于岩藻多糖等褐藻多糖的制备方法简便、原料易得，可作为透明质酸的替代品开发性能优良的天然保湿剂。

十五、抗衰老活性

研究表明，岩藻多糖具有抗衰老活性。岩藻多糖可使衰老小鼠胸腺指数与脾脏指数明显回升，显著降低小鼠全血丙二醛（MDA）含量、提高超氧化物歧化酶（SOD）活性、谷胱甘肽过氧化物酶（GSH-Px）活性，说明其具有抗衰老活性，且抗衰老活性强弱与其硫酸基含量、分子质量大小和单糖构成有关（李小蓉，2015）。还有研究发现岩藻多糖通过对 Nrf2/ARE 信号通路的上调，可以改善小肠的细胞凋亡能力，并且可部分恢复小肠微生物的整体状态，从而延缓衰老（Chen，2017）。

十六、辐射防护活性

辐射能造成系统调节紊乱和机体代谢紊乱，甚至能导致细胞癌变，因此辐射防护对人类健康十分重要。天然化合物具有无毒副作用、能增强机体抵抗力等多种优点，故利用其进行辐射防护越来越受到重视。

研究表明，岩藻多糖能缓解辐射对皮肤和造血系统产生的危害，具有辐射防护活性。深海褐藻腔昆布海藻来源的低分子质量岩藻多糖（LMWF）能在紫外线 B 辐射小鼠模型中发挥抗光老化作用（Kim，2018）。相较于对照组，LMWF 能显著减少皮肤水肿、皱纹形成以及皱纹的深度和长度。它能通过减轻炎症反应抑制炎症细胞浸润、降低胶原纤维含量、增强抗氧化能力、抑制凋亡。LMWF 还能降低髓过氧化物酶（MPO）活性，减少 NADPH 氧化酶 2（NOX2）的表达，降低丙二醛（MDA）、超氧化物阴离子（superoxide anion）和 IL-1β 的水平，增加谷胱甘肽还原酶的 mRNA 表达，增加 IL-10 和 GSH。此外，它还可以减少 MMP-1、MMP-9 和 MMP-13 的 mRNA 表达。

十七、抗突变作用

突变是指在一些遗传因素或外界因素的作用下，人体中正常细胞的基因发生突变、激活和过度表达，从而使机体的正常细胞发生癌变的过程。在小鼠对海藻多糖的抗突变活性研究中发现，岩藻多糖能明显抑制对免疫抑制剂环磷酰胺（CTX）诱发的小鼠骨髓红细胞微核率和精子畸形率，说明其对由外界因素诱发的体细胞和生殖细胞的基因突变有显著的拮抗效应。螺旋藻多糖能消除免疫抑制剂（环磷酰胺）对机体免疫系统的抑制作用，对环磷酰胺引起的小鼠造血功能等损伤具有保护作用（刘力生，1991）。

十八、对肠道屏障功能的保护作用

动物体内实验发现岩藻多糖能改变肠道菌群结构，增加菌群多样性，具有

改善乳腺癌大鼠肠道屏障功能的作用。Shi 等（Shi，2017）发现饮食中添加
50mg/（kg 体重）岩藻多糖可以改变正常小鼠的肠道菌群、增加菌群多样性，
并且减轻 CTX 诱导的肠黏膜损伤。给小鼠补充岩藻多糖后，其由 CTX 引起的
小肠黏膜炎也得到明显改善（Zuo，2015）。Shang 等（Shang，2016）发现岩藻
多糖能维持肠道菌群的平衡结构，降低抗原负荷和宿主的炎症反应，降低血清
脂多糖结合蛋白水平。岩藻多糖对 DMBA 诱发的乳腺癌大鼠的肠道屏障损伤具
有一定的保护作用，能使肠绒毛形态和结构逐渐恢复正常，并能使大鼠肠道紧
密连接蛋白 occludin 和 ZO-1 的表达增加（张婷，2018）。

十九、优质膳食纤维

岩藻多糖是一种优质的膳食纤维，在人体内具有促进胃肠蠕动等重要的生
理功能，可吸附有毒物质并加速排出，尤其是吸附 Pb、Sn、Cd 等多种有毒重金属，
减轻这些物质对人体的毒害（李德远，2002）。

二十、岩藻多糖缓解糖尿病并发症

岩藻多糖能缓解糖尿病相关的肝和生殖系统的损害，能减轻炎症反应、增
强抗氧化能力、恢复肝功能，对糖尿病和肥胖相关的肝功能受损产生保护作
用（Zheng，2018）。经过低分子质量岩藻多糖治疗后，db/db 二型糖尿病小
鼠的肝体重指数下降，肝细胞的脂肪沉积也减少，血中谷丙转氨酶（Alanine
aminotransferase，ALT）、谷草转氨酶（Aspartate aminotransferase，AST）、甘
油三酯和总胆固醇的水平均显著下降，肝中甘油三酯和总胆固醇的水平也下降。
低分子质量岩藻多糖能降低 db/db 小鼠 TNF-α 和单核细胞趋化蛋白 -1（monocyte
chemotactic protein-1，MCP-1）水平、升高脂联素水平、抑制脂质过氧化、减
少超氧化物，增强 CAT 和 SOD 活性。

二十一、自噬调节活性

细胞自噬广泛存在于病理生理状态，并参与肿瘤、肝脏纤维化、肝缺血再
灌注等多种病理过程。近年来的研究发现岩藻多糖可调节细胞自噬，既能诱导
自噬，也能抑制自噬。有报道（Chua，2015）显示岩藻多糖对 AGS 细胞有细
胞毒性。大量研究表明，岩藻多糖可通过凋亡途径抑制癌细胞增殖。在相差显
微镜和荧光显微镜下均可观察到岩藻多糖使自噬泡和自噬体形成增加，经免疫
组化检测，微管相关蛋白 1 轻链 3-Ⅰ（microtubule-associated protein 1 light chain
3-Ⅰ，LC3-Ⅰ）减少，LC3-Ⅱ 和 Beclin-1 增加。这些都表明岩藻多糖也可通过
介导自噬形成发挥对 AGS 细胞的抗增殖作用。岩藻多糖经 γ 射线辐射产生的低

分子质量产物对 AGS 细胞有更强的细胞毒性（Choi，2013）。

岩藻多糖可以抑制 RAW264.7 巨噬细胞因内质网应激导致的自噬，也可通过 A 类清道夫受体（class A scavenger receptor，SR-A）提高 AKT、mTOR、p70S6K 的磷酸化水平（Huang，2014）。Li 等（Li，2016）发现岩藻多糖可以抑制自噬和细胞外基质（extracellular matrix，ECM）的产生，降低实验组 TGF-β1、p-Smad2（drosophila mothers against decapentaplegic protein 2）和 p-Smad3（磷酸化的 Smad2 和 Smad3）的水平，改善肝纤维化。有实验表明，TGF-β 和 Smad 可以促进自噬的发生（Pan，2015）。因此，岩藻多糖可能通过抑制 TGF-β 通路抑制自噬水平，从而缓解肝脏纤维化。

第三节　化学改性对岩藻多糖生物活性的影响

岩藻多糖的生物活性可以通过化学改性得到进一步改善。近年来的大量研究表明，硫酸化、磷酸化等化学修饰可以使岩藻多糖电负性增加，影响其生物活性。氨基的引入可以中和硫酸多糖的电负性，同时使多糖具有类似肝素的结构，从而改变其活性。向多糖的支链引入乙酰基可以使多糖的伸展发生变化，导致多糖羟基暴露，从而增加其在水中的溶解度。乙酰基能通过改变多糖分子的定向性和横向次序，改变糖链的空间排布，从而对其活性产生影响。岩藻多糖的苯甲酰化修饰不仅可以引入酰基改变其空间的衍生方向，使活性基团和作用位点暴露，苯基的引入还可以改变其油水分配系数。

一、化学改性对抗氧化活性的影响

岩藻多糖的抗氧化作用机制与其对金属离子的螯合能力和自由基猝灭活性有关，其中分子质量大小对抗氧化活性影响较大。Hou 等（Hou，2012）评估了 7 种不同分子质量（1.0、3.8、8.3、13.2、35.5、64.3、144.5ku）岩藻多糖的抗氧化活性，结果表明，岩藻多糖分子质量与抗氧化活性之间并不是简单的线性关系。3.8、1.0 和大于 8.3ku 的样品分别有较好的羟基自由基清除活性、还原能力和超氧化离子清除活性。Xue 等（Xue，2001）对来源于海带的低分子质量（2~8ku）岩藻多糖进行抗氧化活性测定，发现这些岩藻多糖对亲水自由基 AAPH 和亲脂自由基 AMVN 诱导的 LDL 氧化具有保护作用，分子质量为 20ku 的高硫酸基岩藻多糖 L-B 有效抑制了 AMVN 诱导的 LDL 氧化。

糖类化合物中—NH$_2$、—COOH、—C＝O 和—SO$_3$H 基团对其抗氧化活性非常重要（Xue，2001），这些基团在多糖结构中的位置或数量是决定其抗氧化活性的关键因素。Ajisaka 等（Ajisaka，2009）的研究表明碳水化合物作为抗氧化剂至少需要一个氨基、羧基、羰基或硫酸基等取代基团。大量研究表明岩藻多糖、硫酸软骨素等含有硫酸基的多糖比其他多糖表现出更好的抗氧化活性。Wang 等（Wang，2009）制备了几种岩藻多糖衍生物并比较了在体内的抗氧化活性，发现过硫酸化的岩藻多糖表现出最好的超氧自由基清除能力，而苯酰化岩藻多糖表现出最强的清除 DPPH 自由基能力和还原能力。利用体外模型获得的数据表明，岩藻多糖取代基在抗氧化活性方面发挥着重要作用。

二、化学改性对抗凝血活性的影响

源于不同褐藻的岩藻多糖具有不同的分子结构，因此表现出不同的抗凝血活性，其中岩藻多糖的分子质量、单糖组成、硫酸根的含量和取代位置对抗凝血活性有显著影响。一般来说，岩藻多糖对凝血酶凝结纤维蛋白原和肝素辅因子 II 介导的蛋白质酰胺分解的抑制作用随着分子质量的增加而增强，随硫酸基含量的降低而降低。Senthilkumar 等证实岩藻多糖的分子质量在近似于 100ku 时，能具有一定的抗凝性，且其抗凝血活性与抗凝血酶和肝素辅酶 2 有关（Senthilkumar，2013）。来源于 *Lessonia vadosa* 的岩藻多糖（M_w=320ku）表现出较好的抗凝血活性，而自由基降解的低分子质量组分（M_w=32ku）抗凝血活性较弱（Chandia，2008）。Pomin 等也阐明了岩藻多糖分子质量和抗凝活性的关系，岩藻多糖分子质量轻微降低会显著降低肝素辅因子介导凝血酶失活的影响（Pomin，2005）。但是，Nishino 等（Nishino，1991）的研究表明硫酸根含量几乎相同的岩藻多糖对纤维蛋白原的结合能力与分子质量无关，随着硫酸根含量的降低而减弱，这表明硫酸基在抗凝血活性中发挥着重要作用。

Wang 等（Wang，2011）研究了不同组分低分子质量岩藻多糖的抗凝血活性，结果表明低分子质量岩藻多糖的抗凝血活性比天然岩藻多糖弱，但某些组分有较高的抗凝血活性，这意味着分子质量、硫酸根含量和单糖组成在抗凝血活性中扮演着重要的角色。Jin 等（Jin，2013）对 11 种岩藻多糖的抗凝血活性进行了研究，结果表明样品 Y5-Y11（分子质量为 50.1~8.4ku）随着分子质量的降低，APTT 和 TT 活性也逐渐降低，且有浓度依赖性，样品 Y1-Y4 不仅分子质量不同而且岩藻糖和半乳糖的比值也不同，其抗凝血活性更为复杂，这说明不仅分子质量对活性有影响，岩藻糖和半乳糖的比值对活性也有一定影响。

Nishino 等（Nishino，1992）比较了岩藻多糖和过硫酸化岩藻多糖的抗凝血活性，发现过硫酸化岩藻多糖可以使 APTT 和 TT 活性分别增加 110%~119% 和 108%~140%，过硫酸化岩藻多糖（硫酸基 / 糖为 1.98）对 APTT（173 个单位 /mg）的活性高于标准肝素（167 个单位 /mg），由肝素辅因子 II 介导的岩藻多糖抗凝血酶活性随着硫酸基含量的增加而显著增加。此外，硫酸基团在糖基上的位置对岩藻多糖的抗凝血活性也有重要影响，研究发现泡叶藻中提取的岩藻多糖的抗凝血活性与硫酸基的取代度有关，双硫酸根取代能增强抗凝血活性（Haroun-Bouhedja，2000）。Duarte 等（Duarte，2001）认为岩藻多糖的抗凝作用主要与岩藻糖上 2 位硫酸基有关。Silva 等（Silva，2005）研究了来源于 *Padina gymnospora* 的岩藻多糖的抗凝活性，结果表明 4-α-L- 岩藻糖 -1 → 单元上 3 位硫酸基是影响抗凝血活性的主要因素。从墨角藻中提取的岩藻多糖经过氨基化修饰后可以有效激活血纤维蛋白溶酶原，从而促进血凝物的溶解（Soeda，1994），可见不同的取代基团对抗凝血活性有一定影响。Wang 等（Wang，2011）对不同取代基团衍生化的岩藻多糖衍生物的抗凝血活性进行了研究，结果发现所有样品在 APTT 和 TT 法中都有抗凝血活性，但在 PT 法中只有岩藻多糖衍生物有影响，其中胺化岩藻多糖衍生物的活性最高，说明电荷密度对抗凝血活性的重要性。其他学者也发现，岩藻多糖的胺化衍生物作为组织纤溶酶原激活物诱导的血浆凝块溶解的刺激物，其促进肝素辅因子 II 介导的凝血酶抑制的能力是天然岩藻多糖的 2.3 倍（Soeda，1994）。Zhang 等（Zhang，2014）对从墨角藻中制备的岩藻多糖的抗凝血活性的构效关系进行了研究，讨论了电荷密度、分子质量和单糖组成对抗凝血的活性影响。结果显示，当岩藻多糖每个糖单元含有 0.5 个硫酸基，且含有大于 70 个糖单元时可以通过改善血浆中 IX 凝血因子不足起到抗凝血作用。为了探讨抗凝机理，Mourão 等对不同来源的岩藻多糖的抗凝血活性进行了比较，从褐藻中提取的带有支链的岩藻多糖直接具有抗凝血活性，然而从棘皮动物中提取的线性岩藻多糖抗凝血作用的发挥需要有肝素介导因子 II 存在（Pereira，1999），由此可知多糖的空间结构对抗凝血的作用机制有一定影响。

三、化学改性对神经保护活性的影响

近年来研究发现，糖胺聚糖与神经细胞发育及神经组织损伤后修复有密切关系。岩藻多糖与糖胺聚糖一样含有硫酸基团和糖链，带有负电荷，具有神经保护活性。研究发现从海带中制备的岩藻多糖能减轻 1- 甲基 -4- 苯基 -1，2，3，6- 四氢吡啶离子（MPP⁺）引起的细胞损伤，对 1- 甲基 -4- 苯基 -1，2，3，6- 四

氢吡啶（MPTP）诱导的帕金森（PD）小鼠模型有显著的保护作用（Cui，2010；Luo，2009；罗鼎真，2009）。

分子质量、硫酸基和糖醛酸含量对神经保护活性有很大影响，对岩藻多糖进行氧化降解和分级纯化，并利用 PD 细胞模型对得到的一系列分级组分进行活性筛选，实验结果表明，低分子质量、高糖醛酸化和低硫酸化组分具有最强的神经保护作用（Jin，2013）。Jin 等（Jin，2013）利用化学降解、柱层析的方法制备了 4- 葡萄糖醛酸 1-3- 甘露糖寡糖、岩藻糖 1-3 半乳糖寡糖、半乳糖 1-3 葡萄糖 -3 葡萄糖醛酸等，这些寡糖均由 2~6 个单糖组成，每个寡糖都有一定硫酸基链接，链接位点上不确定。通过对这些寡糖抗 PD 活性的筛选，发现制备的寡糖都有一定的抗 PD 活性，其中 4- 葡萄糖醛酸 1-3- 甘露糖寡糖的活性最强。这表明不同的单糖组成对神经保护活性影响不同，葡萄糖醛酸和硫酸基含量对活性影响最大。这一结论得到了不同马尾藻来源的岩藻多糖神经保护活性的验证，单糖组成复杂、硫酸基含量低的岩藻多糖具有较好的神经保护活性（Jin，2014）。对于不同岩藻多糖衍生物的神经保护活性研究表明，硫酸化和苯甲酰化修饰的岩藻多糖可以逆转 6-OHDA 诱导的线粒体活性降低和 LDH 和 ROS 释放降低（$P<0.01$ 或 $P<0.001$），进一步证明了硫酸基和苯甲酰基团可以增强岩藻多糖的神经保护活性（Liu，2018）。

四、化学改性对抗肿瘤活性的影响

大量研究表明岩藻多糖具有显著的抗肿瘤活性，其抗肿瘤作用和抑制肿瘤细胞迁移、抑制新生血管生成和提高机体免疫力有关。硫酸基含量和取代位置对岩藻多糖的抗肿瘤活性有一定影响。岩藻多糖、过硫酸岩藻多糖和脱硫岩藻多糖对肿瘤细胞黏附层粘连的抑制作用取决于岩藻多糖的硫酸化程度。研究发现，过硫酸化岩藻糖是抑制肿瘤细胞侵袭的最有效的抑制剂，特别是抑制肿瘤细胞对层粘连蛋白的粘附。最有效的过硫酸化岩藻多糖的结构是在岩藻糖单元的 C-3 和 C-4 位置均有硫酸盐基团，因此，岩藻多糖分子中负电荷的特定空间取向也可能是决定生物活性的重要因素（Soeda，1994）。过硫酸化岩藻多糖（硫酸基 32.8%）对 U937 细胞具有较强的抗增殖活性，且呈剂量依赖性。硫酸基的含量和取代位置可能是影响 U937 细胞抗增殖活性的重要因素（Teruya，2007）。此研究得到其他研究小组的证实，另外还发现来自海蕴的过硫酸化岩藻类通过阻止 VEGF165 与其细胞表面受体结合，具有较强的抑制血管内皮生长因子 165（VEGF165）对 HUVEC 的有丝分裂和趋化作用。过硫酸化岩藻多糖明显抑制了 S180 肉瘤细胞诱导的小鼠新生血管形成。这些结果表明，岩藻多糖的抗肿瘤作用至少部分是由于其抗血管生成的能力，增加岩藻多糖分子中硫酸基团的数量有助于其抗血管生成和抗肿瘤活性的有效性（Koyanagi，2003）。另外，一种胺化岩藻多糖可以促进肿瘤细胞粘附固定合成 B1 层粘连蛋白肽链，包被其表面，在浓度 0.5~5 μg/mL 范围内可以增强层粘连蛋白受体相互作用（Soeda，1994）。

近年来，科学家利用人胃癌细胞系 AGS 研究了岩藻多糖过硫酸化与分子大小构象对人胃癌活性的影响。通过对低相对分子质量（5000~30000）和相对高分子质量（>30000）岩藻多糖进行硫酸化修饰，并研究其在体内抗肿瘤活性。加入硫酸基团后，低相对分子质量（5000~30000）馏分硫酸基含量由 35.5% 增加至 56.8%，而高分子质量（>30000）馏分硫酸基含量增加幅度较小，从 31.7% 增至 41.2%。过硫酸化低分子质量与高分子质量（>30000）组分的抗癌活性差异显著，分别为 37.3%~68.0% 和 20.6%~35.8%。这种过硫酸岩藻多糖衍生物抗癌活性的变化可能是由于其硫酸含量的差异。结果表明，这些分子的构象与岩藻多糖骨架的硫酸化程度密切相关，当岩藻多糖聚合物处于松散的分子构象时，硫酸基更易被取代（Cho，2011）。Ye 等（Ye，2008）对马尾藻（*Sargassum pallidum*）中提取的岩藻多糖分级组分的抗肿瘤活性研究发现，低分子质量、高硫酸根含量的组分 SP3-1 和 SP3-2 对 HepG2、A549 和 MGC-803 细胞有显著的抑制活性。

为了研究岩藻多糖的结构 - 活性与体外抗肿瘤活性之间的关系，Jin 等（Jin，2017）制备了多种 *Sargassum thunbergii* 来源的岩藻多糖。抗肿瘤活性表明热水提取的岩藻多糖具有最佳的活性，其次是稀碱提取的岩藻多糖，然后是稀酸提取的岩藻多糖。藻类的采集位置对抗肿瘤活性有一定影响，当给药剂量为 500 μg/mL 和 1000 μg/mL 时，从青岛收集的藻类的活性最好，其次是从温州收集的藻类。当给药剂量为 250 μg/mL 时，从廉江收集的藻类的抗肿瘤活性最好，然后是从大连收集的藻类和从荣成收集的藻类。此外，分子质量对岩藻多糖抗肿瘤活性的影响有剂量依赖性，当给药剂量为 1000 μg/mL 时，分子质量对抗肿瘤活性没有影响，当给药剂量为 250 μg/mL 和 500 μg/mL 时，较高的分子质量具有更好的活性。硫酸基和糖醛酸含量对抗肿瘤活性有一定影响，抗肿瘤活性随硫酸基含量的变化而降低。

五、化学改性对抗炎活性的影响

岩藻多糖具有的多种生物活性均与其抗炎活性有关，分子质量对抗炎活性有一定影响。Park 等（Park，2010）研究了高、中、低分子质量岩藻聚糖（HMWF、MMWF、LMWF）对胶原诱导性关节炎（CIA）进展的影响。HMWF 增强了关节炎的严重程度、关节软骨炎症反应和胶原特异性抗体水平，而 LMWF 降低了关节炎的严重程度和依赖 th1 的胶原特异性 IgG2a 水平。这些结果表明 HMWF 通过增强巨噬细胞的炎症激活来增强关节炎，而 LMWF 通过抑制 th1 介导的免疫反应来降低关节炎。另一项研究证实，低分子质量岩藻多糖（4ku）可以减少 IL-1β 处理的 RAFLS 的生存力和侵袭性，这与抑制 NF-κB 和 p38 激活有关系。低分子质量岩藻多糖对类风湿关节炎具有潜在的治疗作用（Shu，2015）。低分子质量岩藻多糖（LMF，0.8 ku）对 LPS 诱导的炎症 Caco-2 细胞（与 *B. lactis* 共培养）有抗炎活性，通过抑制 IL-1β、TNF-α、促进 IL-10 和 IFN-γ 增强肠道上皮屏障和免疫功能对脂多糖的作用（Hwang，2016）。

六、化学改性对其他活性的影响

岩藻多糖的抗补体活性与分子质量密切相关。Jin 等研究了分子质量为 90.1，50.1，36.0，29.5，11.3，8.4ku（GF90、GF50、GF36、GF30、GF11 和 GF8，其中半乳糖与岩藻糖的摩尔比约为 0.08）的岩藻多糖的抗补体活性。实验结果表明，随着分子质量增大，抗补体活性也逐渐增强，而且表现为剂量依赖性。GF90 和 GF50 在 50 μg/mL 有最高的活性，而 GF8 在 400μg/mL 时也未有较好活性，可见分子质量是影响抗补体活性的一个重要因素（Jin，2016）。岩藻多糖的抗补体活性与不同取代基团修饰有关，在对不同取代基团修饰的 10 种岩藻多糖衍生物的抗补体活性研究中发现，所有岩藻多糖衍生物具有一定的抗补体活性，硫酸化和苯甲酰化岩藻多糖衍生物显示出比岩藻多糖更好的活性。对于同一种取代基团修饰的岩藻多糖，较高分子质量的岩藻多糖衍生物显示出最强的抗补体活性。

岩藻多糖具有一定的抗病毒活性，其抗病毒活性与糖醛酸和硫酸根的含量有关。岩藻多糖不同分级组分对 HSV-1、HSV-2 及 HCMV 病毒的研究表明，高糖醛酸 / 低硫酸根的组分 F1M 和基本无糖醛酸 / 高硫酸根的组分 F4M 对上述三种病毒的抑制率都很差，而低糖醛酸 / 高硫酸根的组分 F2M 对这三种病毒表现出较好的活性，岩藻多糖的抑制活性可能是通过阻止病毒和宿主细胞的结合实现的（Hemmingson，2006）。分子质量对抗病毒活性有一定影响，低分子质量的岩藻多糖可以通过提高酚氧化酶基因的转录对感染病毒 WSSV 的虾有一定的免疫刺激作用（Sinurat，2016）。

第四节　小结

岩藻多糖具有多样化的生物活性，使其拥有广阔的应用前景。我国是褐藻生产大国，海带产量位于世界首位，岩藻多糖的原料供应充足。但是目前我国对于褐藻的开发和利用程度不高，对岩藻多糖的生物活性研究较少，目前的研究主要集中于抗癌、抗氧化、免疫调节活性，并且局限于细胞和动物实验水平，对于其调节自噬、抑菌、肠道黏膜屏障保护、辐射防护和调节骨代谢等活性的研究较少，其发挥生物活性的内在机制也不清楚。对岩藻多糖生物活性的研究和探讨以及化学改性在此过程中起的重要作用的研究将有助于进一步理解岩藻多糖优良的生物活性，促进褐藻生物资源的开发和利用。

参考文献

[1] Adhikari U, Mateu C G, Chattopadhyay K, et al. Structure and antiviral activity of sulfated fucans from *Stoechospermum marginatum*[J]. Phytochemistry(Amsterdam), 2006, 67 (22): 2474-2482.

[2] Ajisaka K, Agawa S, Nagumo S, et al. Evaluation and comparison of the antioxidative potency of various carbohydrates using different methods[J]. Journal of Agricultural and Food Chemistry, 2009, 57 (8): 3102-3107.

[3] Alwarsamy M, Gooneratne R, Ravichandran R. Effect of fucoidan from *Turbinaria conoides* on human lung adenocarcinoma epithelial(A549)cells [J]. Carbohydr Polym, 2016, 152: 207-213.

[4] Chandia N P, Matsuhiro B. Characterization of a fucoidan from *Lessonia vadosa* (Phaeophyta)and its anticoagulant and elicitor properties[J]. International Journal of Biological Macromolecules, 2008, 42 (3): 235-240.

[5] Chang M. Effects of seatangle(*Laminaria japonica*)extract and fucoidan components on lipid metabolism of stressed mouse[J]. Journal of the Korean Fisheries Society, 2000, 32 (2): 124-128.

[6] Chen P, Yang S, Hu C, et al. Sargassum fusiforme polysaccharide rejuvenates the small intestine in mice through altering its physiology and gut microbiota composition[J]. Current Molecular Medicine, 2017, 18 (5): 350-358.

[7] Chen H, Cong Q, Du Z, et al. Sulfated fucoidan FP08S2 inhibits lung cancer cell growth in vivo by disrupting angiogenesis via targeting VEGFR2/

VEGF and blocking VEGFR2/Erk/VEGF signaling［J］. Cancer Lett, 2016, 382（1）: 44-52.

［8］Cheng S W, Chen C N, Feng Z B, et al. Water extraction fucoidan from *Laminaria japonica*［J］. Food Sci, 2010, 31（9）: 1-5.

［9］Cho M L, Lee B Y, You S G. Relationship between oversulfation and conformation of low and high molecular weight fucoidans and evaluation of their in vitro anticancer activity［J］. Molecules, 2011, 16（1）: 291.

［10］Choi J I, Kim H J. Preparation of low molecular weight fucoidan by gamma-irradiation and its anticancer activity［J］. Carbohydr Polym, 2013, 97（2）: 358-362.

［11］Chua E G, Verbrugghe P, Perkins T T, et al. Fucoidans disrupt adherence of Helicobacter pylori to AGS cells in vitro［J］. Evid Based Complement Alternat Med, 2015: 1-6.

［12］Cui Y Q, Zhang L J, Zhang T, et al. Inhibitory effect of fucoidan on nitric oxide production in lipopolysaccharide-activated primary microglia［J］. Clinical and Experimental Pharmacology and Physiology, 2010, 37（4）: 422-428.

［13］Duarte M E R, Cardoso M A, Noseda M D, et al. Structural studies on fucoidans from the brown seaweed *Sargassum stenophyllum*［J］. Carbohydrate Research, 2001, 333（4）: 281-293.

［14］Han M H, Lee D S, Jeong J W, et al. Fucoidan induces ROS-dependent apoptosis in 5637 human bladder cancer cells by down regulating telomerase activity via inactivation of the PI3K/Akt signaling pathway［J］. Drug Dev Res, 2017, 78（1）: 37-48.

［15］Han M, Sun P, Li Y, et al. Structural characterization of a polysaccharide from *Sargassum henslowianum*, and its immunomodulatory effect on gastric cancer rat［J］. Int J Biol Macromol, 2018, 108: 1120-1127.

［16］Haroun-Bouhedja F, Ellouali M, Sinquin C, et al. Relationship between sulfate groups and biological activities of fucans［J］. Thrombosis Research, 2000, 100（5）: 453-459.

［17］Hemmingson J, Falshaw R, Furneaux R, et al. Structure and antiviral activity of the galactofucan sulfates extracted from *Undaria pinnatifida*（Phaeophyta）［J］. Journal of Applied Phycology, 2006, 18（2）: 185-193.

［18］Hifney A F, Fawzy M A, Abdel-Gawad K M, et al. Industrial optimization of fucoidan extraction from *Sargassum* sp. and its potential antioxidant and emulsifying activities［J］. Food Hydrocolloids, 2016, 54: 77-88.

［19］Hou Y, Wang J, Jin W, et al. Degradation of *Laminaria japonica* fucoidan by hydrogen peroxide and antioxidant activities of the degradation products of different molecular weights［J］. Carbohydrate Polymers, 2012, 87（1）: 153-159.

［20］Huang C Y, Kuo C H, Chen P W. Compressional-puffing pretreatment enhances neuroprotective effects of fucoidans from the brown seaweed *Sargassum hemiphyllum* on 6-hydroxydopamine induced apoptosis in SH-SY5Y cells［J］. Molecules, 2017, 23（1）: 78-82.

［21］Huang H, Li X, Zhuang Y, et al. Class A scavenger receptor activation inhibits endoplasmic reticulum stress-induced autophagy in macrophage［J］. J Biomed Res, 2014, 28（3）: 213-221.

［22］Hwang P A, Phan N N, Lu W J, et al. Low-molecular-weight fucoidan and high-stability fucoxanthin from brown seaweed exert prebiotics and anti-inflammatory activities in Caco-2 cells［J］. Food & Nutrition Research, 2016, 60: 10.3402/fnr.v60.32033.

［23］Jin W, Zhang Q, Wang J, et al. A comparative study of the anticoagulant activities of eleven fucoidans［J］. Carbohydrate Polymers, 2013, 91（1）: 1-6.

［24］Jin W, Wang J, Jiang H, et al. The neuroprotective activities of heteropolysaccharides extracted from *Saccharina japonica*［J］. Carbohydrate Polymers, 2013, 97（1）: 116-120.

［25］Jin W H, Zhang W J, Wang J, et al. A study of neuroprotective and antioxidant activities of heteropolysaccharides from six Sargassum species［J］. International Journal of Biological Macromolecules, 2014, 67: 336-342.

［26］Jin W H, Zhang W J, Liu G. The structure-activity relationship between polysaccharides from *Sargassum thunbergii* and anti-tumor activity［J］. International Journal of Biological Macromolecules, 2017, 105: 686-692.

［27］Jin W, Zhang W, Liang H, et al. The structure-activity relationship between marine algae polysaccharides and anti-complement activity［J］. Marine Drugs, 2016, 14（1）: 3-9.

［28］Karmakar P, Pujol C A, Damonte E B, et al. Polysaccharides from *Padina tetrastromatica*: structural features, chemical modification and antiviral activity ［J］. Carbohydrate Polymers, 2010, 80（2）: 513-520.

［29］Kim Y I, Oh W S, Song P H, et al. Anti-photoaging effects of low molecular weight fucoidan on ultraviolet B-irradiated mice［J］. Mar Drugs, 2018, 16（8）.pii: E286.

［30］Koyanagi S, Tanigawa N, Nakagawa H, et al. Oversulfation of fucoidan enhances its anti-angiogenic and antitumor activities［J］. Biochemical Pharmacology, 2003, 65（2）: 173-179.

［31］Li J, Chen K, Li S, et al. Protective effect of fucoidan from *Fucus vesiculosus* on liver fibrosis via the TGF-beta1/Smad pathway-mediated inhibition of extracellular matrix and autophagy［J］. Drug Des Devel Ther, 2016, 10: 619-630.

［32］Lim S, Choi J I, Park H. Antioxidant activities of fucoidan degraded by gamma irradiation and acidic hydrolysis [J] . Radiation Physics and Chemistry, 2015, 109: 23-26.

[33] Liu M, Liu Y, Cao M J, et al. Antibacterial activity and mechanisms of depolymerized fucoidans isolated from *Laminaria japonica* [J] . Carbohydr Polym, 2017, 172: 294-305.

[34] Liu H D, Wang J, Zhang Q B, et al. The effect of different substitute groups and molecular weights of fucoidan on neuroprotective and anticomplement activity [J] .International Journal of Biological Macromolecules, 2018, 113: 82-89.

[35] Luo D, Zhang Q, Wang H, et al. Fucoidan protects against dopaminergic neuron death in vivo and in vitro [J] . European Journal of Pharmacology, 2009, 617 (1-3): 33-40.

[36] Mak W, Hamid N, Liu T, et al. Fucoidan from New Zealand Undaria pinnatifida: Monthly variations and determination of antioxidant activities [J] . Carbohydrate Polymers, 2013, 95 (1): 606-614.

[37] Mandal P, Mateu C G, Chattopadhyay K, et al. Structural features and antiviral activity of sulphated fucans from the brown seaweed *Cystoseira indica* [J] . Antiviral Chemistry and Chemotherapy, 2007, 18 (3): 153-162.

[38] Marudhupandi T, Kumar T T, Senthil S L, et al. In vitro antioxidant properties of fucoidan fractions from *Sargassum tenerrimum* [J] . Pak J Biol Sci, 2014, 17 (3): 402-407.

[39] Nishino T, Aizu Y, Nagumo T. The influence of sulfate content and molecular weight of a fucan sulfate from the brown seaweed *Ecklonia kurome* on its antithrombin activity [J] . Thrombosis Research, 1991, 64 (6): 723-731.

[40] Nishino T, Nagumo T. Anticoagulant and antithrombin activities of oversulfated fucans [J] . Carbohydrate Research, 1992, 229 (2): 355-362.

[41] Oliveira R M, Camara R B G, Monte J F S, et al. Commercial fucoidans from *Fucus vesiculosus* can be grouped into antiadipogenic and adipogenic agents [J] . Mar Drugs, 2018, 16 (6): 193-198.

[42] Palanisamy S, Vinosha M, Marudhupandi T, et al. Isolation of fucoidan from *Sargassum polycystum* brown algae: Structural characterization, in vitro antioxidant and anticancer activity [J] . Int J Biol Macromol, 2017, 102: 405-412.

[43] Pan C C, Kumar S, Shah N, et al. Endoglin regulation of Smad2 function mediates Beclin1 expression and endothelial autophagy [J] . J Biol Chem, 2015, 290 (24): 14884-14892.

[44] Park J H, Choi S H, Park S J, et al. Promoting wound healing using low molecular weight fucoidan in a full-thickness dermal excision rat model [J] . Mar Drugs, 2017, 15 (4): 112-116.

［45］Park S B, Chun K R, Kim J K, et al. The differential effect of high and low molecular weight fucoidans on the severity of collagen-induced arthritis in mice ［J］. Phytotherapy Research, 2010, 24（9）: 1384-1391.

［46］Pereira M S, Mulloy B, Mourao P A S. Structure and anticoagulant activity of sulfated fucans-Comparison between the regular, repetitive, and linear fucans from echinoderms with the more heterogeneous and branched polymers from brown algae［J］. Journal of Biological Chemistry, 1999, 274（12）: 7656-7667.

［47］Phull A R, Majid M, Haq I U, et al. In vitro and in vivo evaluation of anti-arthritic, antioxidant efficacy of fucoidan from *Undaria pinnatifida*（Harvey）Suringar［J］. Int J Biol Macromol, 2017, 97: 468-480.

［48］Pomin V H, Pereira M S, Valente A P, et al. Selective cleavage and anticoagulant activity of a sulfated fucan: stereospecific removal of a 2-sulfate ester from the polysaccharide by mild acid hydrolysis, preparation of oligosaccharides, and heparin cofactor Ⅱ–dependent anticoagulant activity［J］. Glycobiology, 2005, 15（4）: 369-381.

［49］Senthilkumar K, Manivasagan P, Venkatesan J, et al. Brown seaweed fucoidan: Biological activity and apoptosis, growth signaling mechanism in cancer［J］. International Journal of Biological Macromolecules, 2013, 60: 366-374.

［50］Shang Q, Shan X, Cai C, et al. Dietary fucoidan modulates the gut microbiota in mice by increasing the abundance of *Lactobacillus* and *Ruminococcaceae*［J］. Food Funct, 2016, 7（7）: 3224-3232.

［51］Shi H, Chang Y, Gao Y, et al. Dietary fucoidan of *Acaudina molpadioides* alters gut microbiota and mitigates intestinal mucosal injury induced by cyclophosphamide［J］. Food Funct, 2017, 8（9）: 3383-3393.

［52］Sinurat E, Saepudin E, Peranginangin R, et al. Immunostimulatory activity of brown seaweed-derived fucoidans at different molecular weights and purity levels towards white spot syndrome virus（WSSV）in shrimp *Litopenaeus vannamei*［J］. J App Pharm Sci, 2016, 6（10）: 82-91.

［53］Shu Z, Shi X, Nie D, et al. Low molecular weight fucoidan inhibits the viability and invasiveness and triggers apoptosis in IL-1β-treated human rheumatoid arthritis fibroblast synoviocytes［J］. Inflammation, 2015, 38（5）: 1777-1786.

［54］Silva T M A, Alves L G, Queiroz K C S, et al. Partial characterization and anticoagulant activity of a heterofucan from the brown seaweed *Padina gymnospora*［J］. Brazilian Journal of Medical and Biological Research, 2005, 38: 523-533.

［55］Soeda S, Ohmagari Y, Shimeno H, et al. Preparation of aminated fucoidan and its evaluation as an antithrombotic and antilipemic agent[J]. Biological & Pharmaceutical Bulletin, 1994, 17 (6): 784-788.

[56] Soeda S, Ishida S, Shimeno H, et al. Inhibitory effect of oversulfated fucoidan on invasion through reconstituted basement membrane by murine Lewis lung carcinoma[J]. Japanese Journal of Cancer Research, 1994, 85 (11): 1144-1150.

[57] Soeda S, Ishida S, Honda O, et al. Aminated fucoidan promotes the invasion of 3 LL cells through reconstituted basement membrane: its possible mechanism of action[J]. Cancer Letters, 1994, 85 (1): 133-138.

[58] Teruya T, Konishi T, Uechi S, et al. Anti-proliferative activity of oversulfated fucoidan from commercially cultured *Cladosiphon okamuranus* TOKIDA in U937 cells[J]. International Journal of Biological Macromolecules, 2007, 41 (3): 221-226.

[59] Tsai H L, Tai C J, Huang C W, et al. Efficacy of low-molecular-weight fucoidan as a supplemental therapy in metastatic colorectal cancer patients: A double-blind randomized controlled trial[J]. Mar Drugs, 2017, 15 (4): 122-128.

[60] Usoltseva R V, Anastyuk S D, Ishina I A, et al. Structural characteristics and anticancer activity in vitro of fucoidan from brown alga Padina boryana[J]. Carbohydr Polym, 2018, 184: 260-268.

[61] Wang W, Wang S X, Guan H S. The Antiviral activities and mechanisms of marine polysaccharides: An overview[J]. Marine Drugs, 2012, 10 (12): 2795-2816.

[62] Wang F, Schmidt H, Pavleska D, et al. Crude fucoidan extracts impair angiogenesis in models relevant for bone regeneration and osteosarcoma via reduction of VEGF and SDF-1[J]. Mar Drugs, 2017, 15 (6): 186-191.

[63] Wang J, Jin W, Hou Y, et al. Chemical composition and moisture absorption/retention ability of polysaccharides extracted from five algae[J]. International Journal of Biological Macromolecules, 2013, 57: 26-29.

[64] Wang J, Wang F, Zhang Q B, et al. Synthesized different derivatives of low molecular fucoidan extracted from *Laminaria japonica* and their potential antioxidant activity in vitro[J]. International Journal of Biological Macromolecules, 2009, 44 (5): 379-384.

[65] Wang J, Zhang Q B, Zhang Z S, et al. In-vitro anticoagulant activity of fucoidan derivatives from brown seaweed *Laminaria japonica*[J]. Chinese Journal of Oceanology and Limnology, 2011, 29 (3): 679-685.

[66] Xu X, Chang Y, Xue C, et al. Gastric protective activities of sea cucumber fucoidans with different molecular weight and chain conformations: A structure-activity relationship investigation[J]. J Agric Food Chem, 2018, 66 (32):

8615-8622.

［67］Xue C H, Fang Y, Lin H, et al. Chemical characters and antioxidative properties of sulfated polysaccharides from *Laminaria japonica*［J］. Journal of Applied Phycology, 2001, 13（1）: 67-70.

［68］Xue M, Ji X, Xue C, et al. Caspase-dependent and caspase-independent induction of apoptosis in breast cancer by fucoidan via the PI3K/AKT/GSK3beta pathway in vivo and in vitro［J］. Biomed Pharmacother, 2017, 94: 898-908.

［69］Yang G, Zhang Q, Kong Y, et al. Antitumor activity of fucoidan against diffuse large B cell lymphoma in vitro and in vivo［J］. Acta Biochim Biophys Sin（Shanghai）, 2015, 47（11）: 925-931.

［70］Yang W N, Chen P W, Huang C Y. Compositional characteristics and in vitro evaluations of antioxidant and neuroprotective properties of crude extracts of fucoidan prepared from compressional puffing-pretreated *Sargassum crassifolium*［J］. Mar Drugs, 2017, 15（6）: 183-188.

［71］Ye H, Wang K Q, Zhou C H, et al. Purification, antitumor and antioxidant activities in vitro of polysaccharides from the brown seaweed *Sargassum pallidum*［J］. Food Chemistry, 2008, 111（2）: 428-432.

［72］Zhang Z S, Till C, Jiang S, et al. Structure-activity relationship of the pro- and anticoagulant effects of *Fucus vesiculosus* fucoidan［J］. Thrombosis and Haemostasis, 2014, 111（3）: 429-437.

［73］Zheng Y, Liu T, Wang Z, et al. Low molecular weight fucoidan attenuates liver injury via SIRT1/AMPK/PGC1alpha axis in db/db mice［J］. Int J Biol Macromol, 2018, 112: 929-936.

［74］Zuo T, Li X, Chang Y, et al. Dietary fucoidan of Acaudina molpadioides and its enzymatically degraded fragments could prevent intestinal mucositis induced by chemotherapy in mice［J］. Food Funct, 2015, 6（2）: 415-422.

［75］王晶, 张全斌, 张忠山, et al. In-vitro anticoagulant activity of fucoidan derivatives from brown seaweed *Laminaria japonica*［J］. Chinese Journal of Oceanology and Limnology, 2011,（3）: 189-195.

［76］王素贞.岩藻多糖治疗动脉粥样硬化临床观察［J］.康复与疗养杂志, 1994,（4）: 173-174.

［77］金鑫, 朱立国, 李秀兰, 等. 低分子质量岩藻多糖对去势大鼠骨质疏松的影响［J］.实用医学杂志, 2016, 32（1）: 40-43.

［78］金鑫, 朱立国, 李秀兰, 等. 低分子质量岩藻多糖对破骨细胞凋亡的影响［J］.中国骨质疏松杂志, 2016, 22（06）: 657-662.

［79］石学连, 张晶晶, 宋厚芳, 等.浒苔多糖的分级纯化及保湿活性研究［J］.海洋科学, 2010,（7）: 81-87.

［80］李小蓉, 张拴. 海带中岩藻多糖的抗衰老活性及构效关系研究［J］.食品工业科技, 2015, 36（15）: 117-121.

［81］刘力生，郭宝江，阮继红，等.螺旋藻多糖对机体免疫功能的提高作用及其机理研究［J］.海洋科学，1991，15（6）：44-49.

［82］张婷，薛美兰，刘佳，等.岩藻多糖对乳腺肿瘤大鼠肠道屏障损伤的保护作用［J］.营养学报，2018，40（1）：59-63.

［83］李德远，徐现波，熊亮，等.海带的保健功效及海带生理活性多糖研究现状［J］.食品科学，2002，23（7）：151-154.

［84］罗鼎真，崔艳秋，王晓民.褐藻多糖硫酸酯减轻1-甲基-4-苯基吡啶离子引起的细胞损伤和氧化应激［J］.首都医科大学学报，2009，30（4）：475-480.

第七章　岩藻多糖的抗菌、抗病毒功效

第一节　引言

褐藻类海洋植物含有多种对细菌和病毒有抑制作用的多糖类物质（王长云，2000）。海洋赋予褐藻特殊的生长环境，使其含有的多糖成分在结构和性能上与陆地产物存在较大差异，具有抗氧化、免疫调节、抗肿瘤、抗病毒、抗凝血等一系列独特的生物活性，其中岩藻多糖等硫酸酯化的褐藻多糖具有广泛的抗菌和抗病毒活性（曾洋洋，2013）。

细菌和病毒是感染性疾病传播的两大来源，以呼吸道感染、肝炎、肠道疾病和艾滋病等最为常见。近年来细菌与病毒的肆虐严重危害人类生命健康和财产安全，例如 2009 年新甲型 H1N1 流感的爆发席卷 74 个国家，造成巨大人员伤亡及经济损失（曾祥兴，2010）。人类免疫缺陷病毒引起的艾滋病（HIV）已被公认为最严重的世界性传染疾病，且目前艾滋病毒携带者仍在逐年增加。在人类面临的众多细菌和病毒感染中，幽门螺旋杆菌（*Helicobacter pylori*）感染是最常见的慢性感染之一，其在我国普通人群中的感染率达到 50%~80%，并以每年 1%~2% 的速度增加。基于细菌和病毒感染造成的危害性巨大，与其相关的预防和治疗是新时代健康产业的一个热点。

第二节　幽门螺旋杆菌

幽门螺旋杆菌是一种螺旋形、微厌氧、对生长条件要求十分苛刻的细菌，是目前所知能在人体的胃中生存的唯一微生物种类。1983 年 Marshall 和 Warren 首次从慢性活动性胃炎患者的胃黏膜活检组织中分离出幽门螺旋杆菌（Marshall，1983），2005 年两位科学家因为发现幽门螺旋杆菌获得诺贝尔生理学／医学奖

（Abbott，2005），使全球医疗卫生领域对具有特殊感染部位和特殊致病性的幽门螺旋杆菌更加关注。2017 年 10 月 27 日，世界卫生组织国际癌症研究机构公布的致癌物清单将幽门螺旋杆菌（感染）列入一类致癌物清单中。

如图 7-1 所示，幽门螺旋杆菌是一种单极、多鞭毛的革兰阴性细菌，呈典型的螺旋状或弧形分布。人体感染后依附生长在幽门附近的胃窦部黏膜，位于胃黏液的深层和胃黏膜上皮细胞层的表面（Kabamba，2018）。

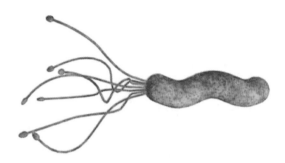

图 7-1　幽门螺旋杆菌示意图

一、幽门螺旋杆菌的致病机制

幽门螺旋杆菌侵入宿主胃部后，在感染初期利用尿素酶的活性中和胃酸，鞭毛介导的运动可以帮助其进入宿主的胃上皮细胞，而鞭毛与宿主细胞受体粘附的细菌间特异性相互作用可以导致定植和持续感染的成功。目前一般认为幽门螺旋杆菌的致病机制如下。

（1）胃肠道黏膜感染幽门螺旋杆菌后可以使其表面的活性物质分布浓度降低，因此降低了胃肠道黏膜对胃酸的抵抗作用，增强了胃酸对黏膜的侵蚀和消化。

（2）幽门螺旋杆菌自身能大量分泌抗原性物质，促使被感染的机体释放炎症相关性介质，从而损伤机体的胃肠道黏膜。

（3）幽门螺旋杆菌感染引起的炎症和组织损伤使胃窦黏膜中 D 细胞数量减少，影响生长抑素产生，使后者对 G 细胞释放胃泌素的抑制作用减弱；同时幽门螺杆菌尿素酶水解尿素产生的氨使局部胃黏膜 pH 升高，破坏了胃酸对 G 细胞释放胃泌素的反馈机制，导致胃窦部黏膜损伤。

（4）幽门螺旋杆菌感染加重了十二指肠局部炎症，炎症又促进其黏膜胃化生的发生，从而导致黏膜损伤。

（5）幽门螺旋杆菌感染后通过其组分抗原与胃黏膜中的某些细胞成分相似，

通过所谓的抗原模拟，激发机体产生的抗体可与宿主胃黏膜细胞成分起交叉反应，损坏胃黏膜细胞。

二、幽门螺旋杆菌的传播途径和危险因素

目前学术界认为，人体是幽门螺旋杆菌唯一的传染源。幽门螺旋杆菌主要存在于人体口腔、胃及粪便中，其传播途径主要包括：①口 - 口传播：共餐饮食、共用餐具、口对口喂食、咀嚼喂食等；②胃 - 口传播：从胃反流到口腔；③粪 - 口传播：通过粪便中的幽门螺旋杆菌污染水源或食物所致。

幽门螺旋杆菌感染的危险因素如下。

1. 不良生活习惯

调查研究显示，饮食习惯与幽门螺旋杆菌感染的发生密切相关。有抽烟、喝酒、生食蔬菜、吃腌泡菜和熏制食品等饮食习惯的人群中幽门螺旋杆菌感染的发生率明显较高。公用餐具也是幽门螺旋杆菌的一大传染源，其原因可能与消毒不够彻底有关。路边小吃摊、小吃店常存在卫生条件不达标的问题，故偏爱这类饮食的人群幽门螺旋杆菌感染的发生率较高（许定红，2015）。吸烟、喝酒、爱吃干硬食物的人幽门螺旋杆菌感染的发生率较高，这是由于吸烟可导致幽门括约肌的功能紊乱，使淤积的胆汁对胃黏膜产生刺激作用，促使胃壁的血管收缩，从而增加幽门螺旋杆菌感染的发生率。酒精可破坏胃黏膜的组织结构，使胃黏膜形成溃疡，降低胃黏膜对幽门螺旋杆菌的抵抗力。干硬食物可对胃黏膜造成机械性损伤，破坏胃黏膜的屏障作用。

2. 不良生活环境

不良的生活环境是幽门螺旋杆菌感染发生的一项重要危险因素。调查结果显示，乡村居民幽门螺旋杆菌感染的发生率明显高于城市居民，其原因可能与乡村居民卫生意识不足、卫生环境较差等有关。大量研究证实，幽门螺旋杆菌感染具有家庭聚集性，即家庭成员中若有人感染了幽门螺旋杆菌，该人就成为幽门螺旋杆菌的传染源，使其在该家庭成员之间传播。另外，幽门螺旋杆菌感染在不同职业人群中的发生率不同，在医务人员中的发生率最高。

3. 年龄多为 20~40 岁

一项对贵阳市部分人群幽门螺旋杆菌感染情况的调查结果显示，幽门螺旋杆菌感染的发生率可随年龄增加而升高，在 20~40 岁人群中升高的速度最快，在 60 岁以上人群中略有下降。该调查结果显示，中、青年人感染幽门螺旋杆菌的几率要高于老年人，其原因可能与中、青年人爱吃干硬和刺激性食物、在外

用餐次数较多、饮食不规律等有关（刘睿，2017）。

4. 遗传特性与环境因素

幽门螺旋杆菌感染的发生率虽然较高，但感染后有时并不会致病。大多数人感染幽门螺旋杆菌后无症状出现，仅有 15%~20% 的人会出现相关症状。有研究人员认为，该现象的发生是致病性宿主的遗传特性与环境因素相互作用的结果（黄桂柳，2016）。

三、幽门螺旋杆菌相关疾病

幽门螺旋杆菌是唯一能在胃的酸性环境中生存的细菌，早在 20 多年前就被国际癌症研究中心（IARC）列为第一类致癌原，通过导致机体炎症、免疫、泌酸、氧化等异常的复杂机制，引起多系统疾病的发生。幽门螺旋杆菌的Ⅳ型分泌系统可介导 Cag A 蛋白进入细胞内，在空泡毒素、细胞毒素相关蛋白、血型抗原结合黏附素、脂多糖、肽聚糖等协同作用下，通过与细胞内多种相关蛋白的结合，扰乱细胞正常的信号通路，影响细胞形态、骨架、连接、增殖和凋亡，促使上皮细胞的恶性转化（常爱英，2017）。

1. 幽门螺旋杆菌与消化系统疾病

幽门螺旋杆菌通过直接破坏胃黏膜、削弱黏膜防御、破坏黏膜屏障，导致炎症反应和免疫反应后诱发胃炎，其感染程度与黏膜损害成正比。根除幽门螺旋杆菌可以减慢或停止胃黏膜萎缩进展，使部分萎缩逆转。幽门螺旋杆菌可通过 Cag A、Vac A、脂多糖、尿素酶、热休克蛋白等，导致 $CD4^+T$ 降低、$CD8^+T$ 升高，两者比值降低，血清 NO、IL-8 显著升高，胃黏膜 SOD 降低、MDA 升高，导致大量炎性介质和细菌产物释放、削弱黏膜屏障、引起局部免疫损伤等，导致溃疡发生。幽门螺旋杆菌引起胃黏膜的特异性免疫反应，产生各种细胞因子，形成淋巴滤泡。B 细胞增殖引起 MALT 在局部聚积，进而导致胃 MALT 淋巴瘤，根除幽门螺旋杆菌可治愈早期病变。幽门螺旋杆菌通过破坏正常胃内微环境、加速胃黏膜损伤、协同其他致癌因素等，上调胃癌 MKN45 细胞 COX-2 基因的表达，导致胃癌（郑晶晶，2013）。幽门螺旋杆菌感染使胃内 pH 降低，反流物酸性减弱，间接减轻了对食管黏膜的损伤。幽门螺旋杆菌促进胃泌素的释放，使食管下括约肌的压力上升，减少反流的症状，因此幽门螺旋杆菌感染与胃食管反流病（GERD）呈负相关。而功能性消化不良（FD）与幽门螺旋杆菌感染有无相关性尚存争议，因为根除幽门螺旋杆菌可改善患者症状，但缓解率无统计学意义。幽门螺旋杆菌感染与 FD 患者的高敏感相关，并不影响胃的容受性。

肝癌患者中幽门螺旋杆菌感染率明显升高，根除幽门螺杆菌有助于预防和治疗肝癌患者的高氨血症（郑盛，2010）。胆石症患者胆汁中幽门螺旋杆菌感染率明显高于非胆结石者，幽门螺旋杆菌使缩胆囊素受体相对表达量降低，直接影响胆囊排空，导致胆汁淤积，结石形成（吴懿，2014）。

我国人群中慢性胃炎的患病率达 50% 以上，其中 70%~90% 慢性胃炎是幽门螺旋杆菌感染所致。部分幽门螺旋杆菌胃炎患者在环境因素和遗传因素共同作用下可发生胃黏膜萎缩、肠化生，后者是胃癌的癌前变化。应该指出的是，尽管幽门螺旋杆菌感染者中几乎 100% 存在慢性活动性胃炎，约 70% 感染者并无症状，但这部分无症状感染者有潜在发生消化性溃疡，甚至胃癌、胃 MALT 淋巴瘤等胃恶性肿瘤的严重疾病风险。日常生活中，胃溃疡、十二指肠溃疡等消化性溃疡在人群中的患病率达 5%~10%，其中约 70% 的胃溃疡和 90% 以上的十二指肠溃疡的发生是由于幽门螺旋杆菌的感染。消化性溃疡可引发出血、穿孔等并发症，严重者可危及生命。

2. 幽门螺旋杆菌与呼吸系统疾病

幽门螺旋杆菌进入呼吸道定植后，释放的大量致炎因子通过局部血液循环，播散于气管、支气管、肺内，引起气道炎症反应。在其他肺部疾病基础上，进一步影响肺的通 / 换气、呼吸调节及肺循环等，形成气道阻塞，导致慢性阻塞性肺疾病的发生。支气管肺泡上皮细胞在胃泌素等刺激下，可出现增生、萎缩、COX 的合成增加等病理改变，增加致癌的可能。幽门螺旋杆菌在肺癌人群中检出率显著高于非肺癌人群（缪丹，2017）。

3. 幽门螺旋杆菌与心脑血管疾病

幽门螺旋杆菌是颈动脉斑块、心脑血管病的重要病因之一。幽门螺旋杆菌—IgG 抗体与冠心病发病密切相关，根除幽门螺杆菌可降低缺血性脑病的发病率。幽门螺旋杆菌可增加 ACS 发病率及死亡率，其通过影响维生素 B_6、维生素 B_{12}、叶酸等吸收，增加 Hcy 水平，激活炎症反应，影响脂代谢等途径，加速心脑血管粥样硬化，通过导致多巴胺合成减少、左旋多巴的吸收障碍，导致细胞变性死亡，影响帕金森患者的运动（刘晨晨，2017）。

4. 幽门螺旋杆菌与内分泌系统疾病

幽门螺旋杆菌感染与胰岛素抵抗、代谢综合征、甲状腺疾病、糖尿病及其并发症等密切相关。幽门螺旋杆菌感染可通过炎症、免疫、氧化等环节，激活 NF-κB 等途径，引起胰岛素抵抗、血 ET 升高、血脂代谢异常，增加心 / 脑血管病、肾病、眼底病、糖尿病足等并发症的发病率（Shen，2013）。根除幽门螺旋杆菌可显著降低 TGAb、TPOAb 的含量，对治疗自身免疫性甲状腺炎有积极作用。甲状腺功能减退症患者的幽门螺旋杆菌阳性率与 TSH 正相关，与 FT3、FT4 呈负相关（田贺暖，2013）。

5. 幽门螺旋杆菌与血液系统疾病

幽门螺旋杆菌能使血清 TNF-α 增高、铁元素的生物利用率降低，导致铁和含铁蛋白的流失，引起、加重缺铁性贫血。Cag A 蛋白可导致 ITP 患者 PAIg 水平升高、血小板破坏加速、寿命缩短、巨核细胞成熟障碍等。联合抗幽门螺旋杆菌治疗的特发性血小板减少性紫癜，总有效率高，明显优于单独应用皮质醇，并且复发率低。幽门螺旋杆菌通过产生免疫复合物、诱导自身抗体产生等途径，参与过敏性紫癜的发病过程（刘安生，2013）。

6. 幽门螺旋杆菌与泌尿系统疾病

幽门螺旋杆菌是 Ig A 肾病、膜性肾病的重要致病抗原，其感染组的膜性肾病患者血清 PLA2 R 定性、定量均明显高于非感染组。幽门螺旋杆菌通过诱导免疫、炎症等反应，导致膜性肾病患者肾小球硬化、系膜细胞增殖等，使血肌酐及尿蛋白定量升高，加剧疾病的发展。其强力致病因子 Cag A 可刺激 B 细胞增生，分泌低糖基化 Ig A1，增加肾组织中幽门螺旋杆菌抗原及 Cag A 的沉积，通过复杂的致病机制介导肾小管损伤（薛明伟，2017）。

7. 幽门螺旋杆菌与口腔疾病

幽门螺旋杆菌与多种口腔疾病发病及严重程度正相关。调查显示，某口腔科住院患者幽门螺旋杆菌感染率为 76.66%，远高于我国人群中的幽门螺旋杆菌阳性率。幽门螺旋杆菌可以在口腔中长期存活，并定植在牙菌斑、唾液、舌背、颊、腭黏膜等处，通过大量的毒素代谢产物，引起慢性炎症、破坏口腔黏膜和牙周组织。幽门螺旋杆菌可打破口腔微生态平衡，与其他致龋菌协同参与龋齿的发病。尿素经幽门螺旋杆菌分解后产生氨，经肝肺代谢外，可有少量经胃反流进入口腔，导致口腔异味的产生（李茂倩，2017）。

8. 幽门螺旋杆菌与皮肤疾病

幽门螺旋杆菌可导致血管通透性增加，增加与过敏原接触的几率，其形成大量免疫复合物，使宿主产生特异性 Ag-Ig E，并不断释放抗原导致荨麻疹发作。根除幽门螺旋杆菌可明显减轻慢性荨麻疹、酒渣鼻、红斑、痤疮的皮肤损伤（粟春林，2017）。

第三节　幽门螺旋杆菌感染的治疗方法

2002 年，欧洲 Maastricht 共识提出将质子泵抑制剂（Proton Pump Inhibitor，PPI）与克拉霉素和阿莫西林联合使用的标准三联疗法作为根除幽门螺旋杆菌感染的推荐疗法。标准三联疗法的初期效果显著，但随着时间推移，幽门螺旋杆菌的耐药菌株开始出现，使治疗效果显著下降。2005 年 3~12 月，中国科研协作组组织了一项涉及全国 16 个省市的大规模幽门螺旋杆菌耐药菌株流行病学调查及治疗相关研究，发现我国幽门螺旋杆菌对甲硝唑、克拉霉素和阿莫西林的耐药率分别为 75.6%、27.6%、2.7%（成虹，2007）。

目前根除幽门螺旋杆菌的药物有以下几种。

一、质子泵抑制剂（PPI）

PPI 提高幽门螺旋杆菌清除率主要是通过提高胃内 24h pH 实现的，成功根除幽门螺旋杆菌的患者 24h 平均胃内 pH 为 6.4（5.0~7.6），比没有清除患者的胃内 pH5.2（2.2~6.2）高很多，并且胃内 pH > 4 的时间在成功清除者总治疗时间中占 75% 以上（Sugimoto，2014）。幽门螺旋杆菌在胃内 pH 为 6~8 时才处于繁殖期，只有此时抗生素对其有杀除作用。PPI 提高胃内 pH 后，幽门螺旋杆菌对抗生素敏感性也随之增强（张国新，2016）。体外调查发现，当胃内 pH>3.5 时，阿莫西林的活性可成倍增长。幽门螺旋杆菌产生的尿素酶能水解尿素后生成氨，提高幽门螺旋杆菌定植部位周围的 pH，巩固其自身生长，并且氨可破坏宿主黏膜细胞，破坏的宿主细胞能为细菌代谢提供氮源。PPI 可使尿素酶失活，这是通过与其活性部位结合形成二硫键实现的。

二、抗生素

大量临床研究表明幽门螺旋杆菌对以下药物产生的耐药率由高到低分别为：甲硝唑、克拉霉素、左氧氟沙星、利福布丁、呋喃唑酮、阿莫西林、四环素（韩丰，2016）。为提高幽门螺旋杆菌清除率就要避开对耐药率高的抗生素的使用，然而现实使用时抗生素的副作用又限制了临床医生对抗生素的选择（Liang，2013）。目前在我国有较高根除率并且安全性较好的治疗方案是：PPI+ 铋剂 + 阿莫西林 + 呋喃唑酮（刘改芳，2016）。

三、胃黏膜保护剂

含铋剂的四联疗法在 Maastricht IV 共识及我国第四次全国幽门螺旋杆菌共识报告中均作为根除幽门螺旋杆菌的一线方案（Malfertheiner，2012）。铋剂在清除幽门螺旋杆菌治疗中，其机制可能涉及抑制蛋白复合物合成，抑制细菌细胞壁的合成和细胞膜功能的作用，抑制 ATP 的形成等，也与抑制细菌延胡索酸在三羧酸循环中的功能相关（张维，2014）。铋剂有直接杀灭幽门螺旋杆菌的作用，对抗菌素耐药菌株的根除可额外增加 30%~40% 的根除率，不会发生耐药，短期应用安全性高（Dore，2016）。

四、益生菌

乳酸菌、双歧杆菌、部分链球菌和酵母菌是目前较多使用的益生菌，研究显示幽门螺旋杆菌根除方案中加用益生菌对根除效果有积极影响（姜萌，2015；罗宜辉，2013）。尽管如此，关于益生菌与幽门螺旋杆菌根除，目前尚存在一定争议。Maastricht-V 共识报告提出，某些益生菌可能对幽门螺旋杆菌根除产生有益影响，但《多伦多成人根除幽门螺旋杆菌感染共识》中明确提出，对幽门螺旋杆菌感染者的根除治疗中，不能为减轻药物副作用或提高根除率而常规使用益生菌（Fallone，2016）。

五、中药

黄连、黄芪、黄柏、大黄等中药在根除幽门螺旋杆菌中也有重要作用，该类药物均有较好的抗菌活性。温胃舒、养胃舒、荆花胃康等药物分别加用于三联疗法中，幽门螺旋杆菌根除率明显高于不加用该类药物，在改善相关症状方面亦高于不加用该类药物的根除治疗（丁媛媛，2014）。

六、幽门螺旋杆菌疫苗与功能食品

第三军医大学通过口服抗幽门螺旋杆菌疫苗的 III 期临床研究（邹全明，2016），成功研发出具有完全自主知识产权的世界首个且目前唯一获批的抗幽门螺旋杆菌疫苗，该研究成果已发表在 Lancet 杂志上，但由于幽门螺旋杆菌的致病机制仍未完全明确，该疫苗的使用受到许多不确定因素的限制，仍需要继续对其进行大量临床试验和研究（Zeng，2015）。

绿茶（Stoicov，2009）、酸奶（刘瑶，2011）、豆制品（张天哲，2009）、生姜（林蒙，2003）、大蒜（张天哲，2009）等均可降低幽门螺旋杆菌感染率。为提高幽门螺旋杆菌清除率，选用患者依从性好、副作用小的药物和功能性食品将有重要意义。近年来随着海洋活性物质研究开发的进一步深入，越来越多的海洋源生物活性物质被证明具有优良的抗菌、抗病毒功效，其中从褐藻中提取的岩藻多糖对幽门螺旋杆菌具有独特的抑制作用（Kim，2014）。

第四节　岩藻多糖的抗菌、抗病毒功效

一、岩藻多糖对幽门螺旋杆菌的抗菌作用

岩藻多糖对幽门螺旋杆菌的抗菌效果是褐藻多糖抗菌作用的一个典型案例，在临床治疗胃肠道疾患中有重要的应用价值。1995 年，Hirmo 等在 *Immunology and Medical Microbiology* 期刊上首次发表了岩藻多糖能与幽门螺旋杆菌结合，其中的作用基团为硫酸基，且发现硫酸基含量达 10% 以上具有最强的结合作用（Hirmo，1995）。图 7-2 显示岩藻多糖、肝素等对幽门螺旋杆菌的抑制性能。

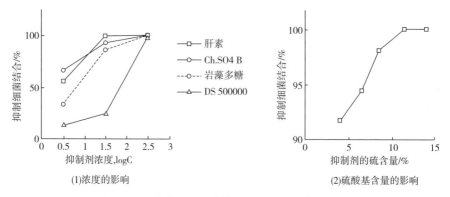

(1)浓度的影响　　　　　　　　　　　(2)硫酸基含量的影响

图 7-2　岩藻多糖、肝素等对幽门螺旋杆菌的抑制性能

岩藻多糖可以特异性粘附幽门螺旋杆菌上的岩藻多糖结合蛋白，从而抑制幽门螺旋杆菌与胃黏膜上皮细胞 MKN28、KATO Ⅲ 的黏附，其 IC_{50}=16~30mg/mL。表 7-1 显示岩藻多糖抑制幽门螺旋杆菌粘附胃肿瘤细胞的性能。

表 7-1　岩藻多糖抑制幽门螺旋杆菌粘附胃肿瘤细胞的性能

岩藻多糖的来源	IC_{50}/（mg/mL）[a]			
	没有预培养的[b]		预培养的[c]	
	KATO Ⅲ	MKN28	KATO Ⅲ	MKN28
枝管藻属	16	30	1.8	1.1
墨角藻属	>50	30	14	4.6

注：a：IC_{50} 指的是把粘附降低到对照组一半所需要的岩藻多糖浓度。
　　b：岩藻多糖与幽门螺旋杆菌一起加入溶液与细胞接触。
　　c：在 37℃下把细菌与岩藻多糖溶液一起预培养 2h，然后把该混合液与细胞接触。

蛋白印迹实验（Western blot）结果发现，幽门螺旋杆菌表面含有岩藻多糖结合蛋白，未发现其他多糖结合蛋白，因此揭示了岩藻多糖抑制幽门螺旋杆菌与胃黏膜粘附的作用机理。研究发现其他含硫酸基的多糖，如硫酸葡聚糖或岩藻糖没有此抑制效果，说明岩藻多糖与幽门螺旋杆菌的粘附作用机理是同时具有硫酸基和岩藻糖（Shibata，1999）。该实验结果证明只有同时具有硫酸基和岩藻糖的岩藻多糖才具有很强的结合幽门螺旋杆菌的性能，抑制其与胃黏膜上皮细胞粘附。其他含硫酸基的多糖，如硫酸葡聚糖或岩藻糖单糖，没有抑制效果。抑制粘附的作用机制是幽门螺旋杆菌表面含有岩藻多糖结合蛋白，可以特异性地与岩藻多糖结合，从而抑制幽门螺旋杆菌与胃黏膜的粘附。

Cai 等（Cai，2014）研究了含岩藻多糖的 FEMY-R7 制品对幽门螺旋杆菌在胃内感染生长的影响，同时以泮托拉唑作为对照进行对比。结果表明岩藻多糖具有很好的抗菌作用，浓度为 100 μg/mL 的岩藻多糖能够完全抑制幽门螺旋杆菌的生长增殖。在 1500 μg/mL 浓度时能够有效抑制尿素酶的活性，而尿素酶是由幽门螺旋杆菌分泌的致病因子，可以分解胃内尿素生成氨和二氧化碳以中和胃酸，使其在胃中生存。研究团队同时进行了小鼠体内实验研究，发现感染幽门螺旋杆菌的小鼠在连续 7d 每日服用岩藻多糖 30~100mg/kg 时，能有效清除体内幽门螺旋杆菌，其产生的效果与质子泵抑制剂泮托拉唑接近，而且不会影响胃 pH。结果显示岩藻多糖具有直接抑制幽门螺旋杆菌生长及阻止其粘附和入侵胃黏膜、破坏胃黏膜屏障的作用。图 7-3 显示岩藻多糖的抑菌试验效果图。

Kim 等（Kim，2014）对含岩藻多糖的 FEMY-R7 制品在小鼠和人体内抗幽门螺旋杆菌活性进行了系统的研究。体内实验对感染幽门螺旋杆菌的 C57BL/6 小鼠持续两周每天给予 100mg/kg 的岩藻多糖，结果发现服用岩藻多糖的小鼠幽门螺旋杆菌根除率达 83.3%。临床试验选取 42 名幽门螺旋杆菌阳性患者，试验组持续 8 周每天服用 300mg 岩藻多糖，临床试验结果显示服用岩藻多糖组的尿素呼气试验基线值下降 42%，同时血清中胃蛋白酶原（慢性萎缩性胃炎标志物）的含量显著下降，说明岩藻多糖不但可直接抑制幽门螺旋杆菌的生长，清除体内幽门螺旋杆菌，而且还可以改善胃功能。表 7-2 显示幽门螺旋杆菌感染患者胃蛋白酶原含量变化情况。

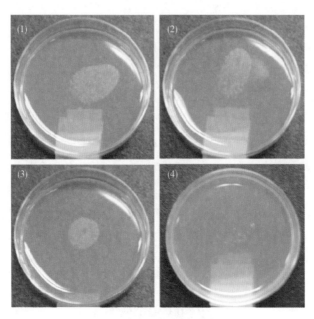

图 7-3　岩藻多糖的抑菌试验效果图

（1）正常培养基；（2）含1%DMSO的培养基；（3）含30μg/mL岩藻
多糖的培养基；（4）含100μg/mL岩藻多糖的培养基。

表 7-2　含岩藻多糖的 FEMY-R7 制品对幽门螺旋杆菌感染患者血清胃蛋白酶原水平的影响

处理用量 / （mg/d）	处理后的 时间 / 周	胃蛋白酶原 I / （μg/mL）	胃蛋白酶原 II / （μg/mL）	胃蛋白酶原 I / II 的比率
对照组	0	66.11 ± 5.25	19.35 ± 1.76	3.56 ± 0.29
	8	69.81 ± 4.77	21.74 ± 2.10	3.52 ± 0.31
FEMY-R7 组（300）	0	66.28 ± 3.73	19.56 ± 1.56	3.59 ± 0.19
	8	48.72 ± 3.52	12.13 ± 1.27	4.45 ± 0.25

　　Araya 等（Araya，2011）分析了三种不同的岩藻多糖制剂清除幽门螺旋杆菌的活性，结果显示源于墨角藻和裙带菜的岩藻多糖能有效阻止幽门螺旋杆菌与胃黏膜细胞的粘附，有效作用浓度为 100μg/mL。

　　岩藻多糖抗幽门螺旋杆菌的作用机制主要如下。

1. 阻止幽门螺旋杆菌粘附及入侵

　　岩藻多糖同时含有岩藻糖和硫酸基，能与幽门螺旋杆菌结合，阻止其粘附于胃上皮细胞上。

2. 抑制幽门螺旋杆菌增殖

岩藻多糖会抑制其产生尿素酶，保护胃的酸性环境。

3. 抗氧化作用、减少毒素产生

岩藻多糖是很好的抗氧化剂，能快速清除氧自由基，减少有害毒素氯胺的生成。

4. 抗炎作用

岩藻多糖能抑制选择素、补体以及乙酰肝素酶等的活性，降低炎症反应。

在株式会社雅库路特本社申请的《抗溃疡剂和幽门螺旋杆菌粘连抑制剂》的专利中，以大白鼠和体外试验充分研究了岩藻多糖对治疗胃部溃疡和抗幽门螺旋杆菌的效果。在研究岩藻低聚糖对乙酸引起的溃疡的抗溃疡效果时，将10只8周龄的SD大白鼠（体重250~300g）在成巴比妥麻醉下进行剖腹。露出胃，将0.03 mL 20%乙酸注入胃的黏膜下层以引起溃疡。从手术的第2天到第9天按表7-4所示的每天剂量给予动物口服试验物质，口服试验物质为专利中实施例1-2中制得的岩藻低聚糖和市场购买的岩藻多糖。试验期间，动物任意进食和饮水，第10天切开胃，测量溃疡部分的面积（长的直径 × 短的直径）并作为溃疡指数。按照下面等式从溃疡指数计算"治愈百分率"。

$$治愈百分率(\%) = \left(1 - \frac{试验组的溃疡指数}{对照组的溃疡指数}\right) \times 100$$

表 7-3 显示实施例 1-2 得到的岩藻低聚糖的抗溃疡效果，表中溃疡指数以每组 10 只动物的平均值 ± 标准差表示。

表 7-3 岩藻低聚糖的抗溃疡效果

样品标号	剂量 /（mg/ 大白鼠）	溃疡指数	治愈百分率 /%
实施例 1	0（对照）	11.0 ± 3.2	—
	1.5 × 8	8.7 ± 3.4	21.1
	3.0 × 8	5.6 ± 2.9	49.1
	6.0 × 8	5.9 ± 1.6	45.9
实施例 2	0（对照）	12.8 ± 3.9	—
	1.5 × 8	7.6 ± 3.6	40.4
	3.0 × 8	9.2 ± 5.3	28.4
	6.0 × 8	8.7 ± 4.0	32.0

续表

样品标号	剂量 /（mg/ 大白鼠）	溃疡指数	治愈百分率 /%
市场购买岩藻多糖	0（对照）	11.7 ± 3.1	—
	1.5 × 8	8.7 ± 1.9	26.1
	3.0 × 8	7.3 ± 3.7	38.4
	6.0 × 8	6.3 ± 2.2	46.4

近年来，青岛明月海藻集团依托海藻活性物质国家重点实验室的技术支撑，于 2012 年以"一种富含岩藻多糖的海藻营养粉的制备方法"的发明名称申请并获得专利。2017 年 6 月，青岛明月海琳岩藻多糖生物科技有限公司取得营业执照，建成国际先进的高纯度岩藻多糖规模化生产线。2018 年 3 月，生产线正式建成投产并建立了食品安全管理体系。2019 年 3 月明月集团取得行业内唯一的岩藻多糖食品生产许可证，基于其在岩藻多糖制备领域具有丰富的人才、工艺、设备积累，岩藻多糖系列产品的各项技术指标均处于同类产品前列，已经成为全球主要的高纯度岩藻多糖供应商。

二、岩藻多糖的抗病毒效果

岩藻多糖对艾滋病毒（Human Immunodeficiency Virus，HIV）、人乳头瘤状病毒（Human Papilloma Virus，HPV）、流感病毒（Influenza，IAV）、单纯疱疹病毒（Herpes Simplex Virus，HSV）、烟草花叶病毒（Tobacco Mosaic Virus，TMV）、柯萨奇 B 病毒（Coxsackie Virus B3，CVB3）等均有抑制作用（王长云，2000）。岩藻多糖可以通过干扰病毒的生活周期或提高宿主的免疫应答反应提升其清除病毒粒子的能力。不同病毒粒子的生存周期不尽相同，但都包括吸附、侵入、脱壳、合成、包装、释放等主要的感染步骤。不同来源和结构的岩藻多糖可以在病毒感染的不同阶段抑制其增殖（Damonte，2004）。

1. 抗 HPV

HPV 感染人体后，可引起多种病变，其中宫颈癌就是由高危型 HPV 持续感染引起的。硫酸酯化的褐藻多糖具有良好的抗病毒和抗肿瘤活性，已经发展成为新型抗病毒药物（Shi-Xin，2014）。Nobre 等（Nobre，2010）从马尾藻中提取的硫酸酯化多糖能显著抑制 HeLa 细胞（HPV 转化细胞模型）的增殖。Stevan 等（Stevan，2001）的研究显示，海藻多糖能显著促进 HeLa 细胞形态的改变，在治疗 HPV 引起的宫颈癌中有一定的应用价值。

Buck 等（Buck，2006）利用 HPV16 体外假病毒感染模型，对多种褐藻多糖进行活性筛选，发现硫酸化褐藻多糖及少量非硫酸化多糖具有良好的抗 HPV 活性，其中非硫酸化褐藻胶的半数抑制浓度 IC_{50} 为 $18\,\mu g/mL$，含有硫酸根的岩藻多糖的 IC_{50} 为 $1.1\,\mu g/mL$，说明硫酸根在抑制 HPV 活性中起重要作用。Johnson 等（Johnson，2009）开展的体内抗 HPV 研究表明，类肝素药物具有抗 HPV 作用，其作用机理可能与细胞表面受体硫酸肝素蛋白聚糖（HSPG）的竞争性结合有关。

2. 抗流感病毒

Jiao（Jiao，2012）从泡叶藻中提取的 4 个多糖成分均有明显的抗 H1N1 病毒活性，且随硫酸根含量的增大活性增强。将聚甘露糖醛酸进行酸解可以获得分子质量较低的寡聚甘露糖醛酸，其中分子质量在 5ku 以下的寡聚甘露糖醛酸具有较好的抗甲型 H1N1 流感病毒在体内外感染和增殖的作用。

3. 抗 HSV

单纯性疱疹病毒根据其抗原不同分为 HSV-Ⅰ型和 HSV-Ⅱ型，可以引起人体多个部位和组织发生病变。Feldman 等（Feldman，1999）从黏膜藻中获取的多糖组分具有极好的抗 HSV-Ⅱ活性，其 IC_{50} 在 $0.5{\sim}1.9\,\mu g/mL$，能有效减少病毒蚀斑的产生，抑制病毒生成。Lee 等（Lee，2004）从裙带菜中提取出岩藻多糖，其岩藻糖和半乳糖组分的摩尔比为 1.0∶1.1，硫酸酯取代度为 0.72，该多糖在体外具有极好的抗 HSV-Ⅰ和 HSV-Ⅱ病毒活性。Hayashi 等（Hayashi，1995）也从裙带菜中获取岩藻多糖，经过体内研究实验表明，口服给药能有效预防 HSV-I 感染引起的小鼠死亡。国内学者从裙带菜中提取的硫酸酯化多糖 UPP1 及纯化多糖 UPP2 对 HSV-Ⅱ引起的细胞病变有很明显抑制作用，同时具有很好的抗 HSV-Ⅰ作用，为新型抗 HSV 药物提供了候选化合物（康琰琰，2005；郝静，2008）。

目前关于岩藻多糖等褐藻多糖抗 HSV 作用的机制尚不清楚，但可能与褐藻多糖的类肝素结构及负电荷属性有关。HSV 附着在细胞表面糖蛋白硫酸乙酰肝素和包膜糖蛋白 C 之间，这种细胞病毒复合体的形成是由多糖中的阴离子（主要是 SO_4^{2-}）、糖蛋白上的碱性氨基酸和非离子型的疏水性氨基酸穿插在糖蛋白结合区形成的。岩藻多糖的抗病毒活性可能是基于类似的复合物占据了病毒与受体细胞结合的部位，从而阻止细胞病毒复合体的形成（Damonte，2004）。

4. 抗 HIV

艾滋病（AIDS）是由艾滋病毒（HIV）感染引起的一种传染病，已经在全球范围内广泛流行，因无有效的治疗手段其致死率极高。Beress 等（Beress，1993）用热水从墨角藻中提取并经进一步纯化后得到硫酸化的褐藻胶多糖，发现该多糖能通过抑制 HIV 诱导的合胞体的合成和 HIV 逆转录酶的活性起到抗病毒作用。Queiroz 等（Queiroz，2008）从多种褐藻中分离得到褐藻胶和岩藻多糖，其中褐藻胶在低浓度时能有效抑制逆转录酶活性，从而抑制 HIV 的复制。进一步研究发现岩藻多糖对 HIV 逆转录酶的特异性识别与岩藻糖的糖环结构、空间构象及电荷含量均有关。

5. 抗其他类病毒

岩藻多糖等褐藻多糖具有广泛的抗病毒活性，能抑制 HBV 的 DNA 聚合酶，对乙肝病毒也有很好的抑制作用（姜宝法，2003）。Hidari 等（Hidari，2008）发现岩藻多糖和褐藻多糖硫酸酯均具有抑制登革 2 型病毒感染的活性，当褐藻多糖的羧基还原成羟基时，其抑制病毒活性消失。岩藻多糖的活性随着其硫酸根的减少，抗病毒活性降低。李波等（李波，2006）发现从渤海湾海带中提取的岩藻多糖具有抗 RNA 病毒和 DNA 病毒的作用，对柯萨奇病毒 B3（CVB3）、脊髓灰质炎病毒Ⅲ（PV-3）、腺病毒Ⅲ型（Ad3）、埃可病毒 VI（ECHO6）等引起的细胞病变都具有保护作用。

第五节　小结

21 世纪是海洋世纪，海洋已经成为人类新的食源和药源宝库。岩藻多糖是一种重要的多功能海洋源生物活性物质，已经成为人类战胜疾病的有力武器。随着提取、分离、纯化、理化改性等技术领域的不断进步，岩藻多糖的健康功效将得到进一步澄清，基于岩藻多糖的抗菌、抗病毒、抗肿瘤、促愈合产品将展现出广阔的市场前景。

参考文献

[1] Abbott A. Gut feeling secures medical Nobel for Australian doctors [J]. Nature，2005，437（7060）：801-802.

[2] Araya N，Takahashi K，Sato T，et al. Fucoidan therapy decreases the proviral load in patients with human Tlymphotropic virus type-1-associated

neurological disease［J］. Antiviral Therapy, 2011, 16（1）: 89-98.

［3］Beress A, Wassermann O, Bruhn T, et al. A new procedure for the isolation of anti-HIV compounds（polysaccharides and polyphenols）from the marine alga *Fucus vesiculosus*［J］. Journal of Natural Products, 1993, 56（4）: 478-488.

［4］Buck C B, Thompson C D, Roberts J N, et al. Carrageenan is a potent inhibitor of Papilloma virus infection［J］. Plos Pathogens, 2006, 2（7）: e69.

［5］Cai J, Kim T S, Jang J Y, et al. In vitro and in vivo anti-*Helicobacter pylori* activities of FEMY-R7 composed of fucoidan and evening primrose extract ［J］. Lab Anim Res, 2014, 30: 28-34.

［6］Damonte E, Matulewicz M, Cerezo A. Sulfated seaweed polysaccharides as antiviral agents［J］. Current Medicinal Chemistry, 2004, 11（18）: 2399-2419.

［7］Dore M P, Lu H, Graham D Y. Role of bismuth in improving *Helicobacter pylori* eradication with triple therapy［J］. Gut, 2016, 65（5）: 870-878.

［8］Fallone C A, Chiba N, van Zanten S V, et al. The Toronto consensus for the treatment of *Helicobacter pylori* infection in adults［J］. Gastroenterology, 2016, 151（1）: 51-69.

［9］Feldman S C, Reynaldi S, Stortz C A, et al. Antiviral properties of fucoidan fractions from *Leathesia difformis*［J］. Phytomedicine, 1999, 6（5）: 335-340.

［10］Hayashi K, Kamiya M, Hayashi T. Virucidal effects of the steam distillate from Houttuynia cordata and its components on HSV-1, influenza virus, and HIV ［J］. Planta Medica, 1995, 61（3）: 237-241.

［11］Hidari K I P J, Takahashi N, Arihara M, et al. Structure and anti-dengue virus activity of sulfated polysaccharide from a marine alga［J］. Biochemical and Biophysical Research Communications, 2008, 376（1）: 91-95.

［12］Hirmo S, Utt M, Ringner M, et al. Inhibition of heparan sulphate and other glycosaminoglycans binding to *Helicobacter pylori* by various polysulphated carbohydrates［J］. Immunology and Medical Microbiology, 1995, 10: 301-306.

［13］Jiao G. Properties of polysaccharides in several seaweeds from Atlantic Canada and their potential anti-influenza viral activities［J］. 中国海洋大学学报（英文版）, 2012, 11（2）: 205-212.

［14］Johnson K M, Kines R C, Roberts J N, et al. Role of heparan sulfate in attachment to and infection of the murine female genital tract by human Papilloma virus［J］. Journal of Virology, 2009, 83（5）: 2067-2074.

［15］Kabamba E T, Tuan V P, Yamaoka Y. Genetic populations and virulence factors of *Helicobacter pylori* [J]. Infect Genet Evol, 2018, 60: 109-116.

[16] Kim T S, Choi E K, Kim J, et al. Anti-*Helicobacter pylori* activities of FEMY-R7 composed of fucoidan and evening primrose extract in mice and humans [J]. Laboratory Animal Research, 2014, 30 (3): 131-135.

[17] Lee J B, Hayashi K, Hashimoto M, et al. Novel antiviral fucoidan from sporophyll of *Undaria pinnatifida* (Mekabu)[J]. Chem Pharm Bull, 2004, 52 (9): 1091-1094.

[18] Liang X, Xu X, Zheng Q, et al. Efficacy of bismuth-containing quadruple therapies for clarithromycin, metronidazole, and fluoroquinolone-resistant *Helicobacter pylori* infections in a prospective study [J]. Clin Gastroenterol Hepatol, 2013, 11 (7): 802-807.

[19] Malfertheiner P, Megraud F, O′ Morain C A, et al. Management of *Helicobacter pylori* infection-the Maastricht IV/ Florence Consensus Report[J]. Gut, 2012, 61 (5): 646-664.

[20] Marshall B J, Warren J R. Unidentified curved bacilli on gastric epithelium in active chronic gastritis[J]. Lancet, 1983, 1 (8336): 127-1275.

[21] Nobre L T D B, Cordeiro I R S, Farias S E, et al. Biological activities of sulfated polysaccharides from tropical seaweeds [J]. Biomedicine & Pharmacotherapy, 2010, 64 (1): 21-28.

[22] Queiroz K C S, Medeiros V P, Queiroz L S, et al. Inhibition of reverse transcriptase activity of HIV by polysaccharides of brown algae [J]. Biomedicine & Pharmacotherapy, 2008, 62 (5): 303-307.

[23] Shen Z, Qin Y. *Helicobacter pylori* infection is associated with the presence of thyroid nodules in the euthyroid population [J]. PLo S One, 2013, 8 (11): e80042.

[24] Shibata H, Kimura Takagi I, Nagaoka M, et al. Inhibitory effect of *Cladosiphon fucoidan* on the adhesion of *Helicobacter pylori* to human gastric cells [J]. Journal of Nutritional Science and Vitaminology, 1999, 45: 325-336.

[25] Shi-Xin W , Xiao-Shuang Z , Hua-Shi G , et al. Potential anti-*Helicobacter pylori* and related cancer agents from marine resources: An overview [J]. Marine Drugs, 2014, 12 (4): 2019-2035.

[26] Stevan F R, Oliveira M B, Bucchi D F, et al. Cytotoxic effects against HeLa cells of polysaccharides from seaweeds [J]. Journal of Submicroscopic Cytology & Pathology, 2001, 33 (4): 477-484.

[27] Stoicov C, Saffari R, Houghton J. Green tea inhibits Helicobacter growth in vivo and in vitro[J]. Int J Antimicrob Agents, 2009, 33: 473-478.

[28] Sugimoto M, Furuta T. Efficacy of tailored *Helicobacter pylori* eradication the rapy based on antibiotic susceptibility and CYP2C19 genotype [J]. World J Gastroenterol, 2014, 20 (21): 6400-6411.

［29］Zeng M, Mao X H, Li J X, et al. Efficacy, safety and immunogenicity of oral recombinant *Helicobacter pylori* vaccine in China：a randomized, double-blind, placebo-controlled, phase 3 trial［J］. Lancet，2015，386（10002）：1457-1464.

［30］王长云，管华诗.多糖抗病毒作用研究进展I.多糖抗病毒作用［J］.生物工程进展，2000，20（1）：17-20.

［31］王长云，管华诗.多糖抗病毒作用研究进展Ⅱ.硫酸多糖抗病毒作用［J］.生物工程进展，2000，20（2）：3-8.

［32］曾洋洋，韩章润，杨玫婷，等.海洋糖类药物研究进展［J］.中国海洋药物，2013，32（2）：67-75.

［33］曾祥兴，李康生.流感百年：20世纪流感大流行的回顾与启示［J］.医学与社会，2010，23（11）：4-6.

［34］许定红，周力.贵州某高校新生幽门螺杆菌感染的流行病学调查［J］.应用预防医学，2015，21（4）：223-225.

［35］刘睿.体检人群幽门螺杆菌感染相关因素探讨［J］.心理医生，2017，23（11）：280-281.

［36］黄桂柳，黄赞松，喜汉.幽门螺杆菌疫苗的研究进展［J］.医学综述，2016，22（5）：866-869.

［37］常爱英，丁淑妍，丛培霞.幽门螺杆菌Ⅳ型分泌系统（T4SS）研究进展［J］.中国微生态学杂志，2017，29（8）：958-961，965.

［38］郑晶晶，胡平，邵初晓.胃癌患者幽门螺杆菌感染对预后的影响研究［J］.中华医院感染学杂志，2013，23（24）：5958-5959，5965.

［39］郑盛，肖琼怡，殷芳，等.幽门螺杆菌感染与原发性肝癌的相关性研究［J］.中国临床实用医学，2010，4（1）：83-84.

［40］吴懿，单毓强，金慧成，等.胆道结石患者胆道感染的病原学分析及临床诊治［J］.中华医院感染学杂志，2014，24（16）：4059-4060.

［41］缪丹，张鹍，全金梅，等.幽门螺杆菌与上呼吸道疾病之间关系的研究进展［J］.大连医科大学学报，2017，39（5）：495-498.

［42］刘晨晨，李稳，汲书生.幽门螺杆菌感染与冠心病关系的研究进展［J］.山东医药，2017，57（24）：106-108.

［43］田贺暖，谌剑飞，严颂琴，等.甲状腺功能减退症、甲状腺功能亢进症与幽门螺杆菌感染的关系研究［J］.现代中西医结合杂志，2013，22（7）：755-756.

［44］刘安生，庞菊萍，王华，等.儿童过敏性紫癜与幽门螺杆菌感染关系的探讨［J］.陕西医学杂志，2013，42（5）：532-534，605.

［45］薛明伟.特发性膜性肾病血清抗M型磷脂酶A2受体抗体（PLA2R—Abs）与幽门螺杆菌感染关系的研究［D］.石家庄：河北医科大学，2017.

［46］李茂倩.口腔科住院患者幽门螺杆菌感染现状调查及临床分析［D］.大连：大连医科大学，2017.

[47] 粟春林.幽门螺杆菌感染与皮肤疾病的研究进展［J］.中国现代药物应
　　　用，2017，11（8）：188-190.

[48] 成虹，胡伏莲，谢勇，等.中国幽门螺杆菌耐药状况以及耐药对治疗的影
　　　响-全国多中心临床研究［J］.胃肠病学，2007，12（9）：525-530.

[49] 张国新.质子泵抑制剂在幽门螺杆菌根除中的作用［J］.中华消化杂志，
　　　2016，36（2）：137-138.

[50] 韩丰，冀子中，金夏，等.2009—2013年浙江嘉兴地区幽门螺杆菌对常用
　　　抗菌药物的耐药研究［J］.胃肠病学和肝病学杂志，2016，21（6）：353-
　　　357.

[51] 刘改芳，赵丽伟，吴婧，等.幽门螺杆菌耐药性与铋剂四联方案临床根除
　　　疗效的相关性分析［J］.中华消化杂志，2016，36（1）：26-29.

[52] 张维，陆红.含铋剂的根除幽门螺杆菌方案在我国应用的经验与建议［J］.
　　　中华消化杂志，2014，43（9）：646-648.

[53] 姜萌，冯义朝.根除幽门螺杆菌感染方案的研究进展［J］.胃肠病学和肝
　　　病学杂志，2015，24（4）：480-483.

[54] 罗宜辉，刘代华，潘美云，等.不同疗程益生菌根除幽门螺杆菌的疗效
　　　［J］.世界华人消化杂志，2013，28：3037-3040.

[55] 丁媛媛，刘改芳.幽门螺杆菌治疗研究现状［J］.胃肠病学和肝病学杂
　　　志，2014，23（4）：474-477.

[56] 邹全明.幽门螺杆菌疫苗［J］.科技导报，2016，34（13）：31-39.

[57] 刘瑶，蔡文智，王新颖，等.广州市3所医院幽门螺杆菌感染患者饮食相关
　　　的影响因素调查［J］.护理学报，2011，18：13-15.

[58] 张天哲，张铁民，赵丹丹，等.中国人群幽门螺杆菌感染相关因素的Meta
　　　分析［J］.世界华人消化杂志，2009，17：1582-1589.

[59] 林蒙，陈碰玉，陈艳，等.生姜产地幽门螺杆菌感染的家庭聚集性调查
　　　［J］.临床内科杂志，2003，20：72-73.

[60] 康琰琰，王一飞，朱良，等.裙带菜茎中硫酸多糖的分离纯化及分析鉴定
　　　［J］.中药材，2005，28（9）：769-771.

[61] 郝静.裙带菜茎硫酸多糖抗病毒活性及其作用机理的初步研究［D］.广州：
　　　暨南大学，2008.

[62] 姜宝法，徐晓菲，李笠，等."911"抗HBV作用的实验研究［J］.现代预
　　　防医学，2003，30（4）：517-518.

[63] 李波，芦菲，孙科祥.褐藻糖胶的生物活性研究进展［J］.食品与药品，
　　　2006，22（6）：18-21.

第八章 岩藻多糖改善胃肠道的功效

第一节 引言

胃肠道是人体消化系统的主要组成部分，在摄取、转运、消化食物和吸收营养、排泄废物等过程中起关键作用。胃肠道生理活动的健康运行有利于食物的消化和吸收，提供机体所需的物质和能量，保证人的健康生活。岩藻多糖是一种源自海洋的健康元素，具有独特的结构和性能，近年来大量研究发现岩藻多糖具有多种生物活性，尤其在调节治疗胃肠道疾病方面具有独特的健康功效。

第二节 胃肠道疾患

一、常见的胃部疾病

胃病的种类繁多，临床上常见的有急性胃炎、慢性胃炎、糜烂性胃炎、胃溃疡、十二指肠溃疡、胃十二指肠复合溃疡、胆汁反流性胃炎、萎缩性胃炎、胃癌等。据 2019 年 1 月国家癌症中心发布的全国癌症统计数据（全国肿瘤登记中心数据一般滞后 3 年），2015 年胃癌在我国恶性肿瘤发病率中居于第二位，死亡率居于第三位（郑荣寿，2019）。在 2018 全国早期胃癌防治宣传周的启动仪式上，中国工程院院士、长海医院消化内科主任李兆申教授指出，全球将近一半的新发胃癌患者和死亡病例在中国。根据国家癌症中心陈万青教授等在 2017 年发表的《中国胃癌流行病学现状》，2012 年中国胃癌新发病例约为 42.4 万例，胃癌死亡病例约为29.8 万例，分别占全球胃癌发病例和死亡病例的 42.6% 和 45.0%。所以"全球将近一半的新发胃癌患者和死亡病例在中国"，这句话并不夸张（左婷婷，2017）。

二、常见的肠道疾病

肠道被称为"人体的第二大脑"，是人体最大的消化器官和排毒器官。肠道的健康很大程度上决定了人体的健康，肠炎、结肠炎、直肠炎、便秘、肠易激综合征、结直肠癌等均为肠道常见疾病。2018年《肠道健康白皮书》披露，在中国，有肠道健康问题的人群占27%。根据2019年1月国家癌症中心发布的全国癌症统计数据，2015年肠癌在我国恶性肿瘤发病率中居于第三位，死亡率居第五位（郑荣寿，2019）。

第三节　岩藻多糖改善胃功能的功效

一、幽门螺旋杆菌与胃部疾病

幽门螺旋杆菌是全球范围内导致胃炎、胃溃疡、胃癌等胃病中最常见的一种细菌，早在1984年就有胃炎和胃溃疡病患者的幽门螺旋杆菌感染率高于健康人群的报道。研究表明，70%的胃溃疡患者、50%~60%的慢性胃炎患者及90%的十二指肠溃疡患者体内都感染幽门螺旋杆菌，幽门螺旋杆菌也是慢性胃炎发展为胃癌的重要影响因素（Kim，2014）。国际癌症中心和世界卫生组织早已把幽门螺旋杆菌列为Ⅰ类致癌物，我国在胃癌高发区的研究也表明幽门螺旋杆菌是慢性萎缩性胃炎向更高级癌前病变转化和继续发展的重要促进因素，而且在整个胃癌癌前病变的发展过程中均有促进作用（Chen，2008；杨桂彬，2003）。有学者成功建立了幽门螺旋杆菌感染后诱发胃癌前期病变的全过程，包括从浅表-萎缩-肠化-异型增生的动物模型（金哲，2008），可见远离感染幽门螺旋杆菌在预防胃病中至关重要。

幽门螺旋杆菌感染导致的胃病会传染，患者牙菌斑和牙龈处存在着大量的幽门螺旋杆菌，可以通过唾液感染他人，尤其是共同进餐的一家人，故常见家庭成员中有很多同患"胃病"。人与人之间还可以通过粪-口途径感染，也可以通过消毒不彻底的内窥镜，特别是胃镜传播。幽门螺旋杆菌感染与胃癌相关的一些特征符合流行病学的规律：胃癌高发区人群中，幽门螺旋杆菌感染的年龄早且感染率高，萎缩性胃炎和肠化生也重于低发区。中华医学会消化病分会幽门螺旋杆菌学组做的一个涉及全国20个省市、40个中心的大规模幽门螺旋杆菌感染流行病学调查显示，我国幽门螺旋杆菌感染率为40%~90%，平均为59%；儿童幽门螺旋杆菌感染率平均每年以0.5%~1%的速度递增（胡伏莲，2007）。

国内外关于治疗幽门螺旋杆菌感染的共识意见推荐以质子泵抑制剂（PPI）为基础、含克拉霉素、加甲硝唑或阿莫西林的三联疗法作为幽门螺旋杆菌根除治疗的一线首选方案。时至今日，随着幽门螺旋杆菌甲硝唑和克拉霉素耐药株在全球范围的普遍增加，三联疗法对幽门螺旋杆菌的根除率正在不断下降，目前铋剂四联疗法（胶体铋+PPI+四环素+甲硝唑）成为补救治疗措施（胡伏莲，2010）。但无论是三联法还是四联法，菌株抗生素耐药性的逐年增强及抗生素副作用大等问题越来越严重，有调查研究显示我国人群中幽门螺旋杆菌对甲硝唑的耐药率为50%~100%（平均73.35%），明显高于发达国家的9%~12%；对克拉霉素的耐药率为0~40%（平均23.9%）；对阿莫西林的耐药率为0~2.7%（胡伏莲，2006；Megraud，2004）。因此，医疗卫生领域急需寻找新的、能安全有效清除幽门螺旋杆菌的方法。大量研究证明，来源于褐藻的岩藻多糖能有效清除幽门螺旋杆菌、修护胃黏膜、保护胃健康、预防胃癌，为广大幽门螺旋杆菌感染者带来福音。

二、岩藻多糖抑制幽门螺旋杆菌增殖的研究成果

韩国 Chungbuk 国立大学 Kim Yun-Bae 教授研究团队发表的一项研究显示，岩藻多糖具有很好的抗菌作用，浓度为 $100\,\mu g/mL$ 的岩藻多糖溶液能完全抑制幽门螺旋杆菌的增殖（Cai，2014）。除了直接抑制幽门螺旋杆菌生长，岩藻多糖还能阻止其粘附和入侵胃黏膜。图 8-1 显示人胃癌上皮细胞接种幽门螺旋杆菌后用 $100\,\mu g/mL$ 浓度的三种分别源自墨角藻 A（Fucus A）、裙带菜（Undaria）、墨角藻 B（Fucus B）的岩藻多糖处理，回收的粘附细胞与对照组相比明显下降，说明岩藻多糖能有效降低幽门螺旋杆菌在人体上的粘附。

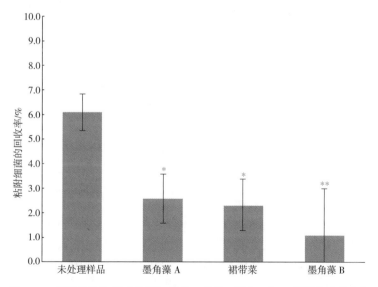

图 8-1　岩藻多糖处理后粘附细菌的回收率，图中 * 和 ** 符号分别代表在 P 值小于 0.05 和 0.01 时，测试组与未处理的对照组有显著差异（Chua，2015）

体内实验证实岩藻多糖能直接抑制幽门螺旋杆菌的生长。实验中，感染幽门螺旋杆菌的 C57BL/6 小鼠每天服用 100mg/kg 的岩藻多糖，持续两周；临床试验选取 42 位幽门螺旋杆菌患者，分为两组，试验组每天服用 300mg 岩藻多糖，持续 8 周。实验结果显示，服用岩藻多糖的小鼠幽门螺旋杆菌的根除率达 83.3%（Kim，2014）。表 8-1 显示用两种不同剂量的岩藻多糖处理感染幽门螺旋杆菌的小鼠后产生的疗效，其中剂量为 200mg/（kg·d）的 6 只小鼠在治疗后的阳性率下降到 16.7%。

表 8-1　幽门螺旋杆菌在小鼠胃中生长情况

治疗方法 /［mg/（kg·d）］	1	2	3	4	5	6	幽门螺旋杆菌阳性率 /%
对照组	P	P	P	P	P	P	6/6（100）
岩藻多糖（20）组	P	S	N	N	N	N	2/6（33.3）
岩藻多糖（200）组	S	N	N	N	N	N	1/6（16.7）

注：P= 阳性；N= 阴性；S= 部分阳性。

Cai 等（Cai，2014）研究了一种含岩藻多糖的配方（FEMY-R7）对幽门螺旋杆菌生长及胃感染的作用，同时与泮托拉唑质子泵抑制剂做对比。体外实验发现，在岩藻多糖浓度为 100μg/mL 时能完全抑制幽门螺旋杆菌的生长，岩藻多糖浓度为 1500μg/mL 时能有效抑制尿素酶的活性（尿素酶是由幽门螺旋杆菌分泌，可以分解胃内尿素后生成氨以中和胃酸，使幽门螺旋杆菌能在胃中生存）。小鼠体内实验表明，岩藻多糖食用量在 30~100mg/kg 时能有效清除体内幽门螺旋杆菌，效果与泮托拉唑接近，而且不会影响胃酸和胃 pH。图 8-2 显示胃黏膜上清除幽门螺旋杆菌的效果图。

三、岩藻多糖阻止幽门螺旋杆菌粘附及入侵的功效

胃溃疡患者、慢性胃炎患者及十二指肠溃疡患者体内一般都感染幽门螺旋杆菌，其中幽门螺旋杆菌也是慢性胃炎发展为胃癌的重要影响因素。幽门螺旋杆菌致病机制的第一步是其能穿过胃黏液层后与胃上皮细胞粘附，如何阻止其与胃上皮细胞粘附是抗幽门螺旋杆菌、降低其对人体造成危害的关键。

岩藻多糖是一种高分子质量物质，其结构中的硫酸基和岩藻糖与幽门螺旋杆菌有很强的结合作用。研究发现，岩藻多糖能抑制幽门螺旋杆菌与胃黏膜上

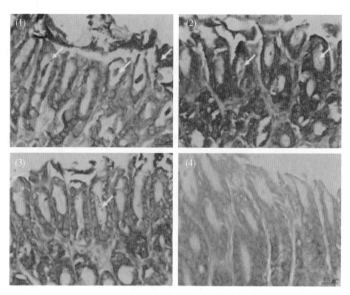

图 8-2　胃黏膜上清除幽门螺旋杆菌的效果图
（1）空白组；（2）30μg/mL岩藻多糖组；
（3）100μg/mL岩藻多糖组；（4）30μg/mL抗溃疡药物组。

皮细胞（MKN28、KATO Ⅲ）的粘附（IC_{50}=16~30mg/mL），而硫酸葡聚糖和岩藻糖没有抑制作用（Shibata，1999）。图 8-3 显示幽门螺旋杆菌表面蛋白对海蕴岩藻多糖的反应性能。

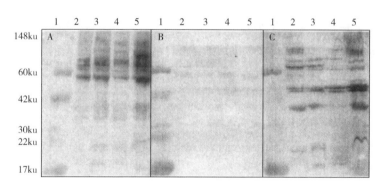

图 8-3　幽门螺旋杆菌表面蛋白对海蕴岩藻多糖的反应性能
［用考马斯亮蓝对转移到 PVDF 膜上的全表面蛋白染色（A），通过
对结合的岩藻多糖免疫染色得到表面蛋白上岩藻多糖的结合组分
（C），根据免疫染色程序，用未经岩藻多糖处理的蛋白印迹膜检
测非特异性反应（B）。1列为分子质量标记，2~5列分别为来自不
同幽门螺旋杆菌菌株的表面蛋白］

Western blot（蛋白印迹）实验结果发现，幽门螺旋杆菌表面含有岩藻多糖结合蛋白，未发现其他多糖结合蛋白，因此揭示了岩藻多糖抑制幽门螺旋杆菌与胃黏膜粘附的作用机理（Shibata，1999）。大量研究显示，只有同时拥有硫酸基和岩藻糖的岩藻多糖具有很强的结合幽门螺旋杆菌功效、抑制其与胃黏膜上皮细胞的粘附作用，其他含硫酸基的多糖（如硫酸葡聚糖）或岩藻糖（单糖）没有抑制效果。抑制粘附的作用机制是幽门螺旋杆菌表面含有岩藻多糖结合蛋白，可以特异性地与岩藻多糖结合，有效抑制幽门螺旋杆菌与胃黏膜的粘附，使其从胃中清除。

四、岩藻多糖改善胃部炎症的作用

目前，针对幽门螺旋杆菌的根除，临床上主要依赖抗生素疗法，但是受到细菌耐药性以及患者依从性等因素的影响，根除效率并不尽如人意。岩藻多糖是源于海洋褐藻的含硫酸基多糖物质，具有广泛的生物活性，其抗粘附、抗氧化、免疫调节、抗感染等功效对改善幽门螺旋杆菌引起的胃部炎症起重要作用。

岩藻多糖的主要靶标是胃黏膜细胞受体，能阻止幽门螺旋杆菌在胃黏膜上的粘附、减少幽门螺旋杆菌生物被膜的形成（细菌形成生物被膜是一个动态的过程，主要分为四个阶段：细菌可逆性粘附的定植阶段、不可逆性粘附的集聚阶段、生物被膜的成熟阶段、细菌的脱落与再定植阶段）、抑制幽门螺旋杆菌的入侵和感染，从而减少炎症的发生（Besednova，2015）。

此外，有临床试验结果显示，在服用岩藻多糖后，幽门螺旋杆菌患者的尿素呼气试验基线值下降42%，同时血清中胃蛋白酶原（慢性萎缩性胃炎标志物）的含量显著下降。岩藻多糖不但能直接清除体内幽门螺旋杆菌，还能改善胃功能（Kim，2014）。

五、岩藻多糖缓解胃癌化疗副作用

化疗是治疗胃癌的一种手段，虽然效果比较明显，但是其引起消化道的不良反应也是非常明显的。日本学者最新发表的临床研究报告显示，岩藻多糖可缓解胃癌化疗副作用。对于晚期不可切除的胃癌患者，S-1 联合顺铂治疗已经成为一种标准的治疗方案，然而，很多患者由于无法承受该方案的副作用而无法继续进行治疗。Ikeguchi 等（Ikeguchi，2015）研究了岩藻多糖对化疗药物毒性等副作用的影响，24 位晚期不可切除的胃癌患者被分成岩藻多糖治疗组（$n=12$）和对照组（$n=12$）。实验结果显示，岩藻多糖能控制化疗期间疲劳的发生、保持良好的营养状态及延长化疗的周期，最终结果表明岩藻多糖治疗组的患者生存期比对照组长。岩藻多糖可作为胃癌患者的膳食补充剂，减少化疗的副作用，延长患者的生存期。

第四节 岩藻多糖改善肠道健康的功效

炎症性肠病（Inflammatory Bowel Disease，IBD）和慢性便秘是威胁肠道健康最普遍的两种疾病（Torok，2017）。IBD 的典型特征是肠道具有慢性肠黏膜炎症反应，在病理生理方面，IBD 涉及回肠、直肠以及结肠发生特定的肠道炎症。随着生活方式的改变，近年来我国 IBD 的发病率呈现出快速增长的趋势，已经成为困扰国民消化系统健康的一种普遍疾病。目前在临床上关于 IBD 的治疗还没有确切的措施，现行的治疗方法主要以缓解症状为主。

慢性便秘是全球范围内普遍的肠道功能紊乱疾病，随着人口老龄化趋势的加快及生活方式的改变，可以预见未来慢性便秘的发病率将持续增加。然而，人们对慢性便秘的重视程度较低，同时滥用泻药，欠缺规范诊疗的意识，导致慢性便秘病程反复迁延（Pare，2001）。目前我国慢性便秘患病率为 6%，老年群体为 11.5%，其中 60~65 岁人群的患病率为 8.7%，高于 85 岁人群的患病率高达 19.5%（Zhao，2011）。慢性便秘的反复发生可直接导致患者生活质量的下降，严重时可引发痔疮、肛裂及肠梗阻，突发的便血和便秘更有可能是大肠癌的征兆。

岩藻多糖是一种含硫酸基的海洋源复合多糖物质，属于水溶性膳食纤维。大量研究证实岩藻多糖具有双向调理肠道的作用，既可以改善肠炎又可以改善便秘。同时，临床研究证实岩藻多糖对肠道肿瘤康复具有很好的辅助功能。

一、岩藻多糖改善肠炎的功效

Lean 等（Lean，2015）研究了岩藻多糖对肠炎的改善效果，采用葡聚糖硫酸钠构建肠炎小鼠模型，每天通过口服或腹腔注射对小鼠使用岩藻多糖，持续7d，每天观察小鼠肠炎迹象及症状。实验结束后，取出小鼠结肠和脾脏，进行宏观评价、炎症因子测定及病理组织分析。实验结果表明，口服岩藻多糖能显著改善肠炎症状，包括体重保持、腹泻及血便症状减轻。同时，口服岩藻多糖的小鼠脾脏及结肠质量也显著减轻，病理组织分析结果显示未服用岩藻多糖的小鼠结肠受到显著损伤，出现免疫细胞浸润和水肿现象，而口服岩藻多糖的小鼠症状显著缓解。图 8-4 显示岩藻多糖缓解肠炎的功效。

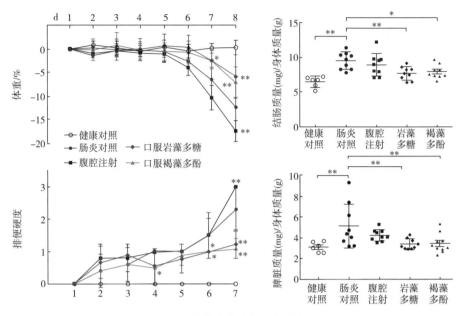

图 8-4 岩藻多糖缓解肠炎的功效

O′Shea 等（O′Shea，2016）以患有慢性结肠炎的小猪为模型，每天给小猪服用 240mg/kg 的岩藻多糖，持续 8 周，观察小猪的肠道功能及结肠炎病情。实验结果显示，服用 240mg/kg 岩藻多糖的小猪腹泻情况得到显著改善，体重得到回升，另外，通过对肠道炎症因子及肠道菌群的检测发现，岩藻多糖有效减少了炎症因子的产生，同时改善肠道菌群。表 8-2 显示岩藻多糖对肠炎症状的缓解情况。

表 8-2 岩藻多糖对肠炎症状的缓解情况

观察指标	对照组	葡萄糖硫酸钠	岩藻多糖 + 葡萄糖硫酸钠	海带多糖 + 葡萄糖硫酸钠	岩藻多糖 + 海带多糖 + 葡萄糖硫酸钠
初始体重 /kg	18.5	17.6	18.3	18.5	18.8
体重增加 /（kg/d）	0.831	0.581	0.628	0.419	0.660
最终体重 /kg	24.3	21.7	22.7	21.4	23.4
腹泻指数	2.5	4.7	3.5	4.0	4.2
血清木糖 /（mg/L）	57.8	28.6	43.0	38.5	40.6
绒毛高度 /μm	325.5	330.2	318.3	311.2	300.8
隐窝深度 /μm	307.0	288.6	278.4	311.3	294.3
绒毛高度 / 隐窝深度	1.1	1.1	1.1	1.0	1.0

Matsumoto 等（Matsumoto，2004）研究发现源自海蕴（*Cladosiphon okamuranus* Tokida）的岩藻多糖能通过降低结肠上皮细胞分泌炎症因子 IL-6 缓解肠炎症状。在选用小鼠结肠细胞 CMT-93 进行细胞实验后发现岩藻多糖能抑制 IL-6 分泌，在小鼠体内实验也同样证实了岩藻多糖能抑制 IL-6 及 IFN-γ 等炎症因子的分泌。图 8-5 显示岩藻多糖剂量对抑制结肠上皮细胞分泌 IL-6 的影响。

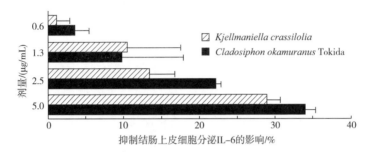

图 8-5　岩藻多糖剂量对抑制结肠上皮细胞分泌 IL-6 的影响

二、岩藻多糖改善便秘的功效

Matayoshi 等（Matayoshi，2017）选取 30 位便秘患者，随机分成两组，试验组每天服用 1g 岩藻多糖，对照组服用安慰剂。服用岩藻多糖 4 周后，试验组人员相比于对照组每天排便次数、每周排便天数以及排便体积都有显著改善，排便硬度降低。服用岩藻多糖 8 周后，改善效果更加显著，并且试验期间没有发现任何副作用。表 8-3 显示岩藻多糖改善便秘的功效。

表 8-3　岩藻多糖改善便秘的功效

观察指标	研究对象	开始时	4 周后	8 周后
每天排便次数	岩藻多糖组	0.40 ± 0.11	0.71 ± 0.25	0.76 ± 0.30
	安慰剂组	0.38 ± 0.09	0.67 ± 0.47	0.70 ± 0.52
每周排便天数	岩藻多糖组	2.70 ± 0.73	4.47 ± 1.33	4.60 ± 1.49
	安慰剂组	2.53 ± 0.55	3.57 ± 1.46	3.73 ± 1.62
排便硬度（1 为硬便、5 水样便）	岩藻多糖组	2.48 ± 1.00	3.30 ± 0.69	3.78 ± 0.66
	安慰剂组	2.21 ± 0.75	3.13 ± 0.88	3.33 ± 1.11
中等大小的便数	岩藻多糖组	5.99 ± 2.45	6.68 ± 1.75	7.68 ± 1.93
	安慰剂组	5.84 ± 1.92	6.76 ± 2.11	6.16 ± 2.36

三、岩藻多糖调节肠道菌群、缓解肠黏膜损伤的作用

青岛大学梁惠教授团队研究发现岩藻多糖可以改善肠道菌群、缓解黏膜损伤。采用环磷酰胺损伤小鼠肠道黏膜，从海地瓜中分离出岩藻多糖，分析其对损伤的肠道黏膜的作用。实验结果显示岩藻多糖可以缓解肠道黏膜损伤，降低炎症因子的表达，增加紧密连接蛋白的表达。同时，岩藻多糖能增加短链脂肪酸产生细菌（粪球菌属、理研菌科、Butyricicoccus）的丰度，增加粪便中的总短链脂肪酸、上调小肠中的短链脂肪酸受体（Xue，2018）。图8-6显示岩藻多糖能有效缓解肠黏膜损伤。

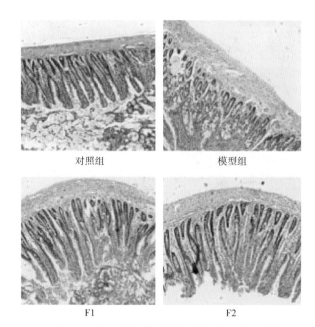

图 8-6　空肠组织黏膜形态改变的显微照片
（HE 染色，×200）
对照组大鼠肠绒毛光滑，腺体正常；模型组大鼠肠壁受损，可见绒毛脱落、绒毛结构丧失、绒毛高与隐窝高比值降低；F1、F2：添加岩藻多糖后，小肠绒毛结构和形态得到改善、肠壁完整、结构清晰。

四、岩藻多糖辅助肠道肿瘤治疗的功能

岩藻多糖被广泛用于肿瘤患者饮食治疗，但目前的研究大都是针对体外或小鼠实验，有效的临床证据相对缺乏。Vishchuk 等（Vishchuk，2016）的研究发现源自墨角藻的岩藻多糖具有很高的抗肿瘤活性。体外实验表明，岩藻多糖通过抑制丝裂原活化抑制结肠癌细胞生长，能直接作用于 TOPK 激酶、抑制

TOPK 的活性，从而阻止结肠癌细胞的转移和增殖。图 8-7 显示在结肠癌细胞 HCT116 异种移植小鼠模型中墨角藻岩藻多糖（FeF）对癌细胞生长及 T 细胞来源的蛋白激酶（TOPK）下游信号靶点的磷酸化的影响。

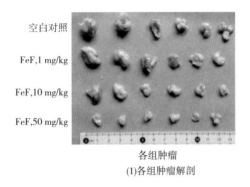

各组肿瘤
(1)各组肿瘤解剖

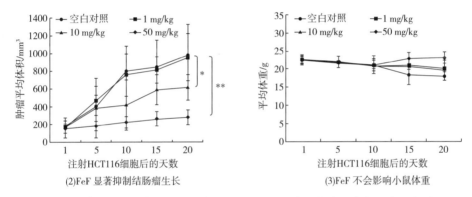

(2)FeF 显著抑制结肠瘤生长

(3)FeF 不会影响小鼠体重

图 8-7　在结肠癌细胞 HCT116 异种移植小鼠模型中墨角藻岩藻多糖（FeF）对癌细胞生长及 T 细胞来源的蛋白激酶（TOPK）下游信号靶点的磷酸化的影响

在评价岩藻多糖作为转移结肠癌患者辅助治疗的研究中，采用双盲随机临床试验，将 54 名结肠癌患者分成试验组 28 名、对照组 26 名，主要评价指标包括疾病控制率、生存期、总体存活率、副反应及生活质量。试验结果显示，岩藻多糖组的疾病控制率高达 92.8%，对照组为 69.2%；岩藻多糖组总生存期为（18.04±0.91）个月，显著高于对照组的（12.96±0.83）个月。此外，研究发现岩藻多糖组的副作用得到显著缓解，例如岩藻多糖组的口腔黏膜炎发病率为 50%（对照组 65.4%）、皮肤瘙痒发生率为 35.7%（对照组 53.9%）、呕吐发生率为 35.7%（对照组 53.9%）、味觉障碍发生率为 64.3%（对照组 80.8%）、血便发生率为 14.3%（对照组 30.8%）。因此，岩藻多糖可用于转移结肠癌患者的辅助治疗，帮助患者缓解副作用、控制疾病发展（Tsai，2017）。

5-氟尿嘧啶联合亚叶酸钙与奥沙利铂化疗方案是治疗晚期结肠癌的标准疗法，大量研究表明该方案有很好的疗效，但是有效控制药物毒性是延长患者寿命的重要因素。Ikeguchi 等（Ikeguchi，2011）将岩藻多糖用于评价抑制抗肿瘤药物毒性的效果，选取 20 位晚期结肠癌患者，分成两组，对照组接受常规化疗方案，实验组除了常规化疗方案外，每天服用 4g 岩藻多糖，持续 6 个月。实验结果显示，岩藻多糖可以减轻化疗期间患者的疲劳感，延长化疗周期，同时可以延长患者的生存期。因此，岩藻多糖可成为晚期结肠癌患者化疗必备的补充剂，减轻副作用，改善患者预后。

放射性肠炎是放疗中常见的并发症，严重影响治疗效果和患者的生活质量。放射性肠炎的治疗近年来取得了较多成效，但是随着放疗的进行极易出现症状的反复甚至进一步加重，临床上对安全、有效、经济的治疗手段有迫切需求。

青岛明月海藻集团海藻活性物质国家重点实验室联合青岛大学附属医院陆海军主任开展岩藻多糖对缓解放射性肠炎的功效研究，选取盆腔放射治疗的患者，对照组给予常规放射治疗，实验组在常规放疗期间加用岩藻多糖，观察患者放射性肠炎的发生率、临床症状、症状出现的时间等。从临床症状结果可以看出，放疗期间（30d），加用岩藻多糖的试验组排便平均次数得到一定控制（试验组 34.9 次、对照组 39.6 次），稀便、水样便天数显著降低（试验组 4.9d、对照组 11.2d），患者腹痛天数显著降低（试验组 4.9d、对照组 11d），里急后重症状得到有效缓解（试验组 4.3d、对照组 9d），乏力天数显著减少（试验组 5.1d、对照组 8.4d）。图 8-8 显示岩藻多糖缓解放射性肠炎的疗效，对排便次数、排便形状、腹痛次数、里急后重、乏力症状等均有很好的改善效果。

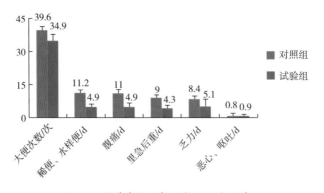

图 8-8　岩藻多糖缓解放射性肠炎的疗效

第五节 小结

大量科学研究表明，岩藻多糖在改善胃肠道健康方面有显著功效，在功能食品、保健品、药物开发等领域有广阔的应用前景。同时，由于岩藻多糖的组成和分子结构复杂，还需开展更深入的机理性研究，为其在改善胃肠道等医药健康领域的深度开发应用奠定基础。

参考文献

［1］Besednova N N, Zaporozhets T S, Somova L M, et al. Review: Prospects for the use of extracts and polysaccharides from marine algae to prevent and treat the diseases caused by *Helicobacter pylori*［J］. Helicobacter, 2015, 20: 89-97.

［2］Cai J, Kim T S, Jang J Y, et al. In vitro and in vivo anti-*Helicobacter pylori* activities of FEMY-R7 composed of fucoidan and evening primrose extract［J］. Lab Anim Res, 2014: 30 (1), 28-34.

［3］Chen S, Li Y, Yu C. Oligonucleotide microarray: a new rapid method for screening the 23S rRNA gene of *Helicobacter pylori* for single nucleotide polymorphisms associated with clarithromycin resistance［J］. J Gastroenterol Hepatol, 2008, 23 (1): 126-131.

［4］Chua E G, Verbrugghe P, Perkins T T, et al. Fucoidans disrupt adherence of *Helicobacter pylori* to AGS cells in vitro［J］. Evidence-Based Complementary and Alternative Medicine, 2015: 1-6.

［5］Ikeguchi M, Saito H, Miki Y, et al. Effect of fucoidan dietary supplement on the chemotherapy treatment of patients with unresectable advanced gastric cancer［J］. Journal of Cancer Therapy, 2015, 6: 1020-1026.

［6］Ikeguchi M, Yamamoto M, Arai Y, et al. Fucoidan reduces the toxicities of chemotherapy for patients with unresectable advanced or recurrent colorectal cancer［J］. Oncology Letters, 2011, 2, 319-322.

［7］Kim T S, Choi E K, Kim J, et al. Anti-*Helicobacter pylori* activities of FEMY-R7 composed of fucoidan and evening primrose extract in mice and humans［J］. Lab Anim Res, 2014: 30 (3), 131-135.

［8］Lean Q Y, Eri R D, Fitton J H, et al. *Fucoidan extracts ameliorateacute colitis*［J］. PLOS ONE, 2015, 10, e0128453.

［9］Matayoshi M, Teruya J, Ryuji T, et al. Improvement of defecation in healthy individuals with infrequent bowel movements through the ingestion of dried Mozuku powder: a randomized, double-blind, parallel-group study［J］. Functional Foods in Health and Disease, 2017, 7, 735-742.

[10] Matsumoto S, Nagaoka M, Hara T, et al. Fucoidan derived from *Cladosiphon okamuranus* Tokida ameliorates murine chronic colitis through the down-regulation of interleukin-6 production on colonic epithelial cells [J]. Clin Exp Immunol, 2004, 136: 432-439.

[11] Megraud F. *H. pylori* antibiotic resistance: prevalence, importance, and advances in testing [J]. Gut, 2004, 53: 1374-1384.

[12] O' Shea C J, O' Doherty J V, Callanan J J, et al. The effect of algal polysaccharides laminarin and fucoidan on colonic pathology, cytokine gene expression and Enterobacteriaceae in a dextran sodium sulfate-challenged porcine model [J]. Journal of Nutritional Science, 2016, 5, 1-9.

[13] Pare P, Ferrazzi S, Thompson W G, et al. An epidemiological survey of constipation in *Canada*: definitions, rates, demographics, and predictors of health care seeking [J]. The American Journal of Gastroenterology, 2001, 96, 3130-3137.

[14] Shibata H, Kimura-Takagi I, Nagaoka M, et al. Inhibitory effect of *Cladosiphon fucoidan* on the adhesion of *Helicobacter pylori* to human gastric cells [J]. Journal of Nutritional Science and Vitaminology, 1999, 45: 325-336.

[15] Torok H P, Bellon V, Konrad A, et al. Functional toll-like receptor (TLR) 2 polymorphisms in the susceptibility to inflammatory bowel disease [J]. Plos One, 2017, 12, e0175180.

[16] Tsai H L, Tai C J, Huang C W, et al. Efficacy of low-molecular-weight fucoidan as a supplemental therapy in metastatic colorectal cancer patients: a double-blind randomized controlled trial [J]. Marine Drugs, 2017, 15, 122-133.

[17] Vishchuk O S, Sun H, Wang Z, et al. PDZ-binding kinase/T-LAK cell-originated protein kinase is a target of the fucoidan from brown alga *Fucus evanescens* in the prevention of EGF-induced neoplastic cell transformation and colon cancer growth [J]. Oncotarget, 2016, 7(14): 18763-18773.

[18] Xue M, Ji X, Liang H, et al. The effect of fucoidan on intestinal flora and intestinal barrier function in rats with breast cancer [J]. Food Function, 2018, 21: 1214-1223.

[19] Zhao Y F, Ma X Q, Wang R, et al. Epidemiology of functional constipation and comparison with constipation-predominant irritable bowel syndrome: the Systematic Investigation of Gastrointestinal Diseases in China (SILC) [J]. Alimentary Pharmacology Therapeutics, 2011, 34, 1020-1029.

[20] 郑荣寿, 孙可欣, 张思维, 等. 2015年中国恶性肿瘤流行情况分析 [J]. 中华肿瘤杂志, 2019, 41(1): 19-28.

[21] 左婷婷, 郑荣寿, 曾红梅, 等. 中国流行病学现状 [J]. 中国肿瘤临床, 2017, 44(1): 52-58.

岩藻多糖的功能与应用

［22］杨桂彬，胡伏莲，吕有勇.胃黏膜病变演化过程中幽门螺旋杆菌感染与 p53变异和MG-7抗原及核仁组成区相关蛋白表达的关系［J］.中华医学杂志，2003，83（15），1331-1335.

［23］金哲，胡伏莲，魏红，等.幽门螺旋杆菌长期感染蒙古沙土鼠的腺胃模型的建立与评价［J］.中华医学杂志，2008，88（22）：151-152.

［24］胡伏莲.中国幽门螺旋杆菌研究现状［J］.胃肠病学，2007，12（9）：516-618.

［25］胡伏莲，周殿元.幽门螺旋杆菌感染的基础与临床，第三版［M］.北京：中国科学技术出版社，2010.

［26］胡伏莲.重视幽门螺旋杆菌耐药菌株的研究［J］.胃肠病学，2006，11（7）：385-387.

第九章　岩藻多糖改善肾功能的功效

第一节　引言

慢性肾功能衰竭（CRF）、急性肾损伤（AKI）和糖尿病肾病（DN）是三种常见的肾脏疾病。CRF 是由各种慢性肾脏病（CKDs）和伴有一系列症状或代谢紊乱的表现性综合征引起的进行性肾脏损害（La，2018），是一个全球性的公共健康问题。据估计，全球用于终末期肾病（ESRD）的资金超过 1 万亿美元。急性肾损伤（AKI）是一种以肾功能迅速下降为特征的临床综合征，可引起无尿和无氮血症。糖尿病肾病（DN）是由糖尿病和肾上腺皮质引起的最常见和最严重的肾小球微血管疾病之一。目前，现代医学主要通过调整酸碱平衡、补充电解质、输血、纠正贫血，直到采用腹膜透析和血液透析治疗 CRF、AKI、DN（Chevalier，2018；Raghav，2018）。然而，在过去的 40 年中，病人的死亡率和发病率并没有明显改善，为这些疾病寻找新的治疗方法和治疗药物迫在眉睫。

《中华人民共和国药典》2015 版第 209 页记载，中药昆布为海带科植物海带（*Saccharina japonica* Aresch.）或翅藻科植物昆布（*Ecklonia kurome* Okam.）的干燥叶状体，夏、秋两季采捞、晒干。昆布性寒味咸，归肝、胃、肾经，其功能与主治为软坚散结、消痰、利水，用于瘿瘤、瘰疬、睾丸肿痛、痰饮水肿。昆布的利水、消肿、化浊作用，在历代本草典籍中多有论述。昆布入药最早见之于魏晋时期的《吴普本草》，其中记载"纶布，一名昆布，酸、咸、寒，无毒，消瘰病。"《名医别录》中记载"昆布味咸、寒、无毒，主治十二种水肿、瘿瘤聚结气、疮，生东海。"其中所谓的十二种水肿，实际上是泛指多种水肿，说明昆布对水肿有良好的主治功效。我国历史上还有很多文献也记载了这一功效，如《药性论》载昆布"利水道、去面肿"，《本草拾遗》载"主颓卵肿"，《玉楸药解》载"泄水去湿、破积软坚"及"清热利水、治气臌水胀"。《现代实用中药》中记载昆布"治水肿、淋疾、湿性脚气",《本草经疏》释其机理为"昆布,咸能软坚,其性润下,寒能除热散结,故主十二种水肿"。

通过对昆布利水消肿的功效进行现代研究,利用先进技术解析昆布的药效成分,中国科学院海洋研究所发现岩藻多糖是昆布利水消肿的主要活性成分,对慢性肾功能衰竭有良好的治疗作用(Zhang,2003;Zhang,2005)。构效关系研究表明岩藻多糖的相对分子质量、单糖组成、硫酸化程度和硫酸化位点均影响其肾脏保护活性,其中低分子质量岩藻多糖表现出更优的活性。药理学研究表明岩藻多糖主要依靠减少细胞外基质的累积抑制肾脏纤维化和肾小球硬化。此外,岩藻多糖可以降低炎症反应和 P- 选择素的表达、维持肾小球基底膜和肾小球结构的完整性、提升肾小球的过滤功能,并防止肾脏黏多糖的异常降解。

临床研究表明岩藻多糖可以降低慢性肾病患者的尿素和肌酐含量并提高其肾脏功能(李开龙,2010)。基于其临床功效,褐藻多糖硫酸酯(原料药名,即岩藻多糖)和海昆肾喜胶囊(制剂)于 2003 年分别获得新药证书后被中国食品药品管理局批准上市。

第二节 岩藻多糖的制备

岩藻多糖是一种含有硫酸基团的水溶性多糖,可以用水、稀酸或氯化钙溶液从褐藻中提取后用乙醇、季铵盐阳离子表面活性剂等沉淀制得(Zhao,2018),最后用乙醇分级沉淀法和色谱法分离纯化岩藻多糖。由于岩藻多糖分子质量大、化学成分复杂,其结构研究进展缓慢。Wang 等(Wang,2008)用热水浸提并经乙醇沉淀提取岩藻多糖后用 DEAE-Sepharose FF 柱层析法将岩藻多糖进行分级纯化,用不同浓度的 NaCl 梯度洗脱获得三个分级组分,分别为硫酸化杂聚糖、硫酸化的半乳岩藻聚糖和硫酸化岩藻聚糖,其中硫酸化的半乳岩藻聚糖是岩藻多糖的主要成分。通过化学分析和波谱分析,确定这三个组分的结构。硫酸化的半乳岩藻聚糖的主链主要由(1→3)连接的 α-L-岩藻糖,还有少量的(1→4)连接的 α-L-岩藻糖,每 4 个糖单位就有一个支链,支链由 α-L- 岩藻糖或(1→6)链接的 β-D-半乳糖组成,硫酸根的连接方式不均一,分别连接在岩藻糖的 2 或 4 位,或者半乳糖的 3、4 位,有些双取代(Wang,2010)。硫酸化杂聚糖主链由 4-葡萄糖醛酸和 2-甘露糖交替连接构成,硫酸基连接在甘露糖的 C6 位,支链由(1→3)连接的岩藻糖、(1→6)连接的半乳糖及(1→4)

连接的葡萄糖醛酸组成，硫酸基主要连接在岩藻糖的 C4 位，少量连接在岩藻糖的 C2 位。硫酸化的岩藻聚糖的主链由（1→3）连接的 α-L- 岩藻糖和（1→4）连接的 α-L- 岩藻糖交替连接组成，硫酸基连接在岩藻糖的 2 和 3 位上，有时仅连接在 2 位上（Jin，2012）。

第三节　岩藻多糖对肾脏疾病的作用及机制

一、慢性肾功能衰竭（CRF）

慢性肾功能衰竭（CRF）又称为慢性肾功能不全，是指各种原因造成的慢性进行性肾实质损害，致使肾脏明显萎缩，不能维持其基本功能，临床出现以代谢产物潴留，水、电解质、酸碱平衡失调，全身各系统受累为主要表现的临床综合征，也称为尿毒症。导致 CRF 的主要原因有肾小球肾炎、慢性肾盂肾炎、高血压引起的肾脏动脉粥样硬化、糖尿病肾病、继发性肾小球肾炎和肾衰竭。

Zhang 等（Zhang，2003）研究发现，从海带中提取的岩藻多糖对于 5/6 肾脏切除和肾脏冷冻损伤导致的大鼠慢性肾衰模型有良好疗效，采用 100 和 200 mg/kg 剂量灌胃给药 4 周后能显著降低大鼠血清肌酐和尿素氮水平，并呈剂量依赖性。病理学分析可知，岩藻多糖可以减缓肾小球系膜的增生、减轻炎症细胞的浸润，有效预防肾小管组织病理学的变化，其中 200mg/kg 剂量的岩藻多糖的肾脏保护作用和地塞米松作用相当。

采用比格犬进行的肾脏血流试验表明，多糖的注射给药能显著改善肾脏血流，说明岩藻多糖能通过改善肾脏血流而改善肾功能。Zhang 等（Zhang，2005）随后又对岩藻多糖在海曼肾炎中的应用功效、对蛋白尿形成以及肾脏功能的影响进行了评估，通过大鼠近曲肾小管边缘状蛋白来诱导造模。口服插管喂食岩藻多糖（50mg/kg、100mg/kg、200mg/kg），每天一次、连续四周。海曼肾炎模型组尿蛋白与肌酐显著升高，而在 100mg/kg、200mg/kg 剂量作用下，岩藻多糖可以显著降低尿蛋白与肌酐水平，结果表明岩藻多糖是治疗肾炎很好的潜在药物。

岩藻多糖的活性和单糖组成、硫酸根含量及取代位置、相对分子质量、其他取代基团的种类和位置及单糖的连接方式密切相关（Huimin，2005；Qi，2006）。分子质量对岩藻多糖治疗慢性肾衰的活性影响显著，低分子质量岩藻多糖的肾脏保护活性优于未降解的岩藻多糖，而且，低分子质量岩藻多糖具有更好的生物相容性和更低的毒副作用，具有更大的药用潜能。蛋白尿是慢性肾脏疾病（CKD）进行性肾损害的病因和加重因素。Zhang 等（Zhang，2005）研究了低分子质量岩藻多糖（LMWF）保护肾功能和肾小管上皮细胞免受高蛋白损伤的机理。实验小鼠模型出现肾功能障碍、形态学改变、炎症和纤维化相关蛋白的过表达。低分子质量岩藻多糖剂量为 100mg/kg 时使肾损害小鼠血肌酐降低 34%，尿素氮降低 25%，肌酐清除率增加 48%，并且显著降低尿白蛋白浓度，从而保护肾脏免受损伤，防止肾功能不全。体外近端小管上皮细胞（NRK-52E）模型显示，低分子质量岩藻多糖剂量依赖性地抑制了白蛋白超载引起的促炎和促纤维化因子的过度表达、氧化应激和凋亡。这些试验结果表明，低分子质量岩藻多糖可通过抑制炎症、纤维化、氧化应激和细胞凋亡等作用，保护肾脏免受高蛋白的损伤，这表示低分子质量岩藻多糖可能是一种有前途的慢性肾脏疾病预防候选药物。

Wang 等（Wang，2012）研究了岩藻多糖的分级组分——硫酸化的甘露葡萄糖醛酸杂聚糖（UF）和硫酸化的半乳岩藻聚糖（DF）对腺嘌呤诱导的慢性肾衰大鼠的肾脏保护作用。试验结果表明 DF 和 UF 对慢性肾功能衰竭大鼠的肾脏损伤具有明显的保护作用，两种样品都能显著提高大鼠血清肌酐和尿素氮水平，其中 DF 的作用优于 UF。UF 和 DF 均对血清和肝脏中的抗氧化酶 CAT、GSH-px、GSH 的活性和脂质过氧化产物 MDA 的水平有较大的影响，其中 DF 有更好的活性。因此，Wang 等推测 DF 和 UF 对 CKD 大鼠的作用机制与其抗氧化活性有关，样品可以通过增强抗氧化酶的活性和降低脂质过氧化水平缓和 CKD 的并发症状，起到对肾脏的保护作用（Veena，2006；Thamilselvan，2003）。

不同的取代基团对岩藻多糖的抗氧化活性有很大影响，其中苯甲酰基的引入可以极大提高岩藻多糖的抗氧化活性，在此基础上，Wang 等（Wang，2012）对岩藻多糖苯甲酰化衍生物对慢性肾衰大鼠肾脏的保护作用及其机制进行了研究，给予慢性肾衰大鼠岩藻多糖苯甲酰化衍生物的剂量为 50~150mg/kg。试验结果表明，岩藻多糖苯甲酰化衍生物可以显著降低慢性肾衰大鼠体内血清肌酐和尿素氮的含量，明显减轻肾小管和间质组织病理改变，使系膜区明显缩小，对于大鼠慢性肾衰竭有一定疗效，其作用效果强于阳性对照（海昆肾喜胶囊），衍生物低剂量组的疗效好于高剂量组。慢性肾衰大鼠血清酶（CAT、GSH-px）、非酶（GSH）抗氧化剂活性 / 水平及丙二醛（MDA）水平均有变化，而岩藻多糖苯甲酰化衍生物可以提高大鼠血清和肝匀浆中抗氧化酶的活性和降低脂质过氧化水平，从而降低生物体内的氧化程度，增强抗氧化能力。该研究揭示了岩藻多糖苯甲酰化衍生物对 CKD 大鼠的一种新的作用机制，即岩藻多糖苯甲酰化衍生物可以通过取代肾小球细胞的电负性成分，抑制系膜细胞的增殖，从而减轻肾小管、间质和系膜区域的功能，还证实了岩藻多糖苯甲酰化衍生物对慢性肾病大鼠的作用机制与其抗氧化活性有密切的关系，岩藻多糖苯甲酰化衍生物可以提高抗氧化酶活性、降低 LPO 水平，从而缓解慢性肾病的症状。

肾纤维化是慢性肾病发展为终末期肾病（ESRD）的发病机制之一。在肾脏纤维化过程中，肾脏固有细胞在致纤维化因子、生长因子作用下，细胞的表型发生转化，最终导致纤维化。此外细胞外基质（ECM）成分的产生及降解失调也会进一步促进肾脏纤维化。商滨等（商滨，2011）应用人肾间质成纤维细胞（HRIF）进行体外培养，研究岩藻多糖对体外培养的肾间质成纤维细胞增殖和分泌纤维连接蛋白（FN）、层粘连蛋白（LN）、转化生长因子 $\beta1$（TGF-$\beta1$）的影响以及诱导 HRIF 凋亡的情况，以期探讨肾间质成纤维细胞抗肾间质纤维化的作用机制。结果显示不同浓度的岩藻多糖作用于 HRIF 后 24h、48h，除 25 μg/mL 作用 24h 无影响外，其他组均能显著抑制肾间质成纤维细胞的增殖（$P<0.01$），但抑制效应不随浓度的增加而增强。表 9-1 所示为不同浓度岩藻糖对人肾间质成纤维细胞（HRIF）增殖的影响。

表 9-1　不同浓度岩藻多糖对人肾间质成纤维细胞（HRIF）增殖的影响（$X\pm S$）

组别	24 h	48 h
空白对照组	0.274 ± 0.033	0.645 ± 0.019
25 μg/mL 岩藻多糖组	0.257 ± 0.017	0.446 ± 0.124
50 μg/mL 岩藻多糖组	0.191 ± 0.002	0.421 ± 0.089
100 μg/mL 岩藻多糖组	0.213 ± 0.038	0.440 ± 0.027
200 μg/mL 岩藻多糖组	0.200 ± 0.017	0.384 ± 0.063

各种浓度岩藻多糖作用肾间质成纤维细胞 24h 均能显著抑制纤维连接蛋白（FN）的分泌（$P<0.01$），但不随浓度的升高抑制 FN 分泌的作用增强，48h 时只有在 200 μg/mL 水平可显著抑制 FN 的分泌（$P<0.01$）；各种浓度下岩藻多糖作用 HRIF 24h 均能显著抑制层粘连蛋白（LN）的分泌，但不随浓度的升高抑制 LN 分泌的作用增强,48h 各组与对照组相比均不能抑制 LN 的分泌（$P>0.05$）；

各组在 24h、48h 均不能抑制转化生长因子 $\beta1$（TGF-$\beta1$）的分泌（$P>0.05$）。表 9-2 所示为各组在不同时间点 FN、LN 和 TGF-$\beta1$ 含量的比较。

表 9-2　不同时间点纤维连接蛋白（FN）、层粘连蛋白（LN）、转化生长因子 $\beta1$（TGF-$\beta1$）
含量的比较（$n=3$，$\overline{X}\pm S$）

组别	时间 /h	FN/（μg/mL）	LN/（ng/mL）	TGF-β_1/（pg/mL）
对照组	24	1.432 ± 0.006	6.021 ± 0.114	70.623 ± 35.037
	48	1.434 ± 0.008	2.470 ± 0.352	215.313 ± 116.944
岩藻多糖 25 μg/mL 组	24	0.756 ± 0.161	2.895 ± 0.463	96.647 ± 26.239
	48	1.269 ± 0.308	2.668 ± 0.479	81.617 ± 56.558
岩藻多糖 50 μg/mL 组	24	0.841 ± 0.166	3.388 ± 0.255	79.390 ± 44.896
	48	1.221 ± 0.268	2.317 ± 0.345	42.943 ± 9.475
岩藻多糖 100 μg/mL 组	24	0.777 ± 0.169	2.453 ± 0.375	126.470 ± 60.040
	48	1.198 ± 0.247	2.851 ± 0.850	76.593 ± 20.200
岩藻多糖 200 μg/mL 组	24	0.592 ± 0.115	4.361 ± 0.973	178.733 ± 112.712
	48	1.290 ± 0.020	3.050 ± 0.686	35.290 ± 14.954

　　表 9-2 的结果说明岩藻多糖可显著抑制人肾间质成纤维细胞（HRIF）增殖和 HRIF 分泌糖蛋白纤连蛋白（FN）和层粘连蛋白（LN）。据推测，ECM 组分的合成明显减少，而减少 ECM 可改善肾功能，延缓肾脏疾病的发展，这表示岩藻多糖可能明显抑制肾间质中细胞外基质的堆积，延缓肾间质纤维化的进展，其中以 200 μg/mL 岩藻多糖作用肾间质成纤维细胞 24h 为最佳作用浓度时间，这可能是岩藻多糖抗肾间质纤维化、防治慢性肾衰竭的重要机制之一。

　　刘建春（刘建春，2007）发现在慢性肾病的早期和中期阶段，岩藻多糖抑制细胞因子 TGF-$\beta1$、MCP-1 的表达，从而减缓肾间质纤维化的发展。Li 等（Li，2017）的研究表明低分子质量岩藻多糖（LMWF）及其分级组分 F0.5 和 F1.0 在细胞模型上可影响肾脏纤维化。TGF-$\beta1$ 或 FGF-2 诱导的 HK-2 细胞上皮转分化（EMT）导致细胞有明显的纤维化现象。LMWF/F0.5/F1.0 可显著降低 HK-2 细胞中的 EMT 标志性蛋白纤连蛋白（Fn）和 α-平滑肌肌动蛋白（α-SMA）相关基因的翻译与表达。LMWF、F0.5、F1.0 通过降低肝素酶（HPSE）的表达，间接调控细胞内糖蛋白 SDC-1 的表达、降低基质金属蛋白酶-9（MMP-9）的表达，减轻纤维化症状。

肾小管间质纤维化被认为是进行性慢性肾病的关键因素。Chen 等（Chen，2017）评估了低分子质量岩藻多糖对肾小管纤维化的抑制效果，发现作用剂量在 100mg/（kg·d）的低聚岩藻多糖可以提升慢性肾病模型小鼠肾脏的功能，并减低其肾小管间质的纤维化程度。低聚岩藻多糖也可抑制血压导致大鼠肾小管细胞的纤维化反应和其 CD44、β- 连环蛋白和 TGF-β 的表达。

肾小球硬化（GS）是一种复杂的进程，包括多种生物活性物质和细胞成分因子的变化。GS 的诱因可分为三类：肾小球高血压、免疫疾病和新陈代谢。王兆华（王兆华，2005）研究了岩藻多糖对阿霉素肾病大鼠模型的保护作用，结果表明，岩藻多糖可降低尿蛋白、血清肌酐和尿素氮水平，改善阿霉素肾病和肝硬化大鼠肾功能。岩藻多糖还能抑制 TGF-β1 在大鼠肾脏的表达，减少了Ⅳ型胶原、纤粘连蛋白的合成，减少 TGF-β1 和 PAI-1 mRNA 在肾皮质中的表达，并推迟了肾硬化。

二、急性肾损伤（AKI）

急性肾损伤（AKI）是指肾功能短期内突然下降。目前全球范围内 AKI 发病率持续攀升、死亡率居高不下，而对于 AKI 预防或治疗并无特别有效的药物，对于严重的患者只能选择肾脏代替治疗或血液透析治疗的方法。Li 等（Li，2017）采用 50% 甘油后肢注射诱导大鼠 AKI 模型，研究了腹腔注射低分子质量岩藻多糖（LMWF）及其分级组分 F0.5、F1.0 对 AKI 大鼠的影响。结果表明，分级组分 F1.0 可以明显降低 BUN、Scr 水平，使血糖、肾脏重量与体重维持在正常水平。

甘油诱导的 AKI 大鼠表现出横纹肌溶解的现象，加剧了大鼠的肾脏氧化应激压力和内质网压力。Nara 等（Nara，2016）研究了短期甘油诱导的 AKI 大鼠模型中炎症现象和脂质过氧化现象，结果表明，促炎细胞因子介导的炎症反应可能是甘油注射之后迅速出现横纹肌溶解的原因，这种现象又因为脂质的过氧化而加剧。Li 等（Li，2017）研究了 LMWF 在 HK-2 细胞中发挥作用的机制，结果表明，LMWF 可以剂量依赖性地降低 MAPK 通路活性，抑制凋亡通路。

三、糖尿病肾病（DN）

糖尿病肾病（DN）是一种非常普遍和非常严重的慢性综合微血管疾病，是晚期肾衰竭的主要原因。DN 早期的症状有肾脏过度肥大、肾小球肥大、肾小球过度滤过和微量白蛋白尿（Wang，2015）。随着微血管内压的增高和上皮细胞的功能障碍，视网膜毛细血管出现荧光素渗漏增加，肾小球毛细血管白蛋白排泄率升高（Papadopoulou-Marketou，2017）。

Wang 等（Wang，2014）的研究表明，岩藻多糖对链脲佐菌素诱导的 DN 大鼠有保护作用。相对于模型组来说，岩藻多糖治疗组不仅可以降低血糖、血液脲氮和肌酸酐的水平，还可以显著增加白蛋白、血清胰岛素和 β2- 微球蛋白。此外，岩藻多糖治疗组在肾脏形态上有更优的保护作用。从这些结果中可以推断出岩藻多糖可以改善 DN 大鼠的代谢异常并减缓糖尿病肾病并发症。

氧化应激和炎性小体是 DN 的主要内在致病因素，因此 DN 的治疗主要靠抑制炎症和减少氧化应激。Hu 等（Hu，2017）研究了从 *Acaudina molpadioides* 中提取出的岩藻多糖（Am-FUC）对腹腔注射链脲佐菌素和高脂肪饮食诱导的 II 型糖尿病小鼠的肾脏保护活性。结果表明，Am-FUC 通过降低尿苷脲氮、白蛋白、β-*n*-乙酰-*d*-氨基葡萄糖酶和白蛋白-肌酐比值缓解肾功能障碍，还可通过减弱 TGF-β1 信号通路保护肾脏功能，该通路与高血糖、肥胖、氧化应激和炎症有关。Xu 等（Xu，2016）研究了低分子质量岩藻多糖（LMWF）对链脲佐菌素诱导的 DN 大鼠的作用，实验结果表明 LMWF 可以防止 DN 大鼠体重减轻，显著降低 DN 大鼠血液和尿液样本中的生化标志物——透明质酸（HA）和晚期糖基化终产物受体（AGER）水平。

低分子质量岩藻多糖（LMWF）可以维持肾小球基底膜（GBM）和肾小球结构的完整性、改善肾小球滤过功能、保护糖胺聚糖不发生异常降解、防止晚期糖基化终产物（AGE）的产生和积累。LMWF 还能降低 DN 大鼠的炎症反应。图 9-1 显示，正常组（Normal）的 GBM 形态结构较完整，内皮细胞、GBM 和足突细胞结构清晰。与正常组相比，模型组（Model）的 GBM 增厚、内皮细胞内孔减少、足突细胞结构发生明显改变。Model 组肾小球滤过屏障产生显著的病理学改变。与 Model 组相比，低分子质量岩藻多糖组（LMWF，200mg）能明显抑制肾小球的 GBM 的病理变化，另外，低分子质量岩藻多糖组（LMWF，100 mg）和卡托普利组（Captopril）也能在一定程度上减缓 GBM 的增厚。

相较于阳性药卡托普利，LMWF 可以更显著下调 *P*-选择素 mRNA 的表达与蛋白质表达水平。数据表明，*P*-选择素可以调节 DN 大鼠体内的炎症反应，尤其能损伤肾小球基底膜，并产生其他的病变。LMWF 可以通过抑制 *P*-选择素和选择素依赖炎症改善 DN 的发展和进展（Xu，2016）。岩藻多糖对高糖诱导的 NRK-52E 细胞的作用结果表明，其显著下调了 PKC-α、PKC-β 和 TGF-β1

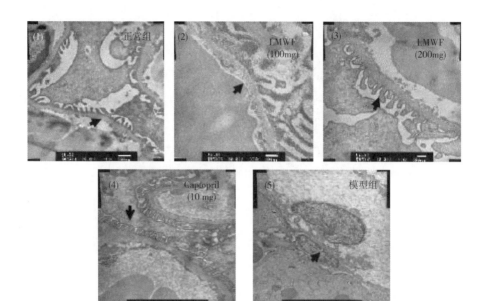

图 9-1　低分子质量岩藻多糖（LMWF）对糖尿病肾病大鼠肾小球基底膜（GBM）的影响

（1）正常组的代表性透射电镜图；（2）～（3）低分子质量岩藻多糖组（LMWF）100mg组和200mg组；（4）阳性药卡托普利组；（5）模型组。黑色箭头显示肾小球基底膜有明显的形态特征。

蛋白的表达，由此可以推测岩藻多糖通过 PKC 和 TGF-β 信号通路调节高糖诱导的糖尿病肾病。

第四节　临床应用和功效

中国科学院海洋研究所发现岩藻多糖（即褐藻多糖硫酸酯）对慢性肾衰具有显著疗效，是昆布利水消肿的主要活性成分后，按照新药注册管理办法进行了系统的新药开发，以岩藻多糖为主要成分，通过处方工艺开发，确定了胶囊剂的制备工艺，并按照中药新药命名原则定名为海昆肾喜胶囊。

在南京中医药大学附属医院、山东中医药大学附属医院、济南军区总医院等 5 家医院进行的临床试验中，随机治疗组 110 例、随机对照组 110 例、开放组 190 例，共 410 例。试验结果表明，由岩藻多糖制备的海昆肾喜药物对慢性肾衰、中医湿浊证症候改善具有较好疗效，治疗组对湿浊证症候改善的有效率达 85.55%，对湿浊证的主要症状，如恶心、呕吐、纳差、腹胀、身重、困倦、尿少、浮肿等情况的改善率均大于 60%，明显高于对照组。对慢性肾衰具有降低尿素氮、肌酐，改善肾功能、延缓病情进展的临床疗效，治疗组有效稳定率为78.16%、对照组有效稳定率为61.82%，总体疗效差异有显著性。对部分稳定的以上病例带药远期随访1年，发现仍有一定的控制病情发展作用，未发现明显毒副作用。

海昆肾喜胶囊作为单味提取海洋新药，具有较好的治疗慢性肾衰、改善湿浊证症状、提高生活质量、延缓病程进展的作用，有一定的先进性，服用海昆肾喜胶囊能增加人体免疫功能、增加肾血流量和利尿作用。

2003年褐藻多糖硫酸酯（即岩藻多糖）（原料药，国药证字Z20030090）和海昆肾喜胶囊（国药证字Z20030089）分别获得中国食品药品管理局颁发的新药证书并上市。近十几年的临床用药表明海昆肾喜胶囊对于慢性肾病有很好的治疗效果，是我国临床上用于治疗慢性肾衰的常用药物。

基于中国知网、重庆维普和万方数据库检索，2006—2019年共发表了159篇与海昆肾喜胶囊相关的药理学和临床研究论文。在所有临床病例中，海昆肾喜胶囊用量均为每次2粒、每天3次。这些研究论文明确显示海昆肾喜胶囊对肾功能不全及糖尿病肾病患者有很好的治疗效果，其中疗效判定主要依据卫生部制定的《中药新药临床研究指南》疗效标准，对病人治疗前后血清肌酐（Scr）、肌酐清除率（Ccr）进行评价。若Ccr增加率超过20%或Scr减少率超过20%，则表明效果显著。Ccr升高10%以上或Scr降低10%以上则表明有效，治疗前后无明显变化则表明无效。10篇论文报告了349例单独应用海昆肾喜胶囊治疗慢性肾功能衰竭（CRF）患者，其中182例疗效显著、152例疗效有效、总有效率为96.83%。对照组349例CRF患者均接受常规治疗，其中显效113例、有效138例、总有效率为71.91%（石东英，2015；陶松青，2014；李艳峰，2015；钱莹，2018；曹宏敏，2013；金鑫，2013；张育琴，2012；周伟，2012；张凤芹，2010；杜兵，2008）。图9-2所示为海昆肾喜胶囊治疗慢性肾功能衰竭（CRF）的临床应用情况。

有45篇论文报道了海昆肾喜胶囊和其他治疗药物联合治疗慢性肾衰竭（CRF）。治疗组共2029例，患者接受海昆肾喜胶囊和丹参复方注射液或盐酸川芎嗪注射液、复方酮酸片、参水宁片、参康注射液等联合用药，其中显效864例、有效895例，总有效率86.69%。对照组1908例患者接受常规治疗，其中显效530例、有效719例，总有效率为65.46%（韩立娜，2019；李飞，2019；周瑞琴，2019；丁宏，2019；钱莹，2018；霍长亮，2013；孙薇，2013；党向明，2013；

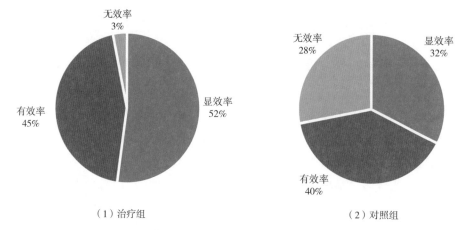

（1）治疗组   （2）对照组

图9-2　海昆肾喜胶囊治疗慢性肾衰竭（CRF）的临床应用情况

李岩，2013；杨进川，2013；冯绍华，2013；莫莉，2013；茹彦海，2013；李亦聪，2013；丁志勇，2013；徐珩，2012；舒峤，2012；卢晓月，2011；晏石枝，2012；姜海生，2012；李六生，2012；邱楚雄，2011；郝春艳，2011；李微微，2011；王维平，2010；张德英，2009；陶义红，2008；岳玉桃，2005；张丽婷，2014；黄佑芳，2014；吕金秀，2015；赵明，2015；唐敏，2014；黄永辉，2014；秦英，2015；胡壮彬，2015；曹瀚文，2016；何志红，2016；黄鑫，2016；杨世明，2017；张秀明，2017；唐燕，2017；李春苗，2017；廖国华，2017）。图9-3所示为海昆肾喜胶囊联合其他药物治疗慢性肾衰竭（CRF）的临床应用情况。可以看出，海昆肾喜胶囊单独使用或与其他药物联合用药总有效

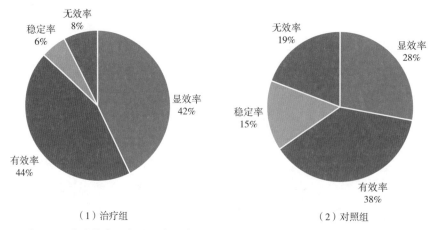

（1）治疗组   （2）对照组

图9-3　海昆肾喜胶囊联合其他药物治疗慢性肾衰竭（CRF）的临床应用情况

岩藻多糖的功能与应用

率为85%~96%，而对照组为65%~71%。治疗组平均总有效率比对照组高20%，说明海昆肾喜胶囊治疗慢性肾衰竭疗效显著。

有3篇论文报道了海昆肾喜胶囊用于治疗糖尿病肾病。在342例单独应用海昆肾喜胶囊治疗的糖尿病肾病患者中，疗效显著、有效共293例，总有效率85.67%。对照组患者常规治疗344例，疗效显著、有效共231例，总有效率为67.54%（徐玉娟，2012；姚瑞贺，2010；万静芳，2018）。图9-4所示为海昆肾喜胶囊治疗糖尿病肾病的临床应用情况。

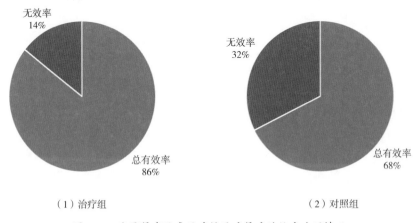

（1）治疗组   （2）对照组

图9-4 海昆肾喜胶囊治疗糖尿病肾病的临床应用情况

7篇论文报道了海昆肾喜胶囊与其他药物结合治疗糖尿病肾病。采用海昆肾喜胶囊与其他药物联合用药治疗的糖尿病肾病191例中，有115例明显有效、58例有效、总有效率为90.59%。159例采用常规治疗的对照组中，疗效显著72例、有效55例、总有效率为79.87%（丁涛，2012；李瑜琳，2014；束馨，2017；张静涛，2018；李迎春，2019；石小霞，2018；聂东红，2018）。图9-5所示为海昆肾喜胶囊联合其他药物治疗糖尿病肾病的临床应用情况。

从这些临床病例中可以看出，海昆肾喜胶囊能改善慢性肾功能患者临床症状，明显改善肾功能，且无明显不良反应，对慢性肾功能不全和糖尿病肾病有较好的治疗作用，疗效确切。

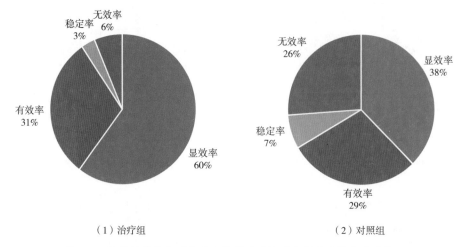

（1）治疗组   （2）对照组

图 9-5　海昆肾喜胶囊联合其他药物治疗糖尿病肾病的临床应用情况

第五节　小结

近年来，岩藻多糖的结构和生物活性得到了广泛的研究和应用。以岩藻多糖为活性成分制备的海昆肾喜胶囊对慢性肾衰竭和糖尿病肾病的临床疗效显著，可用于治疗肾脏疾病。然而，其作用机制仍未完全阐明，进一步深入研究海昆肾喜胶囊治疗慢性肾病的作用机制有重要的临床应用价值。

参考文献　　　［1］Chen C H，Sue Y M，Cheng C Y，et al. Oligo-fucoidan prevents renal tubulointerstitial fibrosis by inhibiting the CD44 signal pathway［J］. Scientific Reports，2017，7：13-17.

［2］Chevalier R L. Evolution, kidney development, and chronic kidney disease［C］. Seminars in Cell & Developmental Biology, 2018.

［3］Hu S W, Wang J H, Wang J F, et al. Reno protective effect of fucoidan from *Acaudina molpadioides* in streptozotocin/high fat diet-induced type 2 diabetic mice［J］. Journal of Functional Foods, 2017, 31: 123-130.

［4］Huimin Q, Tingting Z, Quanbin Z, et al. Antioxidant activity of different molecular weight sulfated polysaccharides from *Ulva pertusa* Kjellm (Chlorophyta)［J］. Journal of Applied Phycology, 2005, 17 (6): 527-534.

［5］Jin W, Wang J, Ren S, et al. Structural analysis of a heteropolysaccharide from *Saccharina japonica* by electrospray mass spectrometry in tandem with collision-induced dissociation tandem mass spectrometry (ESI-CID-MS/MS)［J］. Marine Drugs, 2012, 10 (10): 2138-2152.

［6］La L L, Wang F, Qin J, et al. Ameliorates adenine-induced chronic renal failure in rats: regulation of the canonical Wnt4/beta-catenin signaling in the kidneys［J］. Journal of Ethnopharmacology, 2018, 219: 81-90.

［7］Li X, Wang J, Zhang H, et al. Reno protective effect of low-molecular-weight sulfated polysaccharide from the seaweed *Laminaria japonica* on glycerol-induced acute kidney injury in rats［J］. International Journal of Biological Macromolecules, 2017, 95: 132-137.

［8］Nara A, Yajima D, Nagasawa S, et al. Evaluations of lipid peroxidation and inflammation in short-term glycerol-induced acute kidney injury in rats［J］. Clin Exp Pharmacol Physiol, 2016, 43（11）: 1080-1086.

［9］Papadopoulou-Marketou N, Chrousos G P, Kanaka-Gantenbein C. Diabetic nephropathy in type 1 diabetes: a review of early natural history, pathogenesis, and diagnosis［J］. Diabetes Metab Res Rev, 2017, 33（2）: 2841-2850.

［10］Qi H, Zhang Q, Zhao T, et al. In vitro antioxidant activity of acetylated and benzoylated derivatives of polysaccharide extracted from *Ulva pertusa* （Chlorophyta）［J］. Bioorganic & Medicinal Chemistry Letters, 2006, 16 （9）: 2441-2445.

［11］Raghav A, Ahmad J. Glycated albumin in chronic kidney disease: Pathophysiologic connections［J］. Diabetes & Metabolic Syndrome: Clinical Research & Reviews, 2018, 12（3）: 463-468.

［12］Thamilselvan S, Khan S R, Menon M. Oxalate and calcium oxalate mediated free radical toxicity in renal epithelial cells: effect of antioxidants［J］. Urological Research, 2003, 31（1）: 3-9.

［13］Veena C K, Josephine A, Preetha S P, et al. Renal peroxidative changes mediated by oxalate: The protective role of fucoidan［J］. Life Sciences, 2006, 79（19）: 1789-1795.

［14］Wang J, Zhang Q, Zhang Z, et al. Antioxidant activity of sulfated polysaccharide fractions extracted from *Laminaria japonica*［J］. International Journal of Biological Macromolecules, 2008, 42（2）: 127-132.

［15］Wang J, Zhang Q B, Zhang Z S, et al. Structural studies on a novel fucogalactan sulfate extracted from the brown seaweed *Laminaria japonica*［J］. International Journal of Biological Macromolecules, 2010, 47（2）: 126-131.

［16］Wang J, Wang F, Yun H, et al. Effect and mechanism of fucoidan derivatives from *Laminaria japonica* in experimental adenine-induced chronic kidney disease［J］. Journal of Ethnopharmacology, 2012, 139（3）: 807-813.

［17］Wang J, Liu H, Li N, et al. The protective effect of fucoidan in rats with streptozotocin-induced diabetic nephropathy［J］. Marine Drugs, 2014, 12 （6）: 3292-3306.

［18］ Wang Y, Nie M H, Liu Y H, et al. Fucoidan exerts protective effects against diabetic nephropathy related to spontaneous diabetes through the NF-kappa B signaling pathway in vivo and in vitro［J］. International Journal of Molecular Medicine, 2015, 35（4）: 1067-1073.

［19］ Xu Y, Zhang Q, Luo D, et al. Low molecular weight fucoidan ameliorates the inflammation and glomerular filtration function of diabetic nephropathy［J］. Journal of Applied Phycology, 2016, 29（1）: 531-542.

［20］ Xu Y, Zhang Q, Luo D, et al. Low molecular weight fucoidan modulates P-selectin and alleviates diabetic nephropathy［J］. International Journal of Biological Macromolecules, 2016, 91: 233-240.

［21］ Zhang Q B, Li Z, Xu Z H, et al.Effects of fucoidan on chronic renal failure in rats［J］. Planta Medica, 2003, 69（6）: 537-541.

［22］ Zhang Q B, Li N, Zhao T T, et al. Fucoidan inhibits the development of proteinuria in active Heymann nephritis［J］. Phytotherapy Research, 2005, 19（1）: 50-53.

［23］ Zhao D, Xu J, Xu X. Bioactivity of fucoidan extracted from *Laminaria japonica* using a novel procedure with high yield［J］. Food Chemistry, 2018, 245: 911-918.

［24］李开龙, 何娅妮, 王慧明, 等. 海昆肾喜治疗262例2-3期CKD患者的疗效观察［C］. 重庆: 第十一届全国中西医结合肾脏病学术会议, 2010.

［25］商滨, 韩秀霞, 鞠建伟, 等. 褐藻多糖硫酸酯对人肾间质成纤维细胞的影响［J］. 中国中西医结合肾病杂志, 2011, 12（5）: 386-391.

［26］刘建春.褐藻多糖硫酸酯对腺嘌呤致大鼠肾间质纤维化的作用及其机制探讨［D］. 北京协和医学院, 2007.

［27］王兆华.褐藻多糖硫酸酯对阿霉素肾病肾硬化大鼠肾脏的保护作用［D］. 山东大学, 2005.

［28］石东英.海昆肾喜胶囊对慢性肾功能衰竭患者的疗效及抗氧化机制研究［J］. 临床和实验医学杂志, 2015, 14: 307-311.

［29］陶松青, 陈严文, 李海涛.海昆肾喜胶囊治疗慢性肾衰竭30例临床观察［J］. 中国民族民间医药, 2014, 18: 33-34.

［30］李艳峰, 李俊, 李琦.海昆肾喜胶囊对慢性肾功能衰竭湿浊证的临床研究［J］. 中药药理与临床, 2015, 31: 273-274.

［31］钱莹, 李砚民, 陈永强.海昆肾喜胶囊对慢性肾衰竭患者氧化应激影响的临床观察［J］. 上海中医药杂志, 2018, 52: 59-61.

［32］曹宏敏.海昆肾喜胶囊治疗慢性肾功能不全疗效观察［J］. 军事医学, 2013, 5: 399-400.

［33］金鑫.海昆肾喜胶囊治疗慢性肾衰竭疗效观察［J］. 中国社区医师, 2013, 20: 56-57.

［34］张育琴, 陈欣, 卢进.褐藻多糖硫酸酯治疗慢性肾功能不全临床观察［J］.

安徽中医学院学报，2012，4：25-27.

［35］周伟，张五星，张志强.海昆肾喜胶囊治疗慢性肾功能不全临床研究［J］.四川医学，2012，33（3）：404-405.

［36］张凤芹.海昆肾喜胶囊治疗慢性肾功能衰竭98例［J］.光明中医，2010，11：2020-2021.

［37］杜兵，孙洪伟，李强.海昆肾喜胶囊治疗慢性肾功能不全32例（摘要）［J］.沈阳部队医药，2008，2：142-144.

［38］韩立娜.海昆肾喜胶囊联合阿魏酸钠治疗慢性肾功能衰竭的效果观察［J］.中国医药指南，2019，17（26）：210-211.

［39］李飞，徐晴晴，赵晓燕，谢法红.黄葵胶囊联合海昆肾喜治疗慢性肾病的临床研究［J］.现代药物与临床，2019，34（04）：1185-1188.

［40］周瑞琴，孟国正.海昆肾喜胶囊联合氢氯噻嗪治疗慢性肾功能衰竭的临床研究［J］.现代药物与临床，2019，34（08）：2458-2462.

［41］丁宏，韩鹦赢，张弋.海昆肾喜胶囊联合复方α-酮酸片治疗慢性肾功能衰竭的临床研究［J］.现代药物与临床，2019，34（10）：3050-3054.

［42］钱莹，李砚民，陈永强，海昆肾喜胶囊对慢性肾衰竭患者氧化应激影响的临床观察.上海中医药杂志，2018.52（04）：59-61.

［43］霍长亮，石焕玉，陈波.肾衰宁片联合海昆肾喜胶囊治疗慢性肾衰竭30例临床观察［J］.河北中医，2013，10：1512-1513.

［44］孙薇，杜娟，王锐艳.海昆肾喜胶囊合并川芎嗪注射液在慢性肾功能不全中的治疗效果［J］.中国卫生产业，2013，26：92-93.

［45］党向明.血必净联合海昆肾喜胶囊治疗慢性肾功能衰竭临床观察［J］.临床合理用药杂志，2013，23：62-63.

［46］李岩，付明.海昆肾喜胶囊联合复方α-酮酸治疗慢性肾衰竭的临床研究［J］.现代中西医结合杂志，2013，22：2409-2410.

［47］杨进川，刘岩.海昆肾喜胶囊联合肾康注射液辅治慢性肾功能衰竭150例临床观察［J］.临床合理用药杂志，2013，13：75-76.

［48］冯绍华.海昆肾喜胶囊联合丹参注射液治疗慢性肾衰竭疗效观察［J］.现代中西医结合杂志，2013，13：1383-1384+1388.

［49］莫莉，段英杰.海昆肾喜联合肾衰I号灌肠治疗早中期慢性肾衰的疗效观察［J］.辽宁医学院学报，2013，2：66-67.

［50］茹彦海.多药联合治疗慢性肾功能不全57例临床观察［J］.医学理论与实践，2013，7：892-893.

［51］李亦聪，谢桂权，陈翠萍.海昆肾喜胶囊联合肾康注射液治疗慢性肾脏病4期疗效观察［J］.内蒙古中医药，2013，9：1-2.

［52］丁志勇，赵艳，盛清华.肾康注射液联合海昆肾喜胶囊治疗慢性肾衰竭临床研究［J］.中国医疗前沿，2013，1：41-42.

［53］徐珩，王强，高秀侠.海昆肾喜胶囊联合注射用丹参治疗慢性肾功能衰竭临床分析［J］.淮海医药，2012，5：451-453.

[54] 舒峤.尿毒清、海昆肾喜胶囊对慢性肾衰竭患者疗效比较 [J]. 中国中西医结合肾病杂志, 2012, 8: 741-742.

[55] 卢晓月, 鲁新, 赵毓敏.苯磺酸左旋氨氯地平联合海昆肾喜胶囊对慢性肾脏病的疗效 [J]. 中国临床研究, 2011, 8: 681-682.

[56] 晏石枝, 常峥.大补阴丸合当归补血汤加减联合海昆肾喜胶囊治疗慢性肾功能衰竭疗效观察 [J]. 山西医药杂志 (下半月刊), 2012, 7: 754-755.

[57] 姜海生, 杨存科.海昆肾喜胶囊联合中药高臀位灌肠治疗慢性肾衰竭65例疗效观察 [J]. 河北中医, 2012, 4: 526-527.

[58] 李六生, 刘兰香, 林其玲.海昆肾喜联合贝那普利治疗慢性肾脏病Ⅲ期的临床观察 [J]. 中国药房, 2012, 4: 306-308.

[59] 邱楚雄, 谢明剑, 薛伟新.尿毒清颗粒联合海昆肾喜胶囊治疗慢性肾功能衰竭疗效观察 [J]. 陕西中医, 2011, 4: 404-406.

[60] 郝春艳, 刘彤崴.海昆肾喜胶囊联合川芎嗪注射液治疗慢性肾功能不全疗效观察 [J]. 山东医药, 2011, 4: 107-108.

[61] 李微微, 石君华, 姚瑶.辩证论治联合海昆肾喜胶囊治疗慢性肾衰竭临床观察 [J]. 湖北中医杂志, 2011, 33: 23-24.

[62] 王维平, 熊长青.海昆肾喜胶囊联合α-酮酸延缓慢性肾衰竭的临床分析 [J]. 齐齐哈尔医学院学报, 2010, 13: 2024-2025.

[63] 张德英.海昆肾喜胶囊治疗慢性肾衰竭非透析患者的疗效观察 [J]. 临床医药实践, 2009, 28: 748-749.

[64] 陶义红, 金水宝.联合海昆肾喜胶囊治疗慢性肾功能不全疗效观察 [J]. 中国实用医药, 2008, 1: 112-113.

[65] 岳玉桃, 郭志玲, 徐家云.海昆肾喜胶囊肾衰Ⅱ号保留灌肠并用治疗慢性肾功能衰竭临床观察 [J]. 实用中医内科杂志, 2005, 5: 446-447.

[66] 张丽婷, 梁韶春, 李腾娇, 等.海昆肾喜、鱼豆汤治疗肾眭蛋白尿临床护理 [J]. 世界最新医学信息文摘, 2014, 14: 527-528.

[67] 黄佑芳, 谢治卿, 袁德才.海昆肾喜胶囊联合百令胶囊辨治慢性肾衰竭的临床研究 [J]. 中国中医基础医学杂志, 2014, 20: 1096-1097.

[68] 吕金秀.海昆肾喜胶囊联合别嘌醇片治疗慢性尿酸性肾病合并肾衰临床观察 [J]. 中国现代药物应用, 2015, 9: 238-239.

[69] 赵明, 张迎春.海昆肾喜胶囊联合肾康注射液治疗慢性肾衰42例疗效观察 [J]. 中国卫生标准管理, 2015, 6: 157-158.

[70] 唐敏.海昆肾喜胶囊联合银杏达莫注射液治疗慢性肾衰竭的临床观察 [J]. 中国当代医药, 2014, 21: 68-69.

[71] 黄永辉.肾衰方联合中药贴敷治疗慢性肾脏病2~4期90例 [J]. 长春中医药大学学报, 2014, 30: 897-900.

[72] 秦英.血必净联合海昆肾喜胶囊治疗慢性肾功能衰竭疗效分析 [J]. 临床医药文献电子杂志, 2015, 2: 3641.

[73] 胡壮彬, 江锋.百令胶囊联合海昆肾喜胶囊治疗慢性肾衰竭的效果分析

岩藻多糖的功能与应用

　　［J］.河南医学研究，2015，24：17-19.

［74］曹瀚文.海昆肾喜胶囊联合阿魏酸钠治疗慢性肾衰竭的疗效观察［J］.现代药物与临床，2016，31：350-353.

［75］何志红，易建伟，袁峰.海昆肾喜胶囊与尿毒清颗粒治疗慢性肾脏病2～4期疗效比较［J］.中国中医药现代远程教育，2016，14：99-100.

［76］黄鑫.慢性肾功能不全采用海昆肾喜胶囊合并川芎嗪注射液治疗的安全性及有效性［J］.航空航天医学杂志，2016，27：571-573.

［77］杨世明，吕承菲，张培培.非布司他片联合海昆肾喜胶囊治疗慢性肾脏病合并高尿酸血症的疗效观察［J］.中国医院用药评价与分析，2017，17：1494-1495+1498.

［78］张秀明.海昆肾喜胶囊搭配别嘌醇片治疗慢性尿酸性肾病合并肾衰的临床疗效［J］.中国现代药物应用，2017，11：113-115./唐燕.海昆肾喜胶囊联合复方α-酮酸片治疗慢性肾功能不全的疗效观察［J］.临床合理用药杂志，2017，10：43-44.

［79］李春苗.中西医结合海昆肾喜胶囊治疗肾病综合征疗效观察［J］.内蒙古中医药，2017，36：57+70.

［80］廖国华，俞立强.中药熏蒸联合海昆肾喜胶囊治疗慢性肾脏病临床观察［J］.中医临床研究，2017，9：61-62.

［81］徐玉娟.海昆肾喜胶囊治疗糖尿病肾病50例疗效观察［J］.甘肃中医学院学报，2012，6：36-37.

［82］姚瑞贺.海昆肾喜胶囊治疗早期糖尿病肾病的临床观察［J］.实用临床医药杂志，2010：72-73.

［83］万静芳，卢晓梅，唐雪莲，林利容，霍本刚，杨聚荣，何娅妮，李开龙.海昆肾喜胶囊治疗Ⅲ-Ⅳ期糖尿病肾病临床研究［J］.中医学报，2018，33（01）：50-53.

［84］丁涛.羟苯磺酸钙联合海昆肾喜胶囊治疗糖尿病肾病疗效观察［J］.中国医药科学，2012，7：111-112.

［85］李瑜琳.海昆肾喜联合渴络欣治疗糖尿病肾病的疗效观察［J］.辽宁中医杂志，2014，41：2124-2126.

［86］束馨.厄贝沙坦联合海昆肾喜治疗老年糖尿病肾病的临床观察［J］.中西医结合研究，2017，9：241-242.

［87］张静涛.厄贝沙坦联合海昆肾喜治疗老年糖尿病肾病的临床疗效［J］.临床医药文献电子杂志，2018，5：15+18.

［88］李迎春.海昆肾喜胶囊联合前列地尔治疗糖尿病肾病临床效果观察［J］.中国疗养医学，2019，28（06）：643-644.

［89］石小霞.α-硫辛酸联合海昆肾喜胶囊对糖尿病肾病患者氧化应激和肾功能的影响［J］.河南医学研究，2018，27（23）：4293-4294.

［90］聂东红.α-硫辛酸联合海昆肾喜胶囊对糖尿病肾病患者氧化应激及肾功能的影响［J］.实用药物与临床，2018，21（03）：296-298.

第十章 岩藻多糖防抗肿瘤的功效

第一节 引言

肿瘤是指机体在各种致瘤因子作用下，局部组织细胞增生形成的新生物，因为这种新生物多呈占位性块状突起，也称赘生物。根据新生物的细胞特性及对机体的危害性程度，肿瘤分为良性肿瘤和恶性肿瘤两大类，其中恶性肿瘤可分为癌和肉瘤。癌是来源于上皮组织的恶性肿瘤，具有细胞分化和增殖异常、生长失去控制、浸润性和转移性等生物学特征。

近年来，无论是发达国家还是发展中国家，恶性肿瘤的发病率都在显著增加（Moussavou，2014；Torre，2015；Torre，2016）。2017年，全球癌症新发病例约2450万，癌症死亡病例约960万。其中排名前四位的是：非黑色素瘤皮肤癌新发病例为770万，肺癌新发病例220万，乳腺癌新发病例200万，结直肠癌新发病例180万（Global Burden of Disease Cancer Collaboration, JAMA Oncology, 2019）。

尽管肿瘤的预防和治疗得到世界各国的重视，它仍然是对人类最具杀伤性的疾病（Moussavou，2014）。近年来，健康生活方式在全球各地得到倡导和普及，癌症的预防也已经成为健康生活方式的重要组成部分。尽管引发癌症的原因很多，饮食是人们普遍认可的一个致病因素。从病从口入的角度看，不卫生、不健康的饮食结构与癌症的发生密切相关。与此同时，科学健康的饮食对癌症的发生有预防作用。

海带、裙带菜等褐藻在日本、韩国、中国等地是一种传统食品，在作为民族美食的同时具有预防肿瘤等健康功效。日本的一项综合研究（Iso，2007）显示，海藻的摄入与男性和女性肺癌死亡率的降低以及男性胰腺癌死亡率的降低密切相关，海藻可以通过其对激素代谢的影响抑制乳腺癌的发展。Yang 等（Yang，2010）发现食用大量海藻的绝经前妇女被诊断出乳腺癌的几率比很少食用海藻的绝经前妇女低 56%，对绝经后妇女的分析显示，海藻摄入量最高的比海藻摄入量最低的风险率能显著降低 68%。在另一项研究中（Teas，2009），15 名健康的绝经后妇女参加了大豆与海藻的双盲试验，发现海藻补充剂能有效改善雌激素和植物雌激素代谢。这些观察结果可以解释西方国家的雌激素依赖型癌症发病率较高，而东方国家的发病率较低，这与两个地区在海藻摄入量上的明显差别有关（Skibola，2004）。一份针对妇女的研究显示，食用海藻有显著的抗雌激素和促孕作用。试验数据表明，膳食海藻可延长月经周期，并对绝经前妇女施加抗雌激素作用，这也许能解释雌激素相关的癌症发病率在日本人群中很低的原因。日本人有规律、经常食用海藻，能显著降低乳腺癌、前列腺癌等激素敏感性癌症的发病率（Hebert，1998）。

第二节　海藻提取物对癌症的抑制作用

褐藻类植物含有陆生植物中不具有的多种生物活性物质，包括褐藻胶、褐藻多酚、岩藻多糖等具有独特的健康促进功效的生物质成分，在癌症的预防和治疗中已经被证明具有很好的疗效（Brown，2014；Moussavou，2014）。表 10-1 总结了文献中关于褐藻提取物抗癌活性的报道。

表 10-1　褐藻提取物的抗癌活性

褐藻种类	提取物	抗癌活性	参考文献
Sargassum latifolium	未知的水溶性成分	抑制细胞色素 P450 1A 和谷胱甘肽转移酶、减少 1301 细胞活力并诱导细胞凋亡、在 S 期阻滞细胞，抑制 NO、COX-2 和 TNF-α	Gamal-Eldeen，2009
Hydroclathrus clathratus	乙醇提取物的乙酸乙酯部分	诱导凋亡、激活胱天蛋白酶 3 和 9、上调 Bax 和下调 Bcl-xL、增加 ROS	Kim，2012
Sargassum pallidum	粗水提取物	减少胃黏膜损伤、血清 MDA 和血清 GSH；增加抗氧化酶 SOD、CAT 和 GSH-Px	Zhang，2012
Cystoseira compressa	氯仿、乙酸乙酯和甲醇提取物	氯仿、乙酸乙酯和甲醇抽提物的 IC_{50} 分别是 78~80、27~50 和 110~130 $\mu g/mL$	Mhadhebi，2012
Undaria pinnatifida	乙醇提取物	通过 5FU 和 CPT-11 的不同机制诱导凋亡	Nishibori，2012
Hizikia fusiforme	乙醇提取物	增加胱天蛋白酶 3、8 和 9 和 PARP 的切割形式，减少 Bcl-2、IAP-1、IAP-2 和 XIAP	Kang，2011

第三节　海藻多糖对癌症的预防作用

海藻含有海藻胶、褐藻淀粉、岩藻多糖等很多种类的多糖类物质，被证明具有很高的抗肿瘤活性。表 10-2 总结了文献报道的海藻多糖及其衍生物的抗肿瘤活性。

表 10-2　海藻多糖及其衍生物的抗肿瘤活性

褐藻种类	多糖种类	抗肿瘤活性	参考文献
Sargassum pallidum	总多糖	抵抗 HepG2、A549 和 MGC-803 细胞的抗肿瘤活性	Ye, 2008
Fucus vesiculosus	岩藻多糖	减少 4T1 细胞增殖、诱导人肺癌 A549 细胞凋亡、结肠癌 HT-29 和 HCT116 细胞凋亡	Kim, 2010
Laminaria japonica	褐藻淀粉	刺激免疫系统、B 细胞和辅助 T 细胞	Hoffman, 1995
Laminaria digitata	褐藻淀粉	诱导 HT-29 结肠癌细胞凋亡	Park, 2012; Park, 2013
Undaria pinnatifida	岩藻多糖	抑制癌细胞生长、诱导凋亡	Boo, 2013
Undaria pinnatifida	岩藻多糖	抑制细胞增殖和迁移、血管网的形成	Liu, 2012
Cladosiphon novaecaledoniae	低分子质量岩藻多糖（<500u）	诱导凋亡	Zhang, 2013
Fucus vesiculosus	岩藻多糖	体外：诱导凋亡；体内：增强 AK 细胞	Ale, 2011
Dictyopteris delicatula	岩藻多糖	抑制肿瘤细胞生长（60%~90%）	Magalhaes, 2011
Fucus vesiculosus	岩藻多糖	抑制肿瘤细胞生长、通过死亡受体和线粒体途径诱导细胞凋亡	Kim, 2010
Undaria pinnatifida	岩藻多糖	对癌细胞有剂量依赖性细胞毒性	Synytsya, 2010
Ascophyllum nodosum	低分子质量的岩藻多糖粗提物	抑制 Colo 320 DM 细胞系的生长	Ellouali, 1993
Sargassum kjellmanianum	岩藻多糖和硫酸化岩藻多糖	硫酸化岩藻多糖的抗肿瘤活性更高	Yamamoto, 1984
Laminaria digitata	褐藻淀粉	在亚 G1 期和 G2-M 期诱导细胞凋亡	Park, 2013
Laminaria cloustoni	褐藻淀粉	抑制肿瘤生长	Jolles, 1963
Sargassum vulgare	海藻酸盐	抑制肿瘤生长	De Sousa, 2007

褐藻种类	多糖种类	抗肿瘤活性	参考文献
Sargassum fulvellum	海藻酸钠	抑制小鼠体内 S-180 细胞的生长	Fujihara, 1984
Sargassum coreanum	多糖成分	抑制肿瘤细胞生长	Ko, 2012
Hydroclathrus clathratus	硫酸多糖	抑制 HL-60、MCF-7 和 HepG-2 癌细胞的生长	Wang, 2010
Ecklonia cava	多糖成分	对所有测试的癌细胞均具有毒性	Athukorala, 2006

大量研究表明，岩藻多糖、褐藻淀粉和其他海藻多糖表现出明显的抗肿瘤活性，摄入海藻多糖类膳食纤维能预防胃肠道中癌症的产生和增殖（Nishibori，2012；Brownlee，2005）。Namvar 等（Namvar，2014）的研究证实，海藻胶、褐藻淀粉、岩藻多糖等海藻多糖通过干扰癌细胞增殖、诱导癌细胞凋亡、下调内源性雌激素生物合成起到防抗肿瘤的作用。

第四节　岩藻多糖对癌症的预防作用

岩藻多糖具有很多优良的生物活性，其中抗癌活性尤为显著（Cumashi，2007）。大量研究表明，岩藻多糖对多种癌细胞具有抑制生长（Alekseyenko，2007）、诱导癌细胞凋亡（Aisa，2005；Kim，2010）、减少转移（Alekseyenko，2007；Coombe，1987）等功效，并可以抑制肿瘤周边血管增生（Ye，2005）。Koyanagi 等（Koyanagi，2003）发现岩藻多糖可以减少小鼠体内的肿瘤血管生成，还可以减少促血管生成细胞因子和血管内皮生长因子，从而抑制肿瘤生长。

研究发现，岩藻多糖可以以剂量依赖的方式诱导结肠癌 HT-29 和 HCT116 细胞凋亡（Kim，2009；Boo，2011；Hyun，2009）。体外研究结果表明，岩藻多糖对癌细胞具有直接活性，体内研究结果显示其对癌细胞的抑制作用部分归因于对机体免疫力的提升作用（Lowenthal，2015）。研究表明，岩藻多糖可以延长荷瘤小鼠的存活期，这通常是由于动物免疫防御改善后肿瘤减小引起的，岩藻多糖通过增加宿主免疫功能抑制小鼠中 Ehrlich 癌细胞的生长（Itoh，1992）。从裙带菜孢子叶提取的岩藻多糖能延长 P-388 荷瘤小鼠存活期，与自然杀伤细胞（NK 细胞）活性的显著增强和通过 T 细胞产生的干扰素 γ 的增加有关（Maruyama，2002）。岩藻多糖还被发现可以调节接种白血病细胞的小鼠中

Th1 和 NK 细胞的应答（Maruyama，2006；Ale，2011）。

硫酸化是影响岩藻多糖抗癌活性的重要因素之一，从 5 种不同褐藻中提取的岩藻多糖的硫酸化程度经测试在 8%~25%（Senthilkumar，2013）。比较天然岩藻多糖、硫酸化改性的岩藻多糖、高度硫酸化的岩藻多糖（Koyanagi，2003；Teruya，2007；Yamamoto，1984）后发现，硫酸化改性后的岩藻多糖的活性更大。在对 9 种岩藻多糖生物活性的研究中发现，具有较高硫酸化水平的岩藻多糖具有更强的抗癌效果（Cumashi，2007）。值得指出的是，除了岩藻多糖，其他多糖的抗癌活性也与硫酸化水平密切相关（Murphy，2014；Ye，2008）。

岩藻多糖的抗癌活性也受分子质量影响。在对从裙带菜提取的岩藻多糖的研究中观察到，分子质量越低的组分对癌细胞的毒性越明显（Cho，2010）。

第五节　岩藻多糖预抗肿瘤的作用机制

岩藻多糖是一种富含岩藻糖和硫酸基的多糖物质，大量研究表明，岩藻多糖对肿瘤细胞有杀伤作用，而对正常细胞没有影响。岩藻多糖具有预防和治疗肿瘤的作用，不会产生肝脏毒性、不会损伤肝功能，是一种优良的抗肿瘤天然物质。

岩藻多糖存在直接杀伤肿瘤细胞的作用，也可以通过增强免疫力（例如，活化 NK 细胞和巨噬细胞）间接杀伤肿瘤细胞。岩藻多糖的抗肿瘤作用机制主要包括激活机体免疫系统、调控肿瘤细胞周期、诱导肿瘤细胞凋亡、抑制肿瘤细胞转移、抑制肿瘤血管新生及缓解肿瘤放化疗副作用等。

1. 激活机体免疫系统

岩藻多糖可以通过增强机体免疫力、利用患者自身的免疫系统特异性杀伤肿瘤细胞。进入肠道后，岩藻多糖能被免疫细胞识别，产生激活免疫系统的信号，激活 NK 细胞、B 细胞和 T 细胞，产生具有结合肿瘤细胞的抗体和具有杀伤肿瘤细胞的 T 细胞，对肿瘤细胞产生特异性杀伤，抑制肿瘤细胞生长。

2. 调控肿瘤细胞周期

通过调节肿瘤细胞生长周期，岩藻多糖能影响肿瘤细胞正常的有丝分裂，使其停滞在有丝分裂前期，抑制肿瘤细胞增殖。

3. 诱导肿瘤细胞凋亡

肿瘤细胞与正常细胞最大的区别在于前者具有无限分裂的能力，后者会发生细胞凋亡。细胞凋亡是一种由基因控制的细胞自主有序的死亡。肿瘤细胞是一类不会自发凋亡的细胞，但是当肿瘤细胞受到抗癌药性物质刺激时，会产生凋亡信号，引起DNA损伤、染色体凝聚，最后导致肿瘤细胞自发死亡。岩藻多糖具有激活肿瘤细胞凋亡信号的功效，能诱导肿瘤细胞自发凋亡。

4. 抑制肿瘤细胞转移

岩藻多糖能增加组织抑制因子（TIMP）的表达，下调基质金属蛋白酶（MMP）的表达，从而抑制肿瘤细胞在体内的转移。

5. 抑制肿瘤血管新生

在肿瘤生长的初期，细胞增殖速度较慢，但当肿瘤组织扩大到$1mm^3$时，就会生长出螺旋形血管连接到人体正常血管中，为其提供营养，使肿瘤细胞迅速生长并发生转移。岩藻多糖能降低血管内皮生长因子（VEGF）的生成、抑制肿瘤血管的新生、切断瘤体的营养供给源、饿死肿瘤，最大限度地阻断肿瘤细胞的扩散和转移。

6. 缓解肿瘤放化疗副作用

放化疗在杀伤患者体内肿瘤细胞的同时，对机体正常细胞尤其是免疫细胞带来严重损伤，从而产生严重副作用。岩藻多糖能有效缓解胃肠功能紊乱、食欲不振、乏力、免疫力低下等肿瘤放化疗副作用，提高机体免疫力，有助于肿瘤患者康复。

第六节　岩藻多糖预抗肿瘤的应用功效

一、抗肠癌功效

肠癌是最常见的消化道恶性肿瘤之一，包括结肠癌和直肠癌。肠癌的发病率从高到低依次为直肠、结肠、盲肠，其发病与生活方式、遗传、大肠腺瘤等关系密切，男女之比为（2~3）：1，发病年龄趋老年化，超过50岁患肠癌风险增加。近年来，我国结直肠癌的发病率明显升高，发病和治疗状况不容乐观。

岩藻多糖对肠癌有很好的预抗功效。Azuma等（Azuma，2012）评价了口服源自海蕴的岩藻多糖对结肠癌小鼠肿瘤生长及存活时间的影响，选用低分子质量（6.5~40ku）、中分子质量（110~138ku）和高分子质量（300~330ku）的岩藻多糖进行研究，发现中分子质量岩藻多糖显著抑制肿瘤生长、低分子质量和高分子质量岩藻多糖也能显著增加小鼠存活时间，其中对照组、低分子质量、中分子质量、高分子质量组的存活时间分别为 23、46、40 和 43d。图 10-1 所示为不同分子质量岩藻多糖对肿瘤生长的抑制效果。

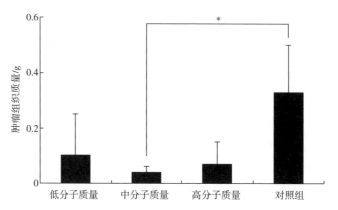

图 10-1　不同分子质量岩藻多糖对肿瘤生长的抑制效果

Vishchuk 等（Vishchuk，2015）研究了墨角藻源岩藻多糖的抗肿瘤活性，发现岩藻多糖能有效阻止内皮生长因子（EGF）引起的肿瘤细胞转移。体外实验显示，岩藻多糖能有效抑制丝裂原活化，从而抑制结肠癌细胞生长。此外，岩藻多糖还能直接作用于 T- 淋巴因子激活的杀伤细胞来源的蛋白激酶（TOPK），抑制 TOPK 的活性，从而阻止结肠癌细胞的转移和增殖。图 10-2 所示为不同剂量的岩藻多糖对肿瘤生长的抑制作用。

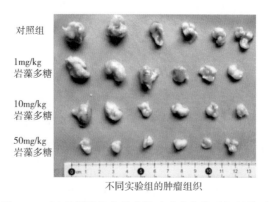

不同实验组的肿瘤组织

图 10-2　不同剂量的岩藻多糖对肿瘤生长的抑制作用

Vishchuk 等（Vishchuk，2013）也对源自远东褐藻的岩藻多糖的抗肿瘤活性进行了研究，发现从海带、墨角藻、裙带菜中提取的岩藻多糖对人结肠癌细胞 DLD-1、乳腺癌细胞 T-47D 及黑素瘤细胞 RPMI-7951 都具有很好的抑制增殖作用，而对正常上皮细胞 JB6 Cl41 没有影响，其中海带源高硫酸基岩藻多糖对抑制内皮生长因子引起的恶化非常重要。通过集落形成试验发现，由于分子结构的不同，从不同褐藻中提取的岩藻多糖具有不同的抗肿瘤活性。图 10-3 所示为源自不同褐藻的岩藻多糖的抗肿瘤功效。

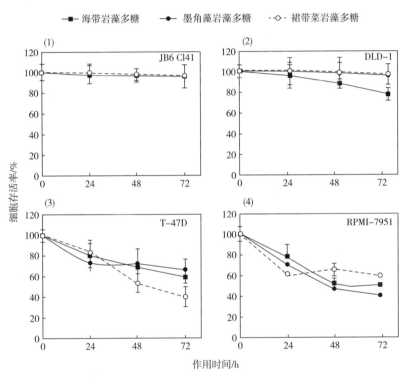

图 10-3　源自不同褐藻的岩藻多糖的抗肿瘤功效

Chen 等（Chen，2014）发现岩藻多糖能通过调节内质网应激级联反应诱导细胞凋亡、引起结肠癌细胞 HCT116 中内质网蛋白 29（Erp29）的表达、激活真核起始因子 p-eIF2α 的磷酸化，最终诱导肿瘤细胞凋亡。Thinh 等（Thinh，2013）从马尾藻中分离纯化得到三种不同的岩藻多糖片段，其中 SmF1 和 SmF2 岩藻多糖含有岩藻糖、半乳糖、甘露糖、鼠李糖及葡萄糖，SmF3 岩藻多糖是高硫酸基（35%）岩藻糖。研究结果显示，三种岩藻多糖都具有很低的细胞毒性，能抑制结肠癌细胞 DLD-1 的生长。Kim 等（Kim，2010）研究了岩藻多糖对人结肠癌细胞 HT-29 和 HCT116 的诱导凋亡作用，发现岩藻多糖能引起 HT-29 和

HCT116 细胞数目减少、促进细胞凋亡，在 HT-29 细胞中，岩藻多糖能增加半胱天冬酶 -8、半胱天冬酶 -9、半胱天冬酶 -7、半胱天冬酶 -3 的表达，还能增加线粒体膜通透性，增加肿瘤细胞凋亡因子 Fas 的表达。

二、抗乳腺癌功效

女性乳腺是由皮肤、纤维组织、乳腺腺体和脂肪组成的，乳腺癌是发生在乳腺上皮组织的恶性肿瘤。乳腺癌中 99% 发生在女性，男性仅占 1%。岩藻多糖可以抑制乳腺癌细胞的增殖、诱导肿瘤细胞凋亡。Hsu 等（Hsu，2013）的研究发现，岩藻多糖能减少肿瘤细胞增殖、抑制乳腺癌细胞 4T1 和 MDA-MB-231 的生长、减少 4T1 细胞在小鼠体内的转移。转化生长因子 TGFβ 受体对于癌细胞间质转化非常重要，岩藻多糖能有效降解 TGFβ 受体，抑制乳腺癌细胞的间质转化和转移。图 10-4 所示为岩藻多糖对小鼠体内乳腺癌细胞 4T1 的抑制生长及转移作用。

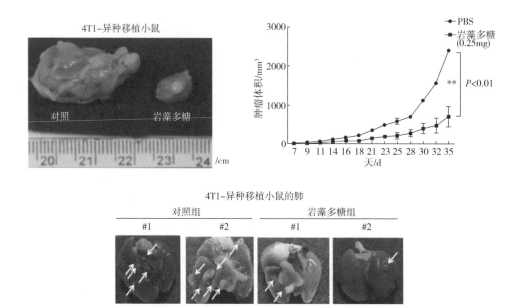

图 10-4　岩藻多糖对小鼠体内乳腺癌细胞 4T1 的抑制生长及转移作用

Xue 等（Xue，2012）研究了岩藻多糖在乳腺癌小鼠体内体外的抗肿瘤作用及机理。体外实验证明岩藻多糖能明显减少乳腺癌细胞 4T1 的数量、促进凋亡及下调血管内皮生长因子 VEGF 表达、下调抗凋亡因子 Bcl-2 的表达、上调促凋亡因子 Bax 的表达、增加半胱天冬酶 -3。小鼠体内实验证明岩藻多糖能有效抑制乳腺癌细胞的转移并诱导癌细胞凋亡。在另一项研究中，Xue 等（Xue，

2013）发现岩藻多糖能减少 β- 连环蛋白（β-Catenin）的表达，抑制乳腺癌细胞 4T1 在小鼠体内体外的生长。

Yamasaki-Miyamoto 等（Yamasaki-Miyamoto，2009）研究了岩藻多糖对乳腺癌细胞 MCF-7 的诱导凋亡及作用机理，发现岩藻多糖能有效减少 MCF-7 细胞的数量，而且不影响正常的细胞，其诱导 MCF-7 凋亡的原因是通过激活半胱天冬酶 -7、半胱天冬酶 -8、半胱天冬酶 -9 及 Bax、Bid 信号。

Banafa 等（Banafa，2013）研究了岩藻多糖对乳腺癌细胞 MCF-7 的抑制增殖和促进凋亡机理，发现岩藻多糖能有效阻滞 MCF-7 细胞的分裂，使其停滞于有丝分裂 G1 期。同时，岩藻多糖能通过激活半胱天冬酶 -8 和增加活性氧 ROS 反应促进 MCF-7 细胞的凋亡。Zhang 等（Zhang，2011）对岩藻多糖诱导乳腺癌细胞凋亡机理进行研究，发现岩藻多糖通过诱导乳腺癌细胞 MCF-7 产生活性氧 ROS 反应，激活 c-Jun 末端激酶，从而激活依赖半胱天冬酶的线粒体途径，诱导肿瘤细胞自发凋亡。

三、抗肺癌功效

肺癌是最常见的肺原发性恶性肿瘤，绝大多数肺癌起源于支气管黏膜上皮，故也称支气管肺癌。2017 年国家癌症中心公布的最新癌症数据显示，肺癌已成为我国发病率、死亡率排名最高的癌症，这可能与环境、饮食方式和生活方式不良化有关。

岩藻多糖具有抗肺癌功效。Hsu 等（Hsu，2014）发现岩藻多糖能抑制肺癌细胞增殖、减小小鼠肺癌肿瘤体积。岩藻多糖能通过降解转化生长因子 TGF-β 受体减少下游信号通路 Smad2/3、Akt、Erk1/2 和 FAK 的磷酸化，进而抑制肺癌细胞的增殖。图 10-5 所示为岩藻多糖对小鼠体内肺癌细胞的抑制生长作用。

Chen 等（Chen，2016）研究了马尾藻源岩藻多糖对体内肿瘤血管生成及肿瘤细胞生长的影响，结果显示，岩藻多糖可以靶向内皮血管生长因子（VEGF）、干扰 VEGF 的作用，从而抑制肿瘤血管生长、影响肺癌细胞在体内的生长，这表示岩藻多糖具有显著的抗肿瘤血管生成的作用，是抑制肺癌细胞生长的潜在药物分子。Huang 等（Huang，2015）对岩藻多糖抑制肺癌细胞转移的机理进行研究，发现岩藻多糖能有效抑制肺癌细胞在小鼠体内的转移，通过抑制血管内皮生长因子(VEGF)和基质金属蛋白酶(MMP)抑制肿瘤细胞在小鼠体内的转移。岩藻多糖可作为抑制癌细胞转移药物减少肺癌细胞的转移。图 10-6 所示为岩藻多糖对小鼠体内肺癌细胞转移的抑制作用。

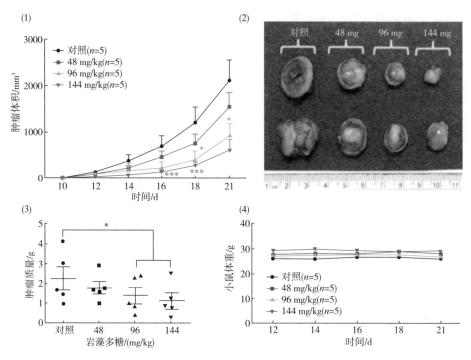

图 10-5　岩藻多糖对小鼠体内肺癌细胞的抑制生长作用

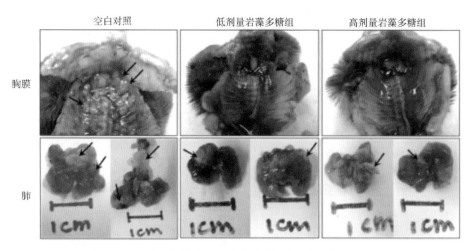

图 10-6　岩藻多糖对小鼠体内肺癌细胞转移的抑制作用

　　Koyanagi 等（Koyanagi，2003）的研究发现岩藻多糖具有很好的抗肿瘤血管生成作用。研究结果表明，岩藻多糖和过硫酸化的岩藻多糖都能抑制上皮血管生长因子的活性，其中过硫酸化岩藻多糖的抑制效果更明显。Li 等（Li，2013）研究了岩藻多糖对 Lewis 肺癌小鼠抗肿瘤及免疫调节作用，建立 Lewis

肺癌荷瘤小鼠模型，腹腔注射不同浓度岩藻多糖，连续 21d，检测岩藻多糖对肿瘤生长及免疫器官指数的作用。试验结果显示，100mg/kg 和 200mg/kg 岩藻多糖能显著抑制 Lewis 肺癌的生长，抑瘤率分别为 42.54% 和 58.63%（$P<0.05$），荷瘤小鼠脾指数（$P<0.05$）显著增加。试验结果证明岩藻多糖对小鼠 Lewis 肺癌的生长有抑制作用，其应用功效与增强荷瘤小鼠抗肿瘤免疫、抑制肿瘤血管新生有关。

四、抗肝癌功效

肝癌是病死率最高的恶性肿瘤之一，我国每年约有 38.3 万人死于肝癌，占全球肝癌死亡病例数的 51%。岩藻多糖具有抗肝癌功效。Wang 等（Wang，2014）利用小鼠高入侵性和高转移性的肝癌细胞研究岩藻多糖对癌细胞入侵和转移的影响，试验结果显示岩藻多糖能抑制肝癌细胞生长、下调血管内皮生长因子的表达、增加组织抑制因子 TIMP 的产生、抑制肝癌细胞在小鼠体内的转移。图 10-7 所示为岩藻多糖对小鼠体内肝癌细胞转移的抑制作用。

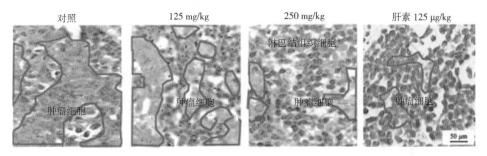

图 10-7 岩藻多糖对小鼠体内肝癌细胞转移的抑制作用

Cho 等（Cho，2015）通过体内、体外实验研究了岩藻多糖的抗肝癌细胞转移作用，结果显示岩藻多糖能通过上调下游调节基因 NDRG-1/CAP43 抑制人肝癌细胞 HCC 的转移，同时能明显降低肝癌细胞在小鼠体内的转移。岩藻多糖还能激活半胱天冬酶 -8、半胱天冬酶 -7，促进肝癌细胞的凋亡。Yan 等（Yan，2015）研究了岩藻多糖对微小 RNA 的作用，发现其能显著上调肝癌细胞 HCC 中 miR-29b 微小 RNA 的表达、抑制 DNA 甲基转移酶 DNMT3B 的表达。此外，岩藻多糖还能下调 HCC 细胞的转化生长因子 TGF-β 受体和蛋白信号 Smad、阻止细胞外基质降解、降低肝癌细胞的入侵活性。

Roshan 等（Roshan，2014）对岩藻多糖抗肝癌细胞 HepG2 作用及机理进行研究，发现用岩藻多糖处理肝癌细胞 HepG2 能使细胞分裂周期停滞、诱导细胞凋亡。流式细胞分析结果显示岩藻多糖使肝癌细胞停滞在有丝分裂前期、抑制细胞增殖，而且通过上调 Bax 蛋白表达和下调 Bcl-2 蛋白、p-Stat3 蛋白的表达，增加细胞的活性氧自由基，促进肝癌细胞自发凋亡。这些结果表示岩藻多糖可作为治疗肝癌的潜在药物。

Yang 等（Yang，2013）研究了岩藻多糖诱导人肝癌细胞 SMMC-7721 凋亡的作用机理，结果显示岩藻多糖能抑制 SMMC-7721 细胞的生长并促进其凋亡。Li 等（Li，2011）探讨了岩藻多糖抑制人肝癌细胞 HepG2 体外增殖的相关机理，采用 MTT 法测定不同浓度岩藻多糖对人肝癌细胞 HepG2 增殖的抑制作用，将 0、10、100、500 μg/mL 的岩藻多糖作用于 HepG2 细胞，48h 后光镜观察细胞形态改变，用 Hoechst 染色法和琼脂糖凝胶电泳检测细胞凋亡。试验结果显示，岩藻多糖具有抑制人肝癌细胞 HepG2 增殖的作用，呈剂量依赖性。岩藻多糖还能降低细胞增殖生物标志蛋白 cyclinD1 和 TopoIIα 的表达，抑制肝癌细胞增殖。

五、抗胃癌功效

中国是胃癌大国，全球每年新发胃癌病例中的 40% 都发生在中国。在中国新发胃癌患者中，90% 处于进展期。2019 年中国癌症统计数据显示我国胃癌发病人数及死亡人数位居第二位。岩藻多糖可用于预抗胃癌。Ikeguchi 等（Ikeguchi，2015）通过临床试验研究了岩藻多糖作为饮食补充剂对晚期不可切除胃癌患者化疗的作用，选择 24 位晚期不可切除的胃癌患者，分成岩藻多糖治疗组（$n=12$）和对照组（$n=12$）。试验结果显示，岩藻多糖能控制化疗期间疲劳的发生、延长化疗周期，最终结果表明岩藻多糖治疗组患者的生存时间比对照组长。因此，岩藻多糖可作为胃癌患者的饮食补充剂，减少患者化疗的副作用。

张宏亨（张宏亨，2016）研究了岩藻多糖联合化疗对晚期不可切除胃癌患者的临床疗效，选取中晚期胃癌患者 94 例，随机分为岩藻多糖组和对照组，每组 47 例。对照组按照 FOLFOX4 化疗方案进行治疗，岩藻多糖组在对照组治疗基础上联合应用岩藻多糖进行治疗，比较两组患者治疗后 T 细胞 CD4/CD8 活性，按照世界卫生组织实体瘤治疗疗效评价标准评价两组患者治疗的临床疗效。试验结果显示，治疗后岩藻多糖组治疗有效率（57.4%）明显高于对照组（40.4%）（$P<0.05$）；岩藻多糖组患者的生活质量改善情况显著优于对照组（$P<0.05$）；治疗后 4 个月，岩藻多糖组患者体内的 T 细胞 CD4/CD8 活性明显高于对照组（$P<0.05$）；在治疗过程中发现，岩藻多糖组患者的不良反应发生率明显低于对照组（$P<0.05$）。试验结果显示岩藻多糖联合化疗治疗晚期不可切除胃癌可明

显降低化疗造成的不良反应发生率、提高患者自身免疫力、提高患者生活质量、提高治疗有效率，值得在临床上推广使用。

Park 等（Park，2011）对岩藻多糖抗胃癌细胞增殖的机理进行探究，结果表明岩藻多糖能有效抑制胃癌细胞增殖，其作用机理主要是通过诱导胃癌细胞凋亡及自噬作用。岩藻多糖诱导的细胞凋亡与抗凋亡信号 Bcl-2 和 Bcl-xL 的下调、线粒体膜电位的缺失、半胱天冬酶的激活有关。

杨玉红等（杨玉红，2013）研究了岩藻多糖对化学缺氧条件下人胃癌细胞 HGC-27 转移作用的影响，利用化学法建立 HGC-27 细胞体外缺氧培养模型，采用 MTT 法检测岩藻多糖对 HGC-27 细胞增殖活性的影响、细胞粘附实验研究岩藻多糖对肿瘤细胞粘附能力的影响、Transwell 小室法观察岩藻多糖对 HGC-27 细胞迁移和侵袭能力的影响，结果显示岩藻多糖具有显著抑制 HGC-27 细胞增殖的活性（72h 和 96h 的 IC_{50} 分别为 170μg/mL 和 100μg/mL）。岩藻多糖可降低肿瘤细胞同基质和血管内皮细胞间的粘附率，抑制 HGC-27 细胞的侵袭和迁移能力，其 72h 的侵袭率和迁移率分别降低了 59.73% 和 67.96%（$P<0.05$、$P<0.01$）。此外，岩藻多糖能显著抑制体内新生血管数目。

第七节　小结

源自不同褐藻的岩藻多糖均具有抗肿瘤功效，能作用于多种肿瘤细胞。大量研究已证实岩藻多糖具有很好的抗肿瘤功效，具有激活机体免疫系统、调控肿瘤细胞周期、诱导肿瘤细胞凋亡、抑制肿瘤细胞转移、抑制肿瘤血管新生及缓解肿瘤放化疗副作用等多种抗肿瘤作用机理，在预防和治疗肿瘤方面具有很大的潜力，可用作肿瘤膳食补充剂、肿瘤特殊医学用途配方食品以及治疗肿瘤的新药。

参考文献　　[1] Aisa Y, Miyakawa Y, Nakazato T, et al. Fucoidan induces apoptosis of human HS-Sultan cells accompanied by activation of caspase-3 and down-regulation of ERK pathways[J]. American Journal of Hematology, 2005, 78: 7-14.

[2] Ale M T, Maruyama H, Tamauchi H, et al. Fucoidan from *Sargassum* sp. and *Fucus* vesiculosus reduces cell viability of lung carcinoma and

melanoma cells *in vitro* and activates natural killer cells in mice *in vivo* [J] .
International Journal of Biological Macromolecules, 2011, 49: 331-336.

[3] Alekseyenko T, Zhanayeva S Y, Venediktova A, et al. Antitumor and
antimetastatic activity of fucoidan, a sulfated polysaccharide isolated
from the Okhotsk Sea *Fucus evanescens* brown alga [J] . Bulletin of
Experimental Biology and Medicine, 2007, 143: 730-732.

[4] Athukorala Y, Kim K N, Jeon Y J. Antiproliferative and antioxidant
properties of an enzymatic hydrolysate from brown alga, *Ecklonia cava* [J] .
Food and Chemical Toxicology, 2006, 44: 1065-1074.

[5] Azuma K, Ishihara T, Nakamoto H, et al. Effects of oral administration
of fucoidan extracted from *Cladosiphon okamuranus* on tumor growth and
survival time in a tumor-bearing mouse model [J] . Mar Drugs, 2012, 10:
2337-2348.

[6] Banafa A M, Roshan S, Liu Y, et al. Fucoidan induces G1 phase arrest and
apoptosis through caspases-dependent pathway and ROS induction in human
breast cancer MCF-7 cells [J] . J Huazhong Univ Sci Technol, 2013, 33
(5): 717-724.

[7] Boo H J, Hong J Y, Kim S C, et al. The anticancer effect of fucoidan in
PC-3 prostate cancer cells [J] . Marine Drugs, 2013, 11: 2982-2999.

[8] Boo H J, Hyun J H, Kim S C, et al. Fucoidan from *Undaria pinnatifida*
induces apoptosis in A549 human lung carcinoma cells [J] . Phytotherapy
Research, 2011, 25: 1082-1086.

[9] Brown E M, Allsopp P J, Magee P J, et al. Seaweed and human health [J] .
Nutrition Reviews, 2014, 72: 205-216.

[10] Brownlee I, Allen A, Pearson J, et al. Alginate as a source of dietary fiber [J] .
Critical Reviews in Food Science and Nutrition, 2005, 45: 497-510.

[11] Chen S, Zhao Y, Zhang Y, et al. Fucoidan induces cancer cell apoptosis by
modulating the endoplasmic reticulum stress cascades [J] . PLoS ONE,
2014, 9 (9): e108157.

[12] Chen H, Cong Q, Du Z, et al. Sulfated fucoidan FP08S2 inhibits lung cancer
cell growth *in vivo* by disrupting angiogenesis via targeting VEGFR2/VEGF and
blocking VEGFR2/Erk/VEGF signaling [J] . Cancer Letters, 2016, 382: 44-
52.

[13] Cho M L, Lee B Y, You S G. Relationship between oversulfation and
conformation of low and high molecular weight fucoidans and evaluation of
their *in vitro* anticancer activity [J] . Molecules, 2010, 16: 291-297.

[14] Cho Y, Yoonn J H, Yoo J, et al. Fucoidan protects hepatocytes from apoptosis
and inhibits invasion of hepatocellular carcinoma by up-regulating p42/44
MAPK-dependent NDRG-1/CAP43 [J] . Acta Pharmaceutica Sinica B, 2015,

岩藻多糖的功能与应用

5（6）：544-553.

［15］Coombe D R, Parish C R, Ramshaw I A, et al. Analysis of the inhibition of tumour metastasis by sulphated polysaccharides［J］. International Journal of Cancer, 1987, 39: 82-88.

［16］Cumashi A, Ushakova N A, Preobrazhenskaya M E, et al. A comparative study of the anti-inflammatory, anticoagulant, antiangiogenic, and antiadhesive activities of nine different fucoidans from brown seaweeds［J］. Glycobiology, 2007, 17: 541-552.

［17］De Sousa A P A, Torres M R, Pessoa C, et al. *In vivo* growth-inhibition of Sarcoma 180 tumor by alginates from brown seaweed *Sargassum vulgare*［J］. Carbohydrate Polymers, 2007, 69: 7-13.

［18］Ellouali M, Boisson-Vidal C, Durand P, et al. Antitumor activity of low molecular weight fucans extracted from brown seaweed *Ascophyllum nodosum*［J］. Anticancer Research, 1993, 13: 2011-2020.

［19］Fujihara M, Iizima N, Yamamoto I, et al. Purification and chemical and physical characterisation of an antitumour polysaccharide from the brown seaweed *Sargassum fulvellum*［J］. Carbohydrate Research, 1984, 125: 97-106.

［20］Gamal-Eldeen A M, Ahmed E F, Abo-Zeid M A. *In vitro* cancer chemopreventive properties of polysaccharide extract from the brown alga, *Sargassum latifolium*［J］. Food and Chemical Toxicology, 2009, 47: 1378-1384.

［21］Giacinti L, Claudio P P, Lopez M, et al. Epigenetic information and estrogen receptor alpha expression in breast cancer［J］. The Oncologist, 2006, 11: 1-8.

［22］Hebert J R, Hurley T G, Olendzki B C, et al. Nutritional and socioeconomic factors in relation to prostate cancer mortality: a cross-national study［J］. Journal of the National Cancer Institute, 1998, 90: 1637-1647.

［23］Hoffman R, Donaldson J, Alban S, et al. Characterisation of a laminarin sulphate which inhibits basic fibroblast growth factor binding and endothelial cell proliferation［J］. Journal of Cell Science, 1995, 108: 3591-3598.

［24］Hsu H Y, Lin T Y, Hwang P A, et al. Fucoidan induces changes in the epithelial to mesenchymal transition and decreases metastasis by enhancing ubiquitin-dependent TGFβ receptor degradation in breast cancer［J］. Carcinogenesis, 2013, 34（4）: 874-884.

［25］Hsu H Y, Lin T Y, Wu Y C, et al. Fucoidan inhibition of lung cancer *in vivo* and *in vitro*: role of the Smurf2-dependent ubiquitin proteasome pathway in TGFβ receptor degradation［J］. Oncotarget, 2014, 5（17）: 7870-7885.

［26］Huang T H, Chiu Y H, Chan Y L, et al. Prophylactic administration of fucoidan represses cancer metastasis by inhibiting vascular endothelial growth factor

(VEGF) and matrix metalloproteinases (MMPs) in Lewis tumor-bearing mice
[J] . Mar Drugs, 2015, 13: 1882-1900.

[27] Hyun J H, Kim S C, Kang J I, et al. Apoptosis inducing activity of fucoidan in
HCT-15 colon carcinoma cells [J] . Biological and Pharmaceutical Bulletin,
2009, 32: 1760-1764.

[28] Ikeguchi M, Saito H, Mikim Y, et al. Effect of fucoidan dietary supplement
on the chemotherapy treatment of patients with unresectable advanced gastric
cancer [J] . Journal of Cancer Therapy, 2015, 6: 1020-1026.

[29] Iso H, Kubota Y. Nutrition and disease in the Japan collaborative cohort study
for evaluation of cancer (JACC) [J] . Asian Pac J Cancer Prev, 2007, 8: 35-
80.

[30] Itoh H, Noda H, Amano H, et al. Antitumor activity and immunological
properties of marine algal polysaccharides, especially fucoidan, prepared from
Sargassum thunbergii of Phaeophyceae [J] . Anticancer Research, 1992, 13:
2045-2052.

[31] Jolles B, Remington M, Andrews P. Effects of sulphated degraded laminarin on
experimental tumour growth [J] . British Journal of Cancer, 1963, 17: 109-
115.

[32] Kang C H, Kang S H, Boo S H, et al. Ethyl alcohol extract of *Hizikia fusiforme*
induces caspase-dependent apoptosis in human leukemia U937 cells by
generation of reactive oxygen species [J] . Tropical Journal of Pharmaceutical
Research, 2011, 10: 739-746.

[33] Kim K N, Yang M S, Kim G O, et al. *Hydroclathrus clathratus* induces
apoptosis in HL-60 leukaemia cells via caspase activation, upregulation of pro-
apoptotic Bax/Bcl-2 ratio and ROS production [J] . Journal of Medicinal Plants
Research, 2012, 6: 1497-1504.

[34] Kim E J, Park S Y, Lee J Y, et al. Fucoidan present in brown algae induces
apoptosis of human colon cancer cells [J] . BMC Gastroenterology, 2010, 10:
96-199.

[35] Kim M M, Rajapakse N, Kim S K. Anti-inflammatory effect of Ishige
okamurae ethanolic extract via inhibition of NF-κB transcription factor in RAW
264.7 cells [J] . Phytotherapy Research, 2009, 23: 628-634.

[36] Ko S C, Lee S H, Ahn G, et al. Effect of enzyme-assisted extract of *Sargassum
coreanum* on induction of apoptosis in HL-60 tumor cells [J] . Journal of
Applied Phycology, 2012, 24: 675-684.

[37] Koyanagi S, Tanigawa N, Nakagawa H, et al. Oversulfation of fucoidan
enhances its anti-angiogenic and antitumor activities [J] . Biochemical
Pharmacology, 2003, 65: 173-179.

[38] Li Q, Yang L, Zou X, et al. Antitumor activity and immunomodulation of

fucoidan from *Undaria pinnatifida* on Lewis lung cancer-bearing mice［J］. Chinese Journal of Marine Drugs, 2013, 32（2）: 12-16.

［39］Li X, Yin C, Meng X, et al. Mechanism of inhibiting the proliferation of the human hepatoma HepG2 cells by fucoidan［J］. Acta Univ Med Nanjing, 2011, 31（9）: 1261-1265.

［40］Liu F, Wang J, Chang A K, et al. Fucoidan extract derived from *Undaria pinnatifida* inhibits angiogenesis by human umbilical vein endothelial cells［J］. Phytomedicine, 2012, 19: 797-803.

［41］Lowenthal R M, Fitton J H. Are seaweed-derived fucoidans possible future anti-cancer agents?［J］. Journal of Applied Phycology, 2015, 27: 2075-2077.

［42］Magalhaes K D, Costa L S, Fidelis G P, et al. Anticoagulant, antioxidant and antitumor activities of heterofucans from the seaweed *Dictyopteris delicatula*［J］. International Journal of Molecular Sciences, 2011, 12: 3352-3365.

［43］Maruyama H, Tamauchi H, Hashimoto M, et al. Antitumor activity and immune response of Mekabu fucoidan extracted from sporophyll of *Undaria pinnatifida*［J］. In Vivo, 2002, 17: 245-249.

［44］Maruyama H, Tamauchi H, Iizuka M, et al. The role of NK cells in antitumor activity of dietary fucoidan from *Undaria pinnatifida* sporophylls（Mekabu）［J］. Planta Medica, 2006, 72: 1415-1417.

［45］Mhadhebi L, Dellai A, Clary-Laroche A, et al. Anti-inflammatory and antiproliferative activities of organic fractions from the Mediterranean brown seaweed, cystoseira compressa［J］. Drug Development Research, 2012, 73: 82-89.

［46］Moussavou G, Kwak D H, Obiang-Obonou B W, et al. Anticancer effects of different seaweeds on human colon and breast cancers［J］. Marine Drugs, 2014, 12: 4898-4911.

［47］Murphy C, Hotchkiss S, Worthington J, et al. The potential of seaweed as a source of drugs for use in cancer chemotherapy［J］. Journal of Applied Phycology, 2014, 26: 2211-2264.

［48］Namvar F, Baharara J, Mahdi A. Antioxidant and anticancer activities of selected persian gulf algae［J］. Indian Journal of Clinical Biochemistry, 2014, 29: 13-20.

［49］Nishibori N, Itoh M, Kashiwagi M, et al. *In vitro* cytotoxic effect of ethanol extract prepared from sporophyll of *Undaria pinnatifida* on human colorectal cancer cells［J］. Phytotherapy Research, 2012, 26: 191-196.

［50］Park H K, Kim I H, Kim J, et al. Induction of apoptosis by laminarin, regulating the insulin-like growth factor-IR signaling pathways in HT-29 human colon cells［J］. International Journal of Molecular Medicine, 2012, 30: 734-738.

[51] Park H K, Kim I H, Kim J, et al. Induction of apoptosis and the regulation of ErbB signaling by laminarin in HT-29 human colon cancer cells [J]. International Journal of Molecular Medicine, 2013, 32: 291-295.

[52] Park H S, Kim G Y, Nam T J, et al. Antiproliferative activity of fucoidan was associated with the induction of apoptosis and autophagy in AGS human gastric cancer cells[J]. Journal of Food Science, 2011, 76 (3): 77-83.

[53] Roshan S, Liu Y, Banafa A, et al. Fucoidan induces apoptosis of HepG2 cells by down-regulating p-Stat3[J]. J Huazhong Univ Sci Technol, 2014, 34 (3): 330-336.

[54] Senthilkumar K, Manivasagan P, Venkatesan J, et al. Brown seaweed fucoidan: biological activity and apoptosis, growth signaling mechanism in cancer [J]. International Journal of Biological Macromolecules, 2013, 60: 366-374.

[55] Skibola C F. The effect of Fucus vesiculosus, an edible brown seaweed, upon menstrual cycle length and hormonal status in three pre-menopausal women: a case report[J]. BMC Complementary and Alternative Medicine, 2004, 4: 10-16.

[56] Synytsya A, Kim W J, Kim S M, et al. Structure and antitumour activity of fucoidan isolated from sporophyll of Korean brown seaweed Undaria pinnatifida [J]. Carbohydrate Polymers, 2010, 81: 41-48.

[57] Teas J, Hurley T G, Hebert J R, et al. Dietary seaweed modifies estrogen and phytoestrogen metabolism in healthy postmenopausal women[J]. The Journal of Nutrition, 2009, 139: 939-944.

[58] Teruya T, Konishi T, Uechi S, et al. Anti-proliferative activity of oversulfated fucoidan from commercially cultured Cladosiphon okamuranus TOKIDA in U937 cells[J]. International Journal of Biological Macromolecules, 2007, 41: 221-226.

[59] Thinh P D, Menshova R V, Ermakova S P, et al. Structural characteristics and anticancer activity of fucoidan from the brown alga Sargassum mcclurei[J]. Mar Drugs, 2013, 11: 1456-1476.

[60] Torre L A, Bray F, Siegel R L, et al. Global cancer statistics 2012[J]. CA: A Cancer Journal for Clinicians, 2015, 65: 87-108.

[61] Torre L A, Siegel R L, Ward E M, et al. Global cancer incidence and mortality rates and trends-an update [J]. Cancer Epidemiology and Prevention Biomarkers, 2016, 25: 16-27.

[62] Vishchuk O S, Sun H M, Wang Z, et al. PDZ-binding kinase/T-LAK cell-originated protein kinase is a target of the fucoidan from brown alga Fucus evanescens in the prevention of EGF-induced neoplastic cell transformation and colon cancer growth[J]. Oncotarget, 2015, 7 (14): 18763-18773.

［63］ Vishchuk O S, Ermakova S P, Zvyagintseva T N. The fucoidans from brown algae of Far-Eastern seas: Anti-tumor activity and structure–function relationship［J］. Food Chemistry, 2013, 141: 1211-1217.

［64］ Wang H, Chiu L, Ooi V E, et al. A potent antitumor polysaccharide from the edible brown seaweed *Hydroclathrus clathratus*［J］. Botanica Marina, 2010, 53: 265-274.

［65］ Wang P, Liu Z, Liu X, et al. Anti-metastasis effect of fucoidan from *Undaria pinnatifida* sporophylls in mouse hepatocarcinoma Hca-F cells［J］. PLoS ONE, 2014, 9（8）: e106071.

［66］ Xue M, Ge Y, Zhang J, et al. Anticancer properties and mechanisms of fucoidan on mouse breast cancer *in vitro* and *in vivo*［J］. PLoS ONE, 2012, 7（8）: e43483.

［67］ Xue M, Ge Y, Zhang J, et al. Fucoidan inhibited 4T1 mouse breast cancer cell growth *in vivo* and *in vitro* via down regulation of Wnt/β-catenin signaling［J］. Nutrition and Cancer, 2013, 65（3）: 460-468.

［68］ Yamamoto I, Takahashi M, Suzuki T, et al. Antitumor effect of seaweeds. IV. Enhancement of antitumor activity by sulfation of a crude fucoidan fraction from *Sargassum kjellmanianum*［J］. The Japanese Journal of Experimental Medicine, 1984, 54: 143-151.

［69］ Yamasaki-Miyamoto Y, Yamasaki M, Tachibana H, et al. Fucoidan induces apoptosis through activation of caspase-8 on human breast cancer MCF-7 cells ［J］. J Agric Food Chem, 2009, 57: 8677-8682.

［70］ Yan M D, Yao C J, Chow J M, et al. Fucoidan elevates microRNA-29b to regulate DNMT3B-MTSS1 axis and inhibit EMT in human hepatocellular carcinoma cells［J］. Mar Drugs, 2015, 13: 6099-6116.

［71］ Yang Y J, Nam S J, Kong G, et al. A case-control study on seaweed consumption and the risk of breast cancer［J］. British Journal of Nutrition, 2010, 103: 1345-1353.

［72］ Yang L, Wang P, Wang H, et al. Fucoidan derived from *Undaria pinnatifida* induces apoptosis in human hepatocellular carcinoma SMMC-7721 cells via the ROS-mediated mitochondrial pathway［J］. Mar Drugs, 2013, 11: 1961-1976.

［73］ Ye H, Wang K, Zhou C, et al. Purification, antitumor and antioxidant activities in vitro of polysaccharides from the brown seaweed *Sargassum pallidum*［J］. Food Chemistry, 2008, 111: 428-432.

［74］ Ye J, Li Y, Teruya K, et al. Enzyme-digested fucoidan extracts derived from seaweed Mozuku of *Cladosiphon novae-caledoniaekylin* inhibit invasion and angiogenesis of tumor cells［J］. Cytotechnology, 2005, 47: 117-126.

［75］ Zhang R L, Luo W D, Bi T N, et al. Evaluation of antioxidant and immunity-enhancing activities of *Sargassum pallidum* aqueous extract in gastric cancer rats

［J］. Molecules，2012，17：8419-8429.

［76］Zhang Z，Teruya K，Yoshida T，et al. Fucoidan extract enhances the anti-cancer activity of chemotherapeutic agents in MDA-MB-231 and MCF-7 breast cancer cells［J］. Marine Drugs，2013，11：81-98.

［77］Zhang Z，Teruya K，Eto H，et al. Fucoidan extract induces apoptosis in MCF-7 cells via a mechanism involving the ROS-dependent JNK activation and mitochondria-mediated pathways［J］. PLoS ONE，2011，6（11）：e27441.

［78］张宏亨.褐藻多糖硫酸酯联合化疗对晚期不可切除胃癌的临床疗效研究［J］.临床和实验医学杂志，2016，15（17）：1682-1685.

［79］杨玉红，王静凤，张殉，等.海参岩藻聚糖硫酸酯对缺氧条件下胃癌HGC-27细胞转移作用的影响［J］.营养学报，2013，35（1）：73-82.

　　　　　　　　岩藻多糖的功能与应用

第十一章　岩藻多糖的抗氧化功效

第一节　引言

人类对自由基的研究开始于 21 世纪初，早期的研究主要是自由基的化学反应过程，随后自由基知识渗透到生物学领域。人们在 20 世纪 60 年代就已经发现自由基对人类健康的危害，而如何进一步研究自由基的反应机理及其引发损伤的分子机理是这个领域国际上亟待解决的前沿课题。目前自由基对人体健康的危害和活性抗氧化剂对人体健康的积极作用已经被越来越多的人认识，自由基通过氧化作用攻击人体细胞的 DNA、膜脂质、蛋白质甚至人体组织是导致衰老、炎症、癌症的根本原因。岩藻多糖具有清除自由基、抑制脂质过氧化、抑制亚油酸氧化等抗氧化活性，具有抗衰老、抗炎、抗肿瘤等健康功效，在健康产品领域有很高的应用价值。

第二节　自由基

一、自由基的基本概念

机体在生命活动的氧化代谢过程中不断产生含有一个或多个不成对电子的离子、原子团或分子。这种自由基的最外层电子轨道上的电子是孤立电子，性质极不稳定、活性高，易从其他分子夺取电子或失去电子而成为性质活泼的氧化剂或还原剂，影响机体内化学、酶和生物学反应过程。日常生活中，日光照射、环境污染、电脑辐射、油烟、化学药物等外来因素以及熬夜、压力等人为因素均会增加身体中自由基的数量，破坏人体自身抗氧化剂和自由基的平衡。超量的极不稳定的自由基通过损害细胞膜和健康的 DNA 加速人体老化，引起肿瘤、心脑血管损伤、糖尿病并发症、衰老等各种疾患（Marx，1987）。

自由基的种类很多，医学上占重要地位的主要是氧自由基，包括超氧阴离子自由基（$O_2^-·$）、羟自由基（·OH）、单线态氧（$^1O_2$），以及虽然不是自由基，但是其生物活性与氧自由基相似的过氧化氢（H_2O_2），这些统称活性氧（Reactive Oxygen Species, ROS）。

二、ROS的生成与清除

氧气是人体进行各种氧化反应必需的。人体吸入氧气后通过血液分布到全身，在氧气的参与下，细胞中的线粒体进行氧化还原反应，其中产生的活性氧（ROS）可以帮助传递维持生命活力的能量。

从化学的角度看，有机化合物发生氧化还原反应时伴随着共价键的断裂，当两个成键电子平均分配在两个参与原子上时，该原子含有一个未成对电子，形成自由基。在人体内，代谢过程中产生自由基的途径主要有三个：

（1）NADPH 依赖的氧化还原反应　NADPH 氧化酶经氧化反应产生 $O_2^-·$。

$$O_2+2NADPH \xrightarrow{\text{NADPH氧化酶}} O_2^- · +2NADP^+ +H_2$$

（2）抗氧化酶的活化与灭活。

（3）脂质过氧化的发生和前列腺素的合成。

自由基与很多疾病的发生都有密切的关系，为了抵御自由基的侵害，人体中存在着过氧化氢酶（CAT）、超氧化物歧化酶（SOD）、过氧化物酶（POD）、谷胱甘肽转移酶（GSH-Px）等抗氧化酶和抗氧化物质，使正常机体内的ROS 与防御机制形成平衡，维持人体的免疫、代谢、解毒、信号转导等生理活动。图 11-1 所示为通过正常的新陈代谢，自由基的生成和清除处于一个动态平衡。

当机体遭受各种有害刺激时，体内氧化与抗氧化作用失衡，氧化程度超出氧化物的清除，体内高活性分子自由基产生过多，引起炎性细胞侵入，造成组织损伤，引发氧化应激（Oxidative Stress，OS）。图 11-2 详细列出了自由基与氧化应激之间的关系。抗氧化力小于氧化应激会造成机体产生过多ROS，打破体内固有的生理平衡，对吞噬细胞本身及生物大分子有破坏作用，而脂质的过氧化加速会造成正常细胞损伤和死亡，衰老和疾病随之而来。正因为如此，自由基被称作"看不见的杀手"，抗氧化损伤的药物和保健品显得尤为重要。

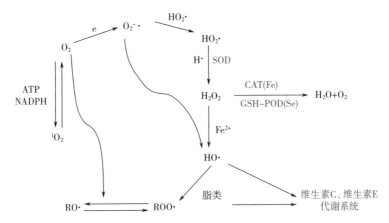

图 11-1　机体内 ROS 通过氧化还原反应处于动态平衡（黑色字体表示氧化系统、红色字体代表抗氧化系统）

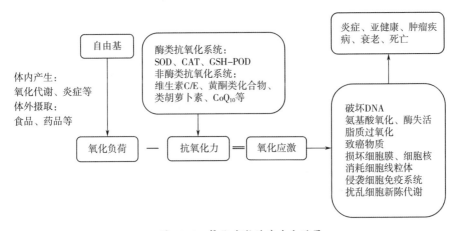

图 11-2　氧化应激的产生和后果

三、自由基与疾病

表 11-1 总结了自由基引起的各种疾病和致病机理。可以看出，自由基是"万病之源""衰老之源"，对人体健康造成很大危害。

表 11-1　自由基引起的各种疾病和致病机理

序号	诱因	病症	致病机理	部位
1	自由基导致过量氧化磷酸化	记忆力减退、反应迟钝、阿尔茨海默病	破坏细胞内的线粒体（能量储存体）、造成氧化性疲劳、脑细胞受损、脑血管硬化	脑

续表

序号	诱因	病症	致病机理	部位
2	生物大分子过氧化	视网膜病变、青光眼、老花眼、白内障	晶状体浑浊、血管内物质沉积在视网膜上、角膜通透性增大、引起角膜水肿	眼睛
3	细胞膜损伤	过敏性鼻炎、气管炎及哮喘	干扰细胞的新陈代谢、细胞膜丧失保护细胞的功能;免疫细胞释放过敏物质、引发过敏	鼻子
4	脂质过氧化、干扰细胞内信号转导	皮肤干燥、皱纹、老年斑	上皮细胞受损、脂褐素沉积;阻碍细胞正常发展、破坏其复原功能、使细胞更新率低于枯萎率	皮肤
5	干扰细胞免疫应答机制	易感冒、抵抗力差	干扰中性粒细胞的吞噬作用,使身体易受细菌和病菌感染	免疫系统
6	脂质、酶类过氧化	冠心病、心绞痛、心肌梗死、脑卒中	自由基导致缺血组织重灌流中微血管和实质器官损伤、抗氧化酶类合成受阻;不饱和脂肪酸过氧化引起全身动脉血管硬化、危及心血管系统	心脏
7	破坏蛋白质结构	肺气肿、肺炎	自由基侵袭巨噬细胞、嗜中性白细胞,释放蛋白水解酶类、破坏体内的酶,失去清除自由基能力,引发炎症	肺
8	膜脂质过氧化	肝硬化、肝炎	自由基引起肝细胞微粒体膜磷脂过氧化、破坏细胞膜,血清中谷丙转氨酶含量增加;过氧化产物增多导致肝细胞坏死、降低肝功能代谢	肝
9	膜脂质过氧化	胃炎、肠炎、便秘、溃疡	自由基引起胃肠道黏膜细胞膜脂质过氧化、破坏消化道黏膜屏障、释放组胺类物质,导致溃疡	胃肠
10	破坏细胞膜结构	肾炎、肾功能不全	自由基破坏肾小球肾小管细胞基膜结构、损伤血管内皮细胞,导致分泌、吸收和再吸收功能降低,尿中出现蛋白、红细胞	肾
11	脂质过氧化	糖尿病及并发症	破坏胰腺 B 细胞、胰岛素分泌功能减退;不饱和脂肪酸过氧化引起前列腺素合成、抗凝血因子失活,诱发血栓、出现大血管和微循环障碍,导致并发症	胰岛
12	生物大分子过氧化	水肿、静脉曲张等静脉病变	自由基使血管通透性改变、血液中液体渗出	血管

岩藻多糖的功能与应用

序号	诱因	病症	致病机理	部位
13	破坏碳水化合物,透明质酸被氧化	关节炎、风湿、类风湿	细胞膜破裂、细胞液渗透到周围组织间隙里、溶酶体酶大量释放、透明质酸降解	关节
14	氨基酸过氧化,破坏细胞内的化学物质	激素失调、内分泌失调	氧化细胞组织及激素所必需的氨基酸,干扰激素调节,导致恶性循环,以致产生更多自由基,连锁反应危害遍及全身	内分泌
15	核酸过氧化、结构改变	癌症、衰老	破坏遗传基因(DNA),扰乱细胞再生功能,造成基因突变,演变成癌症	基因

四、自由基与衰老

Harman（Harman，1956）在 1956 年最早提出自由基与机体衰老相关,认为衰老是细胞成分累积性氧化损伤导致的。他的研究显示,用含 0.5%~1.0% 自由基清除剂的饲料喂养小鼠可延长其寿命。衰老分化障碍学说认为寿命是由稳定细胞原有分化状态的过程决定的,细胞分化需要大量能量供应,而能量代谢的副产物就是自由基。自由基对基因的损伤改变了细胞原有的分化状态,因此自由基就是寿命的决定因子（陈瑗,2011）。

自由基作用于脂质后发生过氧化反应,最终产物丙二醛会引起生命大分子的交联聚合与生物膜结构破坏,该现象是衰老的一个基本因素。丙二醛与蛋白质中的赖氨酸反应后生成丙二醛 - 赖氨酸和羧甲基赖氨酸加成物,可以使胶原蛋白交联聚集后溶解性下降、弹性降低、水合能力减退,导致皮肤失去张力、皱纹增多、老年骨质再生能力减弱,也可引起血管壁老化变脆、血管爆裂、脑出血等。

图 11-3 所示为丙二醛与两个蛋白分子残基的缩合反应,反应后形成的席夫碱经过重排,形成具有较大共轭体系的脂褐素。脂褐素不溶于水、不易排出,在皮肤细胞堆积后形成老年斑,是衰老的一种外表象征,其在脑细胞中堆积则会引起记忆减退或智力障碍,出现阿尔茨海默病。

$$R'—NH_2 + O=CHCH_2CH=O + R'—NH_2 \longrightarrow R'—N=CH—CH_2—HC=N—R + R'—N=CH—CH_2=CH—NH—R$$

丙二醛　　　　　　　　　　　　　　　席夫碱　　　　　　　　　　脂褐素

图 11-3　丙二醛与两个蛋白分子残基的缩合反应

五、自由基与癌症

自由基与 DNA 反应造成的损伤改变了细胞原有的状态，是致癌的一个主要原因（Sridharan，2015）。正常细胞发生癌变必须经过诱发和促进两个阶段，自由基在这两个阶段都起关键作用。在癌症诱发阶段，自由基作用于生物大分子后产生的过氧化物既能致癌又能致突变。在癌细胞形成初期，中性粒细胞在受侵组织局部爆发性耗氧，产生大量自由基，这些自由基作用于吞噬细胞的细胞膜后发生脂质过氧化，使细胞膜通透性改变、细胞损伤。随着吞噬细胞的损伤，癌症进一步恶化。

在化疗过程中，药物毒性导致细胞内产生大量自由基，引起骨髓损伤、白血球减少，致使化疗减慢、药量减少或被迫停止化疗。使用自由基清除剂可防止骨髓进一步受自由基破坏，加速骨髓和白血球量的恢复，有利于化疗的继续进行。

六、自由基与心脑血管疾病

氧化自由基与血液中的低密度脂蛋白（简称 LDL）结合形成氧化型的低密度脂蛋白（Ox-LDL）。Ox-LDL 在血管壁内被巨噬细胞、单核细胞、内皮细胞和平滑肌细胞吞噬掉，在吞噬大量氧化型低密度脂蛋白后，这些细胞变成泡沫细胞，大量泡沫细胞堆积使血管壁向外凸出，最终导致动脉粥样硬化。此外，泡沫细胞破裂后其内容物从血管内壁间隙增大处流入血管腔内，在血管的应激作用下，渗出的内容物被包埋后形成血栓斑块。这种血栓产生在心脏部位就会形成心梗，产生在脑部就会形成脑梗。因此，心脑血管疾病防治的关键是防止低密度脂蛋白被自由基氧化。

七、自由基与糖尿病

高血压、肥胖、吸烟等都可能引发糖尿病。最新研究发现糖尿病与自由基对胰脏 β 细胞的损伤有关。实验发现，I 型糖尿病（胰岛素依赖型糖尿病）和 II 型糖尿病（非胰岛素依赖型糖尿病）患者的血清中，自由基含量都明显增加、抗氧化能力却明显降低。在糖尿病合并血管病变者的血管中，自由基含量增加更为明显，清除自由基的能力也明显降低。清除自由基是预防和治疗糖尿病及其并发症的重要途径。

八、自由基与肾脏疾病

自由基在肾脏疾病的发生、发展过程中也起着非常重要的作用。肾脏疾病是一种常见和多发病，包括急、慢性肾小球肾炎、间质性肾炎、肾盂肾炎、肾动脉硬化、肾功能不全等。肾脏感染、免疫损害、毒性物质损害、缺血等因素都会引起肾脏白细胞浸润和缺血再恢复，引发产生大量自由基。正常情况下，肾脏具有清除自由基的能力，如肾脏内的 SOD 等都是自由基清除剂，会使自由基的产生和清除保持一种动态平衡。但是当自由基的产生超过清除能力时，在体内聚集的过剩自由基可以破坏肾小球、肾小管细胞结构或基膜结构，使肾脏细胞功能受到破坏，导致分泌、吸收和再吸收功能降低，尿中就会出现蛋白质、红细胞等。

九、自由基与消化道疾病

自由基在急慢性胃炎、消化道溃疡和胃癌发病过程中起着非常重要的作用。消化道溃疡、胃癌患者血清中的自由基含量明显升高、清除能力明显下降。溃疡患者往往伴有胃、十二指肠炎症，吸引大量白细胞聚集并通过白细胞呼吸爆发产生大量自由基。这些自由基的产生超出了机体的清除能力，使自由基在消化道黏膜中过剩，引起黏膜中的细胞膜脂质过氧化,细胞的结构和功能受到破坏，从而使消化道黏膜屏障受到破坏，加重了消化道疾病。

第三节　抗氧化

人体有两类抗氧化系统，其中酶类抗氧化系统包括过氧化氢酶（CAT）、超氧化物歧化酶（SOD）、过氧化物酶（POD）、谷胱甘肽转移酶（GSH-Px）、硫氧还原蛋白还原酶（TrxR）等抗氧化酶；非酶类抗氧化系统主要依靠食物提供的维生素 C、维生素 E、谷胱甘肽、α- 硫辛酸、类胡萝卜素、微量元素铜、锌、硒等抗氧化剂。抗氧化酶和抗氧化剂的共同特点是通过提供电子与自由基反应，使其变为活性较低的物质后削弱它们对机体的攻击力。

随着自由基化学得到广泛关注，活性氧对机体的侵害越来越被人们所认知。与此同时，开发利用体外抗氧化剂、调节体内代谢、预防疾病、延缓衰老等与自由基清除相关的研究也成为健康领域的热点，其中围绕合成抗氧化剂和天然抗氧化剂两大类外源抗氧化剂进行了大量的研究和开发。

在合成抗氧化剂中，国内外广泛使用的油溶性抗氧化剂包括 2-丁基羟基甲苯（BHT）、丁基羟基茴香醚（BHA）、没食子酸丙酯（PG），三者通常混合使用以产生更强的抗氧化作用。BHT 的抗氧化能力较强、耐热及稳定性好、价格低廉，是我国食品工业领域普遍使用的一种添加剂。水溶性抗氧化剂中最常用的是异抗坏血酸钠，还有特丁基对苯二酚、4-己基间苯二酚、仲丁胺、噻苯咪唑、乙氧基喹啉等。这些合成抗氧化剂在清除自由基、食物保鲜方面有一定的应用功效，但是存在间接或直接致癌等不安全性（Seiichiro，2002；秦翠群，2002）。日本、欧美等国家已经禁止在食品中使用合成抗氧化剂。

源自海藻、甘草、大豆、茶叶等植物的天然抗氧化剂可以克服合成抗氧化剂的不足，在功能食品领域有重要的应用价值。人们熟知的天然抗氧化剂包括活性多糖、植物多酚、维生素、氨基酸和色素类物质，例如蓝莓中的原花青素、柑橘类的生物黄酮素等。这些天然产物均可以有效清除羟自由基、超氧阴离子、过氧化氢等自由基，其来源广、抗氧化活性大、与机体亲和力强、安全性高，已经成为近年来普遍关注和开发的天然生物活性物质。

海藻是海洋中一类具有药食同源特性的植物，因其长期生长在高盐、高压、低温、缺氧、光照不足、寡营养的特殊水体环境中，海藻的生物质组分表现出与陆地植物明显不同的结构和性能，其中海藻细胞壁中的多糖成分种类繁多、结构复杂，具有包括抗氧化活性在内的一系列生物活性（Costa，2010），在功能食品、保健品、海洋药物等领域有巨大的高值化应用前景。

第四节 岩藻多糖的抗氧化功效

海带、裙带菜、巨藻、泡叶藻、墨角藻等海洋褐藻类植物含有的岩藻多糖在其生长过程中对褐藻生物体起重要的保护作用，其中一个重要的功能是保护褐藻免受阳光照射、侵食动物伤害等过程中的氧化刺激。基于其在长期进化过程中演变出的独特结构特征，大量研究已经证实岩藻多糖具有很强的抗氧化活性（Qi，2005；Sun，2009；Zhang，2003；Souza，2007）。

岩藻多糖清除自由基的抗氧化作用机理包括：①通过捕捉脂质过氧化链式反应中产生的 ROS，减少脂质过氧化反应链长度、阻断或减缓脂质过氧化的进行。例如 OH· 可以与多糖碳氢链上的氢原子结合成水分子，碳原子留下一个单电子后成为碳自由基，进一步氧化形成过氧自由基，分解成对机体无害的产物。此外，$O_2^-·$ 可与多糖发生氧化反应后直接清除，单线态氧在作用于多糖后从激发态回到基态而失去活性。②通过与产生自由基必需的金属离子发生络合作用，对 ROS 起间接清除作用。多糖环上的—OH 可与产生 OH· 等自由基所需的金属离子（如 Fe^{2+}、Cu^{2+} 等）络合，使其不能产生启动脂质过氧化的 OH· 或使其不能分解脂质过氧化产生的脂过氧化物,从而抑制 ROS 的产生。③通过提高 SOD、GSH-Px 等抗氧化酶的活性发挥抗氧化作用 (辛晓林,2000;周林珠,2002)。④通过促进 SOD 从细胞表面释放,阻止自由基引发的连锁反应 (Wang,2017;Volpi,1999)。

全球各地围绕岩藻多糖的抗氧化活性已经进行了大量的科学研究,图 11-4 所示为岩藻多糖抗氧化活性的研究体系。

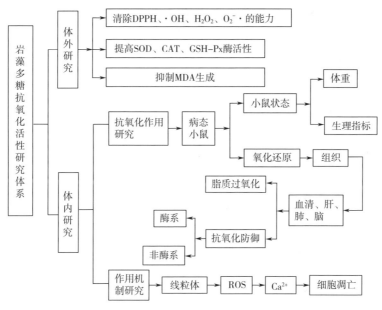

图 11-4　岩藻多糖抗氧化活性的研究体系

岩藻多糖是褐藻特有的一种天然高分子多糖,主要由高度硫酸化的 L- 岩藻糖组成,具有降血脂、抗凝血、抗炎、抗肿瘤、抗氧化等多种生物活性。大量体外实验表明岩藻多糖的抗氧化活性非常显著,是一种天然强抗氧化剂,能有效阻止自由基引起的疾病 (张全斌,2003)。

岩藻多糖的抗氧化活性与其硫酸酯含量、分子质量、岩藻糖含量等结构参数相关,硫酸酯含量越高其抗氧化能力越强。低分子质量岩藻多糖能显著抑制 Cu^{2+} 引起低密度脂蛋白氧化,但是高硫酸酯化的低分子质量岩藻多糖以及含高岩藻糖、硫酸酯及少量糖醛酸的低分子岩藻多糖清除超氧自由基的能力不高 (Zhao,2005;Zhao,2008)。岩藻多糖的抗氧化活性是由单糖组成、硫酸基含量与位置、分子质量大小等各种因素综合决定的 (Ajisaka,2016)。

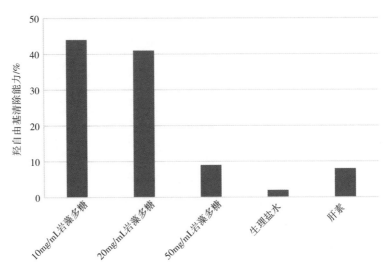

图 11-5　岩藻多糖和肝素对羟自由基的清除能力

图 11-5 比较了岩藻多糖和肝素对羟自由基的清除能力。结果表明，岩藻多糖对羟自由基的清除能力明显高于肝素，其中岩藻多糖浓度为 10mg/mL 和 20mg/mL 时的清除能力高于 50mg/mL 时，说明其对羟基自由基的清除和抗氧化能力并不随浓度增加而增加。

表 11-2 总结了文献中报道的关于岩藻多糖抗氧化活性的研究成果。

表 11-2　岩藻多糖的抗氧化活性

序号	研究结果	文献出处
1	岩藻多糖体外抑制 H_2O_2 诱导的红细胞氧化溶血，对 $FeSO_4$ 抗坏血栓造成的脂质过氧化具有保护作用。IC_{50} 为 $20.30\mu g/mL$、浓度为 $1.0mg/mL$ 时，抑制率可达 90% 以上	张全斌，2003
2	岩藻多糖可显著降低高脂血症大鼠血清中过氧化脂质含量，升高血清、肝和脑组织中 SOD 含量，通过清除自由基、提高抗氧化酶活性以及阻断脂质过氧化链式反应，保护机体免受氧化损伤	Li，2001
3	海带提取物提高血液中 SOD 活性	李厚勇，2002
4	低分子质量岩藻多糖抑制高血脂大鼠血清中脂质过氧化物含量升高，提高 SOD 活性	Xue，2001

序号	研究结果	文献出处
5	岩藻多糖抑制羟自由基和超氧自由基生成，螯合 Fe^{2+}	Micheline，2007；Wang，2007
6	马尾藻经分离纯化后得到 3 种多糖组分，对 DPPH 自由基清除率最高 23.84%，对·OH 清除率 68.39%，抗过氧化氢溶血能力可达 62.55%，与多糖浓度正相关	叶红，2008；Pandian，2012
7	岩藻多糖提高老龄小鼠谷胱甘肽和谷胱甘肽还原酶活力，降低自由基导致的脂质过氧化，保护细胞膜结构和功能完整，保护机体不受氧化损伤，延缓衰老	杨成君，2010
8	岩藻多糖能显著提高过氧化氢诱导损伤皮层神经元的存活率，降低乳酸脱氢酶释放量，提高细胞内 SOD 活性，从而抑制丙二醛生成。可明显减弱过氧化氢造成的皮层神经元氧化应激损伤	郭宏举，2012
9	岩藻多糖可缓解过氧化氢诱导的神经元凋亡细胞氧化损伤，具有体外神经保护作用。对帕金森病、阿尔茨海默病等神经性退行疾病有潜在治疗作用	张甘霖，2011
10	裙带菜中提取的两种硫酸化多糖，抗氧化活性显著高于去硫酸化多糖	Hu，2010
11	岩藻多糖对 ABTS、过氧化氢和 DPPH 的清除率分别是 55.61%、47.23% 和 25.33%	Pandian，2012
12	岩藻多糖对活性氧自由基、DPPH 的清除能力优于化学合成的 BHA 和 BHT，对过氧化氢导致的 DNA 损伤具有保护作用	Heo，2005
13	岩藻多糖可阻断 Aβ 引起的原代基底前脑神经元全细胞电流下降，显著降低 Aβ 诱导的神经元死亡；阻止 PKC 磷酸化下调，阻断 Aβ 诱发的活性氧自由基生成	Jhamandas，2005
14	从羊栖菜中提取的岩藻多糖浓度为 1mg/mL 时对 DPPH 清除率 61.20%、还原力 67.56%、总抗氧化活性 65.30%，岩藻多糖的抗氧化能力随浓度增加而增强	Palanisamy，2017
15	采用不同的破壁方法从海带中提取岩藻多糖，都有抗氧化能力，用 0.1% 氢氧化钠处理，对 DPPH 清除率最高可达 41.88%，岩藻多糖标准品清除率是 48.28%，水溶性维生素 E 是 71.26%	Saravana，2016

第五节　小结

岩藻多糖具有显著的抗氧化活性，这是其抗炎、缓解慢性病、预防衰老和防抗肿瘤等功效的药理基础。随着研究的深入，岩藻多糖在生物体内的抗氧化作用机制，包括其在细胞膜和脂质体表面的构象与作用、与磷脂及蛋白质缔合的化学与物理进程，以及这类生物高分子形成的微环境与生物功能之间的关系将逐渐清晰，有助于岩藻多糖在功能食品、保健品、美容护肤产品中的推广和应用。

参考文献

[1] Ajisaka K, Yokoyama T, Matsuo K. Structural characteristics and antioxidant activities of fucoidans from five brown seaweeds [J]. Journal of Applied Glycoscience, 2016, 63: 31-37.

[2] Costa L S, Fidelis G P, Cordeiro S L, et al. Biological activities of sulfated polysaccharides from tropical seaweed [J]. Biomedicine and Pharmacotherapy, 2010, 64: 21-28.

[3] Harman D. Aging: a theory based on free radical and radiation chemistry [J]. Journal of Gerontol, 1956, 11: 298-300.

[4] Heo S J, Park E J, Lee K W, et al. Antioxidant activities of enzymatic extracts from brown seaweeds [J]. Bioresource Technology, 2005, 96: 1613-1623.

[5] Hu H H, Liu D, Chen Y, et al. Antioxidant activity of sulfated polysaccharide fractions extracted from *Undaria pinmitafida in vitro* [J]. International Journal of Biological Macromolecules, 2010, 46: 193-198.

[6] Jhamandas J H, Wie M B, Harris K, et al. Fucoidan inhibits cellular and neurotoxic effects of beta-amyloid (Abeta) in rat cholinergic basal forebrain neurons [J]. Journal of Neuroscience, 2005,21: 2649-2659.

[7] Li X C. Solvent effects and improvements in the deoxyribose degradation assay for hydroxyl radical scavenging [J]. Food Chemistry, 2013, 141(3): 2083-2088.

[8] Li Z J, Xue C H, Chen L, et al. Scavenging effects of fucoidan fractions of low molecular weight and antioxidation *in vivo* [J]. J Fisheries China (水产学报), 2001, 25: 64-68.

[9] Marx J L. Oxygen free radical linked to many disease [J]. Science, 1987, 235: 520-524.

[10] Micheline R S, Cybelle M, Celina G D, et al. Antioxidant activities of sulfated polysaccharides from brown and red seaweeds [J]. Journal of Applied Phycology, 2007, 19: 153-160.

[11] Palanisamy S, Vinosha M, Marudhupandi T, et al. Isolation of fucoidan from *Sargassum polycystum* brown algae: Structural characterization, *in vitro* antioxidant and anticancer activity [J] . International Journal of Biological Macromolecules, 2017, 102: 405-412.

[12] Pandian V, Noorohamed V. In vivo antioxidant properties of sulfated polysaccharide from brown marine algae *Sargassum tenerrimum* [J] . Journal of Tropical Disease, 2012:s890-s896.

[13] Pandian V, Noorohamed V, Ganapathy T. Potential antibacterial and antioxidant properties of a sulfated polysaccharide from the brown marine algae *Sargassum seartzii* [J] . Chinese Journal of Natural Medicines, 2012, 10(6): 0421-0428.

[14] Qi H, Zhang Q, Zhao T, et al. Antioxidant activity of different sulfate content derivatives of polysaccharide extracted from *Ulva pertusa in vitro* [J] . International Journal of Biological Macromolecules, 2005, 37(4): 195-199.

[15] Saravana P S, Cho Y J, Park Y B, et al. Structural, antioxidant, and emulsifying activities of fucoidan from *Saccharina japonica* using pressurized liquid extraction [J] . Carbohydrate Polymers, 2016, 153: 518-525.

[16] Souza M C R, Marques C T, Dore C M G, et al. Antioxidant activities of sulfated polysaccharides from brown and red seaweeds [J] . Journal of Applied Phycology, 2007,19(2): 153-160.

[17] Sridharan S. Threshold effect of free radical quenching in a progressive breast cancer cell line model [J] . Review of Bioinformatics and Biometrics, 2015, 4(1): 1-10.

[18] Sun L, Wang C, Shi Q, et al. Preparation of different molecular weight polysaccharides from porphyridium cruentum and their antioxidant activities [J] . International Journal of Biological Macromolecules, 2009, 45(1): 42-47.

[19] Volpi N. Influence of chondroitin sulfate charge density. Sulfate group position and molecular mass on Cu^{2+} mediated oxidation of human low density lipoprotcins: effect of normal human plasma-derived chondroitin sulfate [J] . Journal of Biochemistry, 1999, 125(2): 297-234.

[20] Wang P, Jiang X, Jiang Y, et al. *In vitro* antioxidative activities of three marine oligosaccharides [J] . Journal of Asian Natural Products Research, 2007, 21: 646-654.

[21] Wang Z J, Xie J H, Nie S P,et al. Review on cell models to evaluate the potential antioxidant activity of polysaccharides [J] . Food Function, 2017, 8: 915-926.

[22] Xue C, Fang Y, Lin H, et al. Chemical characters and antioxidative properties of sulfated polysaccharides from *Laminaria japoniea* [J] . Journal of Applied Phycology, 2001, 13(1): 67-70.

[23] Zhang Q, Li N, Zhou G, et al. In vivo antioxidant activities of polysaccharide fraction from *Porphyra haitanensis* in aging mice [J] . Pharmacological

Research, 2003, 48: 151-155.

［24］Zhao X, Xue C H, Cai Y P, et al. The study of antioxidant activities of fucoidan from *Laminaria japonica*［J］. High Technology Letters, 2005,11:91-94.

［25］Zhao X, Xue C H, Li B F. Study of antioxidant activities of sulfated polysaccharides from *Laminaria japonica*［J］. Journal of Applied Phycology, 2008, 20: 431-436.

［26］叶红.马尾藻多糖的分离纯化、生物活性剂结构分析［D］.南京：南京农业大学，2008.

［27］陈瑗.自由基与衰老［M］.北京：人民卫生出版社，2011.

［28］秦翠群，袁长贵.一类天然的功能性添加剂——抗氧化剂的开发和应用前景研究［J］.中国食品添加剂, 2002, 3: 59-65.

［29］辛晓林，刘长海. 中药多糖抗氧化作用研究进展［J］. 北京中医药大学学报，2000，23(5)：54-55.

［30］周林珠、杨祥良. 多糖抗氧化作用研究进展［J］.中国生化药物杂志，2002，23（4）：210-212.

［31］梁桂宁、谢露.海带多糖对应激小鼠肾组织抗氧化能力的影响［J］.现代医药卫生，2006，22(18): 2783-2784.

［32］梁桂宁、谢露.海带多糖对应激小鼠脑组织SOD、MDA的影响［J］.右江民族医学院学报，2006，28(3): 333-334.

［33］刘会娟.海带多糖的生物学活性研究新进展［J］.甘肃畜牧兽医，2010，5: 38-42.

［34］张全斌、于鹏展. 海带褐藻多糖硫酸酯的抗氧化活性研究［J］.中草药，2003，34（9）：824-826.

［35］李厚勇、王蕊.海带提取物对脂质过氧化和血液流变学的影响［J］. 中国公共卫生，2002，18(3): 263-264.

［36］杨成君、李俐、李晓林，等.褐藻多糖硫酸酯对老龄小鼠GSH和GR含量的影响［J］.中国实验诊断学，2010，14（10）：1549.

［37］郭宏举、史宁、陈乾，等.褐藻多糖硫酸酯对H_2O_2诱导皮层神经元氧化应激损伤保护作用［J］.中草药，2012，43(5): 962-964.

［38］张甘霖、李萍、李玉洁.褐藻多糖硫酸酯通过溶酶体组织蛋白酶D调节过氧化氢诱导的PC2细胞凋亡［J］.中国中药杂志，2011，(8): 1083-1086.

岩藻多糖的功能与应用

第十二章 岩藻多糖在功能食品和饮料中的应用

第一节 引言

褐藻含有褐藻胶、褐藻淀粉、岩藻多糖等丰富的褐藻多糖，其中岩藻多糖是海带、裙带菜等褐藻类海洋植物中一种具有多种生理功效的海藻活性物质。海洋中的褐藻一般生长在基岩海岸潮间带，其生存环境相对于其他种类的海藻更为恶劣，其中潮汐的涨退使褐藻不断处于海水包围和阳光暴晒的环境中。退潮时的褐藻处于无水、光照状态，此时藻体从细胞间分泌出具有很强锁水、保湿、抗氧化作用的岩藻多糖，为藻体维持湿润的生长环境、抵御光照对藻体的破坏。岩藻多糖在褐藻中的含量相对于海藻酸盐低，是一种非常珍贵的褐藻源生物活性物质，其独特的结构赋予其优良的理化性能和多种生物活性，成为海藻活性物质和健康产品领域的研究热点，在功能食品和饮料中有很高的应用价值。

第二节 岩藻多糖在功能食品和饮料中的应用价值

全球各地的科研人员对岩藻多糖进行了大量研究，证实其具有抗肿瘤、增强免疫力、抗氧化、抗血栓、降血压、抗病毒、改善胃肠道等多种生物活性和健康功效（王鸿，2018；张国防，2016；Vo，2013；Chen，2019；Xue，2001；艾正文，2019），为其在功能食品、饮料、保健品等健康产品中的应用奠定了基础。

一、岩藻多糖的抗肿瘤功效

1980 年，Usui 等（Usui，1980）首次发现岩藻多糖具有抗肿瘤的作用。随后，日本学者 Maruyama 与 Yamamoto（Maruyama，1984）发现海带源岩藻多糖对白血病癌细胞具有显著的抑制作用。至今，岩藻多糖的抗肿瘤功效已被广泛研究和证实（Hsu，2018；Song，2018）。大量体外试验结果表明岩藻多糖能有效抑制肿瘤细胞的生长（Ermakova，2011；Vishchuk，2013；Han，2015；Usoltseva，2018；Narayani，2019）。岩藻多糖在体内也表现出显著的抗肿瘤功效（Alekseyenko，2007；Yang，2015），其抗肿瘤作用主要是通过抑制肿瘤细胞增殖、诱导肿瘤细胞凋亡、阻断肿瘤细胞转移、增强各种免疫应答实现的（Vo，2013）。

二、岩藻多糖增强免疫力的功效

免疫力的强弱对人体抵抗外来病原体、预防肿瘤、保持机体正常运转等起重要作用。研究表明葡聚糖、果胶多糖、阿拉伯多糖、木聚糖、岩藻多糖等多糖类物质具有免疫刺激功能，称为免疫刺激性多糖（Ferreira，2015）。岩藻多糖已被证实具有增强免疫力的功效（Raghavendran，2011），还具有一定调节肠道免疫力的功能。Yuguchi 等（Yuguchi，2016）的研究表明岩藻多糖可以刺激肠道免疫反应，其主链上交替的（1→3）和（1→4）糖苷键对肠道免疫的调节能力至关重要。

三、岩藻多糖抗幽门螺旋杆菌的功效

幽门螺旋杆菌是目前所知能在人胃中生存的唯一微生物种类，感染后可引起胃炎、消化道溃疡、淋巴增生性胃淋巴瘤等疾患，甚至可以引发胃癌。幽门螺旋杆菌的感染途径包括进食受其污染的水或食物，在我国中青年人群中幽门螺旋杆菌的感染率呈逐年递增趋势，50 岁以上人群感染率高达 69%，感染后表现出的症状有上腹疼痛、早饱、口臭、恶心呕吐、腹胀等。

图 12-1 总结了幽门螺旋杆菌的致病机制，包括：

1. 黏附作用

幽门螺旋杆菌穿过胃黏液层后与胃上皮细胞粘附。

2. 中和胃酸

为了自己的生存，幽门螺旋杆菌释放尿素酶与胃中的尿素反应生成氨气后中和胃酸。

3. 破坏胃黏膜

幽门螺旋杆菌释放 VacA 毒素，侵蚀胃黏膜表面细胞。

4. 产生毒素氯胺

氨气侵蚀胃黏膜后与活性氧反应，产生毒性更高的氯胺。

5. 引起炎症反应

为了防御幽门螺旋杆菌，大量白细胞聚集在胃黏膜上，产生炎症反应。

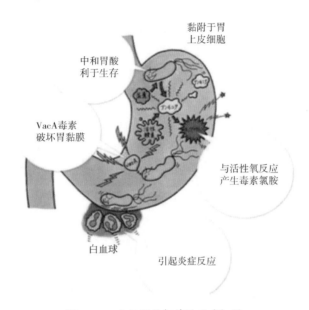

图 12-1　幽门螺旋杆菌的致病机制

  岩藻多糖的独特结构使其能与幽门螺旋杆菌特异性结合后使之从胃内排出，降低幽门螺旋杆菌感染导致的胃炎、胃溃疡乃至胃癌的发生几率（Shibata，1999）。Cai 等（Cai，2014）的研究显示，浓度为 100μg/mL 时岩藻多糖就能完全抑制幽门螺旋杆菌增殖。

四、岩藻多糖的抗氧化功效

  岩藻多糖显示出良好的抗氧化活性，具有预防自由基诱导的疾病的功效。研究发现从墨角藻中提取得到的岩藻多糖可防止超氧化物自由基、羟自由基的生成，同时还能抑制脂质的过氧化（de Souza，2007）。Wang 等（Wang，2010）的研究显示，海带源岩藻多糖对超氧阴离子的清除活性高于丁基羟基茴香醚（BHA）和丁化羟基甲苯（BHT）。Zhao 等（Zhao，2005）研究了不同分子质量片段的岩藻多糖的抗氧化活性，证明低分子质量岩藻多糖能更好地抑制 Cu^{2+} 诱导的氧化。

五、岩藻多糖的抗炎功效

炎症是宿主对物理损伤、紫外线照射、微生物入侵等各种刺激的反应，过度或过久的炎症反应是有害的，会导致慢性哮喘、类风湿关节炎、多发性硬化、牛皮癣、癌症等多种疾病的发生（Vo，2012）。岩藻多糖具有良好的抗炎活性，能通过抑制选凝集素、补体以及乙酰肝素酶的活性降低炎症反应（Besednova，2015）。Lee 等（Lee，2013）用斑马鱼模型研究了苷苔岩藻多糖提取物的抗炎活性，发现岩藻多糖能抑制 2，4-二硝基氯苯诱发的特应性皮炎（Tian，2019）。吴俊仙等（吴俊仙，2019）探讨了岩藻多糖抑制炎症性肠病（inflammatory bowel disease，IBD）的作用及其机制，发现岩藻多糖处理的实验组小鼠肠炎相关指标显著优于对照组，炎症程度减弱，证实岩藻多糖能预防和抑制 IBD 的发生。马尾藻源岩藻多糖可通过阻断 NF-κB 和 MAPK 途径抑制 LPS 诱导的炎症反应（Park，2017；Sanjeewa，2019；Park，2011），可通过 TLR/NF-κB 信号通路抑制 LPS 诱导的巨噬细胞炎症反应（Sanjeewa，2019；Phull，2017）。

六、岩藻多糖改善慢性肾病的功效

慢性肾脏病是继心脑血管疾病、糖尿病、肿瘤之后又一直接威胁人类健康的重大疾病，其发病率在全球范围内呈逐年增长趋势。我国慢性肾脏病患者约 1.3 亿人，其中慢性肾炎患者占 30%~40%，约有 4000 万患者。慢性肾炎可发于任何年龄段，以青壮年居多，多数起病隐匿、无明显的表现。随着病变发展出现不同程度的肾功能损害，表现为血尿、蛋白尿、血肌酐升高等，部分患者进入终末期肾病，称为尿毒症。

作为一种药食同源的植物，我国人民在很早以前就用海藻治疗肾水肿。现代科学研究显示,岩藻多糖对改善慢性肾脏疾病,尤其是慢性肾炎具有显著效果。Chen 等（Chen，2017）的研究发现,肾小管间质纤维化是慢性肾炎的决定因素,岩藻多糖能很好地抑制肾小管间质纤维化、改善肾脏功能,具有治疗糖尿病肾病、延缓慢性肾衰竭的活性。Wang 等（Wang，2012）的研究发现，岩藻多糖能有效降低小鼠体内血清尿素氮、血清肌酐浓度，显著改善慢性肾炎症状，对保护肾脏起重要作用。

七、岩藻多糖调节血脂的功效

高脂血症及脂质代谢障碍是动脉粥样硬化形成的主要危险因素，由于脂质过多沉积在血管壁并由此形成血栓，可导致血管狭窄、闭塞，引发一系列心脑血管疾病的发生。岩藻多糖对细胞表面的负电荷有增加的作用，使其形成排斥性，阻止中性胆固醇的沉积，促使其分解和排泄，且对肝和肾无副作用。研究显示，海带源岩藻多糖在高脂血症小鼠模型中能显著降低血清中低密度脂蛋白、胆固醇、甘油三酯的含量，同时增加高密度脂蛋白 - 胆固醇的含量，有效改善高脂血症的症状，并能在一定程度上预防高脂血症的形成（Li，1999；Li，2001）。笼目海带源岩藻多糖具有较好的降血脂活性，其降血脂活性与抑制胆固醇的合成和逆向转运、调节脂肪酸的合成和加速线粒体的 β- 氧化有关（Ren，2019；Peng，2018）。

八、岩藻多糖改善肠道健康的功效

岩藻多糖对改善肠道健康作用明显，能改善便秘、治疗肠炎。Matayoshi 等（Matayoshi，2017）在 30 位便秘患者的试验中，试验组每天服用 1g 岩藻多糖、对照组服用安慰剂。2 个月后发现服用岩藻多糖的试验组每周排便天数由原来的平均 2.7d 升至 4.6d，排便体积和软度都有明显改善。另一项研究发现，岩藻多糖还能有效改善小鼠肠炎（Lean，2015）。

第三节　岩藻多糖在功能食品和饮料中的应用案例

基于其多种功能活性作用，岩藻多糖在功能食品和饮料中得到广泛应用，其应用形式主要有片剂、胶囊、冲剂等。目前我国对岩藻多糖的开发和应用尚处于起步阶段，市场上的产品以原料供应为主。国际上，日本、韩国和美国处于岩藻多糖研究、开发和应用的领先地位，已经有很多成熟的产品应用于功能食品领域，发挥其防抗肿瘤、提高免疫力、改善胃肠道等健康功效。此外，国内外市场上岩藻多糖更多应用于美容护肤品、动物营养品等领域。

一、日本市场上的岩藻多糖产品

日本在岩藻多糖领域的研究处于世界领先地位，是相关产品研发、生产、推广、应用最成熟的国家。日本市场上的岩藻多糖产品主要涉及肿瘤康复、增强免疫力等。

表 12-1 所示为日本海之滴岩藻多糖产品。该产品使用的岩藻多糖主要来自日本冲绳海蕴及裙带菜孢子叶，另外还配以巴西蘑菇菌丝。海之滴岩藻多糖产品主要针对肿瘤康复人群，对于中晚期人群，推荐每天的岩藻多糖服用量是5~8g，早期或预防人群每天推荐量为 2~3g。产品包括三种服用剂型：固体饮料、胶囊和液体饮品，其中固体饮料为绿茶口味，适用于疾病预防；胶囊产品含有纤维素和葡聚糖，适用于早中期人群，体积小便于携带和服用；液体产品含有维生素 B、C、E，适用于精神、食欲差且吞咽困难的晚期人群。

表 12-1 日本 UMI NO SHIZUKU（海之滴）品牌岩藻多糖产品

产品	类型	岩藻多糖浓度及建议用量	成分及来源	功效
	胶囊	每粒含 212.5mg 岩藻多糖 +37.5mg 蘑菇菌丝体提取物	源于冲绳海蕴与裙带菜孢子叶的岩藻多糖、姬松茸菌丝体提取物	免疫增强、减少副作用、加速恢复
	液体瓶装	每瓶含 2.125g 岩藻多糖	源于冲绳海蕴与裙带菜孢子叶的岩藻多糖、姬松茸菌丝体提取物、维生素 C，维生素 E，维生素 B_2，维生素 B_6 等	免疫增强、减少副作用、加速恢复
	粉末冲剂	每包含 100mg 岩藻多糖	岩藻多糖、姬松茸菌丝体提取物、绿茶粉末、大麦嫩芽和啤酒酵母	免疫增强、排毒、缓解便秘、减少过敏和胃部问题

表 12-2 显示的是日本 NatureMedic ™品牌的岩藻多糖产品，主要包括两种：一种是 AHCC 岩藻多糖，另一种是 3-Plus 岩藻多糖。AHCC 产品含有两种不同分子结构的岩藻多糖，主要成分是冲绳海蕴岩藻多糖、裙带菜孢子叶岩藻多糖及巴西蘑菇菌丝，其中岩藻多糖纯度达到 85% 以上，产品剂型为胶囊，每天推荐用量为 1.2g。3-Plus 产品含有三种高纯度岩藻多糖，主要成分是海蕴岩藻多糖、裙带菜孢子叶岩藻多糖及墨角藻岩藻多糖，纯度均超过 85%，产品剂型为胶囊，

每天推荐用量为 1.0g。NatureMedic ™品牌岩藻多糖产品主要作为营养补充剂，可以改善胃口、维持良好体力和精神状态，同时能有效提升免疫力、维持肠道健康。

表 12-2 日本 NatureMedic ™品牌岩藻多糖产品

产品	类型	岩藻多糖浓度及建议用量	成分及来源	功效
	胶囊	每粒含 162.5mg 岩藻多糖、每天 2 次、每次 4 粒	岩藻多糖（纯度 90% 以上；源于有机认证的裙带菜及日本海蕴）、香菇菌丝体提取物（AHCC，乙酰化 α- 葡聚糖）、姬松茸菌丝体提取物、啤酒酵母、羟丙基甲基纤维素、二氧化硅、微晶纤维素、糊精和 α- 环糊精	免疫增强（癌症术后治疗的补充）
	冲剂	每包含 1.3g 岩藻多糖 +0.6g AHCC+0.3g 蘑菇菌丝体提取物	岩藻多糖、香菇菌丝体提取物（AHCC）、姬松茸菌丝体提取物、维生素 A、维生素 C、维生素 D、维生素 E、维生素 B_2、维生素 B_6、维生素 B_9、维生素 B_{12}、水、柠檬酸、三氯蔗糖、乙酰磺胺酸钾、木糖醇、人工香料、糊精、纤维素和 α- 环糊精	免疫增强
	胶囊	每粒含 250mg 岩藻多糖、每天 4~16 粒	岩藻多糖（源于有机认证的裙带菜、日本海蕴及有机认证的墨角藻）、姬松茸菌丝体提取物、啤酒酵母、羟丙基甲基纤维素、二氧化硅和蔗糖脂肪酸酯	免疫增强
	液体包装	每包含 2.2g 岩藻多糖	岩藻多糖（源于有机认证的裙带菜、日本海蕴及有机认证的墨角藻）、姬松茸菌丝体提取物、维生素 A、维生素 C、维生素 D、维生素 E、维生素 B_2、维生素 B_6、水、柠檬酸、三氯蔗糖、乙酰磺胺酸钾、木糖醇、人工香料、糊精、纤维素和 α-环糊精	免疫增强

除了以上两个品牌，日本市场还有很多其他品牌的岩藻多糖产品，具体见表 12-3。产品多以冲绳海蕴或裙带菜孢子叶岩藻多糖为原料，配以其他类型的多糖或辅料，产品的主要功能以提高机体免疫力为主。

表 12-3 日本市场上的岩藻多糖产品

品牌	产品	类型	岩藻多糖浓度及建议用量	成分及来源	功效
LAC（利维喜）		胶囊	每天推荐用量为1.5g	以海蕴岩藻糖为主要原料，添加鹿角灵芝、维生素 C 等活性成分	适用人群包括易生病人群、术后人群、肾功能低下人群及中老年人群，能提升机体免疫力、增强体质
Kanehide Bio（金秀生物）		胶囊	每粒含 233mg 岩藻多糖、每天 6 粒	100% 冲绳海蕴岩藻多糖	增强免疫力
SHUREIHI, YOHO MEKABU FUCOIDAN		胶囊	每粒含 150mg 裙带菜岩藻多糖 +75mg 海蕴岩藻多糖 +50mg 蘑菇粉	裙带菜及海蕴来源的岩藻多糖、姬松茸菌丝体	增强免疫力
Kanehide Bio		胶囊	每粒含 167mg 岩藻多糖、每天 4~6 粒	冲绳海蕴岩藻多糖	增强免疫力
UMI NO SEIMEI		胶囊	每粒含 230mg 岩藻多糖 +15.5mg 蘑菇提取物、每天 4~6 粒	冲绳裙带菜来源的岩藻多糖、蘑菇多糖提取物	增强免疫力

续表

品牌	产品	类型	岩藻多糖浓度及建议用量	成分及来源	功效
Okinawa Biken	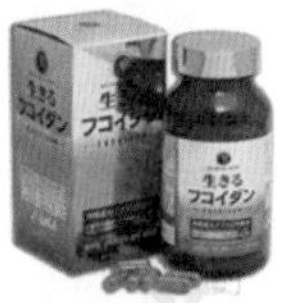	胶囊	每粒含 300mg 岩藻多糖提取物、每天 5~10 粒	冲绳裙带菜来源的岩藻多糖提取物	增强免疫力、护肝
Fine Japan	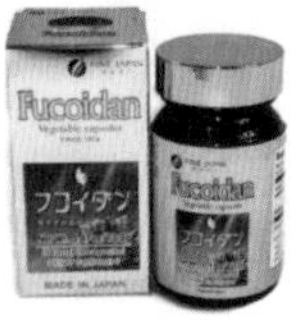	胶囊	每粒含 270mg 岩藻多糖 +27mg 蘑菇提取物、每天 1 粒	裙带菜孢子叶来源的岩藻多糖、蘑菇提取物、糖脂、硬脂酸钙、二氧化硅	加强免疫系统、抵御感染和细胞突变

二、美国市场上的岩藻多糖产品

美国对岩藻多糖的研究和产品开发处在世界前列，其岩藻多糖产品多集中于营养补充剂，主要用于提高免疫力、抗氧化。表 12-4 介绍了美国市场上主要的岩藻多糖产品。

表 12-4　美国市场上主要的岩藻多糖产品

品牌	产品	类型	岩藻多糖浓度及建议用量	成分及来源	功效
Life Extension		胶囊	每天 0.5g	裙带菜孢子叶水提物（岩藻多糖含量 85%）、微晶纤维素、植物纤维素、二氧化硅	促进细胞间的交流和组织的维护、运用中增加力量和耐力
Absonutrix		胶囊	每粒含岩藻多糖 0.5g、每天 1~2 粒	源于大西洋海带的岩藻多糖提取物（纯度 85%）	增强免疫系统、增加细胞健康、解毒身体免受有害元素、自由基、毒素和重金属的影响，有助于改善血糖和胆固醇水平、改善胃肠道功能、保持健康的体重、改善指甲和头发健康

续表

品牌	产品	类型	岩藻多糖浓度及建议用量	成分及来源	功效
Pure Synergy		胶囊	每粒含 100mg 岩藻多糖	裙带菜来源的岩藻多糖、纤维素	增强免疫力
Doctor's Best		胶囊	每粒含 300mg 岩藻多糖、每天 2 粒	岩藻多糖、米粉、改性纤维素、硬脂酸镁	抗氧化、增强免疫力
Nature's BioScience		片剂	每片含 200mg 岩藻多糖、每次 2~4 片、每天 1~3 次	源于裙带菜的岩藻多糖提取物（纯度 45%）、生姜提取物、藏红花提取物（0.3% 藏红花醛）、黑胡椒提取物（95% 胡椒碱）、维生素 E	增强免疫力
NusaPure		胶囊	每粒含 45mg 岩藻多糖、每天 1 粒	海带提取物（含 5% 岩藻黄素、9% 岩藻多糖）	增强免疫力、促进全身排毒
Nature's BioScience®		胶囊	每粒含 333.5mg 岩藻多糖提取物（纯度 75%）+400mg 蘑菇粉、每次 2~4 粒、每天 1~3 次	大西洋裙带菜与墨角藻来源的岩藻多糖、蘑菇粉	增强免疫力
Dr's Hope		胶囊	每粒含 75mg 岩藻多糖、每天 1~2 粒	裙带菜来源的岩藻多糖、微晶纤维素、硬脂酸镁、二氧化硅	增强免疫力、抗氧化

品牌	产品	类型	岩藻多糖浓度及建议用量	成分及来源	功效
Swanson		胶囊	每粒含 0.5g 岩藻多糖提取物（纯度 40%）、每天 1 粒	岩藻多糖提取物	增强免疫力
U-Fn		胶囊	每粒含 0.6g 岩藻多糖提取物、每天 2~4 粒	海带岩藻多糖提取物	抗氧化、免疫调节
Miracle Fucoidan		胶囊	每粒含 100mg 岩藻多糖、每天 2 粒	岩藻多糖提取物	增强免疫系统、增强能量与健康、刺激干细胞生成

三、韩国市场上的岩藻多糖产品

韩国 HAERIM（海林）产品中岩藻多糖（固形物 10%）含量为 83.3%，其岩藻多糖主要来自于裙带菜孢子叶，另外还含有野樱莓、姜黄、松树皮提取物等有利于肿瘤康复的活性成分。海林岩藻多糖产品为液体剂型，每天推荐量为 4~6g。图 12-2 显示韩国 HAERIM（海林）的岩藻多糖产品。

图 12-2　韩国 HAERIM（海林）的岩藻多糖产品

四、中国市场上的岩藻多糖产品

在国内市场上，目前青岛明月海藻集团有限公司、北京雷力联合海洋生物科技有限公司、北京绿色金可生物技术股份有限公司、大连深蓝肽科技研发有限公司、大连海宝生物技术有限公司、日照洁晶海洋生物技术开发有限公司等多家企业均在积极推动岩藻多糖的产业化，但大多企业以生产岩藻多糖保健原料为主，而具有国家保健食品批号的岩藻多糖相关产品数量较少，并且主要以褐藻多糖复合添加产品为主，主要以增强免疫功能较为突出，包括赛洋牌排铅慧源咀嚼片，其保健功能为促进排铅、辅助改善记忆；银龄牌海惠元胶囊，其保健功能为增强免疫力；银龄牌海慧健胶囊，其保健功能为增强免疫力、抗氧化；海赋健胶囊，其保健功能为辅助抑制肿瘤、免疫调节；天合一牌葆康胶囊，其保健功能为免疫调节。

除了具有保健食品批号的保健食品外，还有部分企业生产岩藻多糖功能产品，例如大连海宝生物技术有限公司的"健力海宝"褐藻糖胶产品、青岛明月海藻集团有限公司的岩藻多糖系列功能产品。

大连海宝生物技术有限公司生产的"健力海宝"牌海藻饮料（褐藻糖胶）产品（图12-3）以裙带菜孢子叶中提取的岩藻多糖（褐藻糖胶）为主要原料，添加浓缩蓝莓汁、苹果汁、梨汁为辅料，产品具有抗炎和提高免疫力作用。

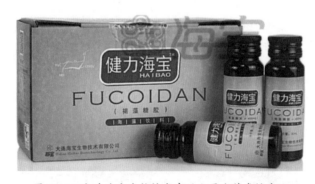

图 12-3　大连海宝生物技术有限公司岩藻多糖产品

青岛明月海藻集团有限公司开发了岩藻多糖系列功能产品并向全国销售，所用岩藻多糖源自纯净海域的褐藻，产品剂型包括液体饮料、压片糖果等，每天推荐用量为1~4g。图12-4显示青岛明月海藻集团有限公司的岩藻多糖系列产品，其中"清幽乐"由明月集团子公司——青岛明月海藻生物科技公司生产，以富含岩藻多糖的海带浓缩粉为主要功效成分，复配多种益胃草本精华、协同增效，旨在帮助人们预防和抵抗幽门螺旋杆菌感染、养胃护胃。

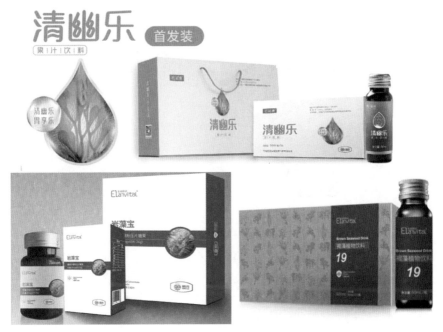

图 12-4　青岛明月海藻集团有限公司岩藻多糖系列产品

　　"生命跃动（Elanvital）"褐藻植物饮料采用 VIP 定制模式，依据食品营养学和客户自身情况，可以为客户一对一量身定制。产品以富含岩藻多糖的褐藻浓缩粉为主要原料，采用生物提取技术从褐藻中精制、提取而成，是一种优质的褐藻生物活性物质，同时复配多种植物活性物质均衡营养，在改善生活方式和饮食习惯的同时实现食疗法康复。

　　"岩藻宝"褐藻浓缩粉压片糖果是以富含岩藻多糖的褐藻浓缩粉为主要成分制成的复合片，其岩藻多糖含量高、品质优良，原料采用优质食品级天然褐藻、提取工艺温和，最大程度保证了岩藻多糖原有的化学结构。

　　自 2018 年以来，有部分企业生产的岩藻多糖产品已经通过国家食品药品监督管理局备案，如大连深蓝肽科技研发有限公司、青岛明月海藻集团有限公司等，表明国内企业已具备岩藻多糖的生产资质，能够为国内市场输出优质的岩藻多糖原料，保障下游健康产品的开发和应用。

　　岩藻多糖在我国台湾地区应用较多，目前主要集中于小分子岩藻多糖。图

12-5 所示为台湾市场上的小分子岩藻多糖产品，其岩藻多糖源自台湾周围纯净海域的褐藻，产品剂型为固体饮料，每天推荐用量为 2.2g。

图 12-5　台湾市场上的小分子岩藻多糖产品

第四节　小结

全球各地对岩藻多糖的提取分离技术、结构解析、活性作用及构效关系的研究已经非常深入，并取得丰硕的成果。相比之下，岩藻多糖的应用研究与产品开发相对不足，尚未有大规模的产品应用，在功能食品等健康产品领域的推广力度不够，对消费者的宣传也还不到位。随着人们对岩藻多糖构效关系解析的更加明确以及科研成果的不断涌现,岩藻多糖将在食品营养补充剂、功能饮料、肿瘤康复辅助剂、美容护肤品、动物营养等领域发挥更大的作用，在大健康产业中有巨大的市场应用潜力。

参考文献

[1] Alekseyenko T V, Zhanayeva S Y, Venediktova A A, et al. Antitumor and antimetastatic activity of fucoidan, a sulfated polysaccharide isolated from the Okhotsk Sea *Fucus evanescens* brown alga [J] . Bulletin of Experimental Biology & Medicine, 2007, 143（6）: 730-732.

[2] Besednova N N, Zaporozhets T S, Somova L M, et al. Review: prospects for the use of extracts and polysaccharides from marine algae to prevent and treat the diseases caused by *Helicobacter pylori* [J] . Helicobacter, 2015, 20: 89-97.

[3] Cai J, Kim T S, Jang J Y, et al. *In vitro* and *in vivo* anti-*Helicobacter pylori*

activities of FEMY-R7 composed of fucoidan and evening primrose extract [J] . Lab Anim Res, 2014, 30: 28-34.

[4] Chen Q C, Liu M, Zhang P Y, et al. Fucoidan and galacto oligosaccharides ameliorate high-fat diet-induced dyslipidemia in rats by modulating the gut microbiota and bile acid metabolism[J] . Nutrition, 2019, 65: 50-59.

[5] Chen C H, Sue Y M, Cheng C Y, et al. Oligo-fucoidan prevents renal tubulointerstitial fibrosis by inhibiting the CD44 signal pathway[J] . Sci Rep, 2017, 7: 40183-40195.

[6] de Souza M C R, Marques C T, Guerra Dore C M, et al. Antioxidant activities of sulfated polysaccharides from brown and red seaweeds[J] . Journal of Applied Phycology, 2007, 19 (2): 153-160.

[7] Ermakova S, Sokolova R, Kim S M, et al. Fucoidans from brown seaweeds *Sargassum hornery*, *Eclonia cava*, *Costaria costata*: structural characteristics and anticancer activity[J] . Applied Biochemistry and Biotechnology, 2011, 164 (6): 841-850.

[8] Ferreira S S, Passos C P, Madureira P, et al. Structure-function relationships of immune stimulatory polysaccharides: A review[J] . Carbohydr Polym, 2015, 132: 378-396.

[9] Han Y S, Lee J H, Lee S H. Fucoidan inhibits the migration and proliferation of HT-29 human colon cancer cells via the phosphoinositide-3 kinase/Akt/mechanistic target of rapamycin pathways[J] . Molecular Medicine Reports, 2015, 12: 3446-3452.

[10] Hsu H, Lin T, Hu C, et al. Fucoidan upregulates TLR4/CHOP-mediated caspase-3 and PARP activation to enhance cisplatin-induced cytotoxicity in human lung cancer cells[J] . Cancer Letters, 2018, 432: 112-120.

[11] Lean Q Y, Eri R D, Fitton J H, et al. Fucoidan extracts ameliorate acute colitis [J] . PLoS ONE, 2015, 10: e0128453.

[12] Lee S H, Ko C I, Jee Y, et al. Anti-inflammatory effect of fucoidan extracted from *Ecklonia cava* in zebrafish model[J] . Carbohydrate Polymers, 2013, 92 (1): 84-89.

[13] Li D Y, Xu Z, Zhang S H. Prevention and cure of fucoidan of *L. japonica* on mice with hypercholesterolemia[J] . Food Sci, 1999, (20): 45-46.

[14] Li D Y, Xu Z, Huang L M, et al. Effect of fucoidan of *L. japonica* on rats with hyperlipidaemia[J] . Food Sci, 2001, (22): 92-95.

[15] Maruyama H, Yamamoto I. An antitumor fucoidan fraction from an edible brown seaweed *Laminaria religiosa*[J] . Hydrobiologia, 1984, 116/117: 534-536.

[16] Matayoshi M, Teruya J, Yasumoto-Hirose M, et al. Improvement of defecation in healthy individuals with infrequent bowel movements through the ingestion of

dried Mozuku powder: a randomized, double-blind, parallel-group study [J] . Functional Foods in Health and Disease, 2017, 7: 735-742.

[17] Narayani S S, Saravanan S, Ravindran J, et al. In vitro anticancer activity of fucoidan extracted from *Sargassum cinereum* against Caco-2 cells [J] . International Journal of Biological Macromolecules, 2019, 138: 618-628.

[18] Park J, Cha J D, Choi K M, et al. Fucoidan inhibits LPS-induced inflammation *in vitro* and during the acute response *in vivo* [J] . International Immunopharmacology, 2017, 43: 91-98.

[19] Park H Y, Han M H, Park C, et al. Anti-inflammatory effects of fucoidan through inhibition of NF-κB, MAPK and Akt activation in lipopolysaccharide-induced BV2 microglia cells [J] .Food and Chemical Toxicology, 2011, 49 (8): 1745-1752.

[20] Peng Y B, Wang Y F, Wang Q K, et al. Hypolipidemic effects of sulfated fucoidan from *Kjellmaniella crassifolia* through modulating the cholesterol and aliphatic metabolic pathways [J] .Journal of Functional Foods, 2018, 51: 8-15.

[21] Phull A R, Kim S J. Fucoidan as bio-functional molecule: Insights into the anti-inflammatory potential and associated molecular mechanisms [J] . Journal of Functional Foods, 2017, 38 (A): 415-426.

[22] Raghavendran H R B, Srinivasan P, Rekha S. Immunomodulatory activity of fucoidan against aspirin-induced gastric mucosal damage in rats [J] . International Immunopharmacology, 2011, 11 (2): 157-163.

[23] Ren D D, Wang Q K, Yang Y, et al. Hypolipidemic effects of fucoidan fractions from *Saccharina sculpera* (Laminariales, Phaeophyceae)[J] . International Journal of Biological Macromolecules, 2019, 140: 188-195.

[24] Sanjeewa K K A, Jayawardena T U, Kim S Y, et al. Fucoidan isolated from invasive *Sargassum horneri* inhibit LPS-induced inflammation via blocking NF-κB and MAPK pathways[J] . Algal Research, 2019, 41: 101561.

[25] Sanjeewa K K A, Jayawardena T U, Kim H S, et al. Fucoidan isolated from *Padina commersonii* inhibit LPS-induced inflammation in macrophages blocking TLR/NF-κB signal pathway[J] .Carbohydrate Polymers, 2019, 224: 115195.

[26] Shibata H, Kimura-Takagi I, Nagaoka M, et al. Inhibitory effect of *Cladosiphon* fucoidan on the adhesion of *Helicobacter pylori* to human gastric cells[J] . J Nutr Sci Vitaminol, 1999, 45: 325-336.

[27] Song Y F, Wang Q K, Wang Q J, et al. Structural characterization and antitumor effects of fucoidans from brown algae *Kjellmaniella crassifolia* farmed in northern China [J] .International Journal of Biological Macromolecules, 2018, 119: 125-133.

［28］Tian T，Chang H，He K，et al. Fucoidan from seaweed *Fucus vesiculosus* inhibits 2，4-dinitrochlorobenzene-induced atopic dermatitis［J］. International Immunopharmacology，2019，75：105823.

［29］Usoltseva R V，Anastyuk S D，Ishina I A，et al. Structural characteristics and anticancer activity in vitro of fucoidan from brown algae *Padina boryana*［J］. Carbohydrate Polymers，2018，184：260-268.

［30］Usui T，Asari K，Mizuno T. Isolation of highly purified fucoidan from *Eisenia bicyclis* and its anticoagulant and antitumor activities［J］. Agric Biol Chem，1980，44：1965-1966.

［31］Vishchuk O S，Ermakova S P，Zvyagintseva T N. The fucoidans from brown algae of Far-Eastern seas：Anti-tumor activity and structure-function relationship［J］. Food Chemistry，2013，141（2）：1211-1217.

［32］Vo T，Kim S. Fucoidans as a natural bioactive ingredient for functional foods［J］. Journal of Functional Foods，2013，5（1）：16-27.

［33］Vo T S，Ngo D H，Kim S K. Potential targets for anti-inflammatory and anti-allergic activities of marine algae：An overview［J］. Inflammation and Allergy-Drug Targets，2012，11：90-101.

［34］Wang J，Zhang Q，Zhang Z，et al. Potential antioxidant and anticoagulant capacity of low molecular weight fucoidan fractions extracted from *Laminaria japonica*［J］. International Journal of Biological Macromolecules，2010，46（1）：6-12.

［35］Wang J，Wang F，Yun H，et al. Effect and mechanism of fucoidan derivatives from *Laminaria japonica* in experimental adenine-induced chronic kidney disease［J］. Journal of Ethnopharmacology，2012，139：807-813.

［36］Xue C H，Fang Y，Lin H，et al. Chemical characters and antioxidative properties of sulfated polysaccharides from *Laminaria japonica*［J］. Journal of Applied Phycology，2001，13（1）：67-70.

［37］Yang G Z，Kong Q Q，Xie Y Y，et al. Antitumor activity of fucoidan against diffuse large B cell lymphoma *in vitro* and *in vivo*［J］. Journal of Biochemistry and Biophysics，2015，47（11）：925-931.

［38］Yuguchi Y，Tran V T，Bui L M，et al. Primary structure，conformation in aqueous solution，and intestinal immunomodulating activity of fucoidan from two brown seaweed species *Sargassum crassifolium* and *Padina australis*［J］. Carbohydrate Polymers，2016，147：69-78.

［39］Zhao X，Xue C H，Cai Y P，et al. The study of antioxidant activities of fucoidan from *Laminaria japonica*［J］. High Tech Lett，2005，（11）：91-94.

［40］王鸿，张甲生，严银春，等.褐藻岩藻多糖生物活性研究进展［J］.浙江工业大学学报，2018，46（2）：209-215.

［41］张国防，秦益民，姜进举，等.海藻的故事［M］.北京：知识出版社，

2016.

［42］艾正文，桂敏，于鹏，等.岩藻多糖结构对其功能的影响研究进展［J］.
食品工业科技，2019，40（9）：346-350.

［43］吴俊仙，董昀凡，袁涛，等.岩藻多糖对炎症性肠病的作用及其机制［J］.
南京医科大学学报（自然科学版），2019，39（09）：1304-1308+1313.

岩藻多糖的功能与应用

第十三章　岩藻多糖在保健品中的应用

第一节　引言

海洋是生物活性物质的金矿，与陆地上动植物中的化合物相比，源自海洋的大多数代谢产物具有独特的结构和功效。在新生活方式带来的各种疾患面前，海洋生物活性物质的特殊功效在全球各地得到广泛关注，在保健品领域也得到越来越多的应用。在大量海洋源保健品中，ω-3 多不饱和脂肪酸、类胡萝卜素、壳寡糖、氨基葡萄糖、胶原蛋白等得到消费者的普遍认可（Kim，2015）。岩藻多糖以其独特的结构和健康功效也在全球保健品市场发挥重要作用。

第二节　海洋源保健品的发展历史

健康食品在全球各地有很长的发展历史，早在 2500 年前，希腊名医希波克拉底（Hippocrates）就提出疾病是人体自然形成的，并倡导"让食品成为药品、让药品成为食品"的药食同源理念。中国、日本、朝鲜、印度、印度尼西亚等国家都曾把陆地和海洋资源用于药用食物和传统药品。当今社会，心血管疾病、肥胖症、糖尿病、癌症等疾患的日益严重对人类的饮食习惯提出了严峻的挑战。在应对各种慢性疾患的过程中，功能食品和保健品的应用受到重视，已经成为健康领域的一个重要产业。

保健品的概念最早由美国医药创新基金会的发起人和董事长 Stephen DeFelice 在 1989 提出，用于描述有营养和药用价值的物质（Brower，1998）。根据他的定义，保健品是具有医疗和健康功效的食品或食品的一部分，具有预防或治疗疾患的功效。尽管国际市场上保健品这个术语已经广为应用，目前多国监管机构还没有接受这个概念。

人们对于可食用天然材料提供营养以外的保健功效的越来越多的认识加快了全球保健品市场的发展，膳食补充剂、纯化的营养素或食品组分、草药产品、加工或基因改性产品等大量生物制品在全球各地以保健品的名义广为销售，在此过程中消费者对保健品的喜爱源于这类产品是安全的产品，与合成药物相比有更好的安全性、更低的毒副作用，并且具有比药物更低廉的价格（Bernal，2011）。但是应该指出的是，保健品与功能食品是有区别的，在服用方法上，功能食品是以食品的形式应用的，而保健品一般以胶囊或药丸的方式服用（Espin，2007）。

历史上大多数保健品来源于陆地生物。随着海洋经济的发展，源于海洋的保健品在全球各地正在得到更多关注。海洋环境比陆地可以产生更多的生物多样性，使海洋源保健品具有更多独特的健康功效（Lee，2011）。

第三节　海洋源保健品的主要种类

海洋源保健品可以被定义为从海洋资源中获取的、除了营养价值外还有健康功效的产品。从虾蟹壳、鱼皮、微藻、大型藻类等海洋生物中提取的壳聚糖和氨基葡萄糖等功能性碳水化合物、ω-3 多不饱和脂肪酸、类胡萝卜素、胶原蛋白、生物活性多肽、有机钙、岩藻多糖等生物活性物质已经在全球保健品市场得到广泛认可。

一、功能性碳水化合物

碳水化合物是海洋环境中分布最广的一种大分子质量物质，在单体组成、连接、聚合物结构与功效方面有丰富的多样性（Yang，2009）。从海洋食品加工废弃物中提取的壳聚糖、壳寡糖和氨基葡萄糖对很多生理疾患有很好的疗效，受到健康产业领域的广泛关注（Kim，2005）。

1. 壳聚糖和壳寡糖

壳聚糖和壳寡糖的广泛应用给海洋保健品行业带来了革命。虾、蟹等海洋食品加工废弃物是商业用壳聚糖的重要来源，在利用壳聚糖生物资源的同时解决了虾蟹加工厂废弃物排放的问题，因为这些废弃物的质量占虾蟹质量的45%以上（Jayakumar，2010）。壳聚糖不溶于水，为了克服这个应用过程中的局限，可以通过各种方法制备壳聚糖寡糖，如采用酸解等化学方法（Ilina，2004）、超声波降解和热降解等物理方法（Chen，2000）以及酶降解等生物方法（Kuroiwa，

2002）。有报道称化学法制备的寡糖中因为处理过程中产生的有毒化合物不适合用于生物活性材料。因此，酶降解制备生物活性壳聚糖寡糖是最合适的方法。

壳聚糖寡糖具有一系列生物活性，其水溶性是作为功能材料的一个主要原因。此外还可以通过化学改性进一步强化壳聚糖寡糖的功效（Mourya，2008）。目前全球各地对甲壳素、壳聚糖、壳寡糖都有大量的研究，2000年后全球申请的专利和发表的论文数量已经超过50000件。

2. 壳寡糖应用于保健品的发展潜力

壳聚糖的生物相容性、生物可降解性和无毒性等特性在食品和药品行业得到广泛关注，全球各地对壳聚糖和壳寡糖的生物活性已经有大量的研究，证实其对细胞内氧化应激、老化、光老化、骨关节炎、炎症、哮喘、过敏、糖尿病、肥胖、癌症、高血压和微生物感染等疾患有良好的生物活性。壳聚糖和壳寡糖的生物活性是基于其带正电荷的碱性结构以及分子结构中活性较强的羟基和氨基。很多研究成果显示这些材料的生物活性与分子质量和脱乙酰度相关。壳聚糖的抗肿瘤和促愈合活性被认为与其刺激免疫系统的活性相关，其诱导的免疫刺激激活了腹腔巨噬细胞并刺激了非特异性宿主抵抗，导致肿瘤细胞的去除（Kim，2006）。在应对壳聚糖过程中，巨噬细胞的高水平生产会释放出有利于愈合过程的细胞因子（Okamoto，2003）。脱乙酰度和分子质量是决定壳聚糖生物活性的重要因素。低分子质量（<5ku）、高脱乙酰度（>90%）的壳寡糖具有更好的自由基捕获能力和酶抑制活性（Je，2004；Ngo，2001；Park，2003）。

基于其优良的生物活性，壳聚糖及其寡糖在保健品中的应用已经得到深入研究（Xia，2010）。壳聚糖有降胆固醇活性，在保健品和功能食品中有很好的应用价值。壳聚糖与壳寡糖降胆固醇活性和减肥功效是基于其在消化道内捕获脂肪和胆固醇并排出人体的性能，其中壳聚糖分子结构的正电荷与脂肪酸和胆酸的负电荷相结合可以使饮食中的胆固醇排出人体。壳聚糖的降胆固醇活性与其分子质量和脱乙酰度相关，研究表明其与脂肪酸的结合力随着分子质量和脱乙酰度的提高而增加。分子质量越高，对胆酸的结合力越强。分子质量与脱乙酰度的提高使自由氨基的含量增加，强化了降胆固醇活性（Colombo，1996；Xia，2011；Zhang，2008）。

日本市场上壳聚糖在功能食品和保健品中的应用取得很大成功，例如，添加壳聚糖的饼干、薯片、面条、意大利面食等越来越受到消费者关注。基于其抗氧化和抗菌性能，添加壳聚糖的食品有更长的保质期（Zhu，2010）。在酸奶等奶制品中，壳聚糖与其他膳食纤维相比能降低葡萄糖和钙的吸收（Rodriguez，2008）。此外，在烘焙食品中加入壳聚糖可以充分利用其理化和生物活性，在果汁、醋等产品中加入壳聚糖也可以改善产品的性能。利用壳聚糖的成膜特性可以制备可食用薄膜，或用于食品的涂膜处理，壳聚糖的抗菌和抗氧化活性可以延长产品保质期、强化食品的营养价值（Dutta，2009；Chillo，2008；Vu，2011）。

3. 氨基葡萄糖及其应用

氨基葡萄糖是自然界中广泛存在的一种单糖，其中甲壳素和壳聚糖充分水解后可以获得 N-乙酰化氨基葡萄糖以及氨基葡萄糖。人体本身能从葡萄糖合成氨基葡萄糖和 N-乙酰化氨基葡萄糖后成为软骨基质和滑液中黏多糖的组成部分。在骨关节炎情况下，补充氨基葡萄糖可以缓解关节炎症状（Anderson，2005），临床试验也证实了这个假设（Block，2010；Sawitzke，2010）。目前氨基葡萄糖是维生素和矿物质之外美国成年人服用最多的膳食补充剂，其在全球各地已经接受了保健品的各种实验室和临床试验，被证明除了具有缓解疼痛的性能外，还能为关节构建软骨和润滑剂（Gorsline，2005）以及通过抑制滑膜细胞、内皮细胞和肠上皮细胞的炎症激活产生抗炎活性（Nagaoka，2011）。基于这些优良性能，氨基葡萄糖在应对炎症过程的保健品市场有很大的应用潜力。目前市场上的氨基葡萄糖产品包括氨基葡萄糖盐酸盐、氨基葡萄糖硫酸盐、N-乙酰基 - 氨基葡萄糖等，其中临床试验最多的是氨基葡萄糖硫酸盐。氨基葡萄糖保健品的推荐剂量是每天 1500mg（Clayton，2007）。

氨基葡萄糖可以被人体接收，但在随机试验的 12% 的患者中发现有轻度肠胃系统相关症状（Towheed，2000）。除了直接用于保健品，氨基葡萄糖也可以加入食品和饮料的配方中，特别是橙汁等饮料中（Xinmin，2008）。

二、多不饱和脂肪酸

多不饱和脂肪酸（Polyunsaturated Fatty Acid，PUFA），尤其是 ω-3 脂肪酸是人体本身不能合成的，主要原因是人体不能合成其前体亚麻酸。为了维持生理功能，人体需要从饮食中补充多不饱和脂肪酸。除了调节正常的新陈代谢，二十碳五烯酸（EPA）、二十二碳六烯酸（DHA）、亚麻酸等多不饱和脂肪酸具有一系列健康功效，如预防冠心病、高甘油三酯血症、血小板聚集、动脉粥样硬化、一般性炎症、高血压、II 型糖尿病、眼疾、关节炎、囊性纤维化、癌症等疾患（Wu，2008；Lavie，2009），尤其是 PUFA 经常作为保健品用于预防心血管疾病。

血液中 EPA 和 DHA 含量的提高可以抑制高脂的动脉粥样斑块生长、减少血栓形成、改善血管内皮功能和降低血压，有效降低心血管疾病的发生。2004年美国 FDA（United States Food and Drug Administration）宣布 EPA 和 DHA 的合格健康声明状态，目前 EPA 和 DHA 已经广泛应用于防治上述各种疾患（Mazza，2007；Mullen，2010）。

食品中 EPA 和 DHA 的主要来源是鱼和鱼的副产品，基于其优良的健康功效，全球各地对鱼油基保健品的需求在快速增长。鲑鱼、鲱鱼、鲭鱼、凤尾鱼、沙丁鱼等冷水鱼以及从这些鱼中提取的鱼油是 EPA 和 DHA 等 ω-3 多不饱和脂肪酸的重要来源。鱼头、鱼皮、鱼内脏都含有丰富的 ω-3 多不饱和脂肪酸，高速离心法、Soxhlet 萃取法、低温溶剂法和超临界流体萃取法等技术手段已经应用于鱼油的提取（Chantachum，2000）。

自然界中鱼本身不合成 EPA 和 DHA，而是从其食用的微藻中摄取（Guedes，2011）。微藻是 EPA 和 DHA 等 ω-3 脂肪酸的一个重要来源，在一些微藻中，长链多不饱和脂肪酸在细胞中的含量可以达到 10%~20%。在微藻的养殖过程中，其多不饱和脂肪酸含量受一系列环境条件的影响，如培养介质的组成、氮源、pH、光强度、曝气度、温度等（Volkman，1999）。用氨水和硝酸盐作为氮源在培养小球藻时得到的多不饱和脂肪酸含量最高，可以达到总脂肪酸含量的44.4%（Lourenco，2002）。

以多不饱和脂肪酸强化的功能食品和保健品市场正在高速增长。世界卫生组织建议 EPA 和 DHA 的人均每天摄入量应该在 0.3~0.5g/d（Kris-Etherton，2002；Arab-Tehrany，2012），巨大的市场需求为海洋源 ω-3 多不饱和脂肪酸保健品提供了很大的发展空间。

三、类胡萝卜素

类胡萝卜素是一种萜类化合物色素，其基本结构由 40 个碳原子的多烯链组成。在类胡萝卜素的合成过程中，不同种类的多烯链上可以由不同的功能基团替代，其中类胡萝卜素的含氧衍生物被称为叶黄素，根据分子中氧原子的结构，叶黄素又可分成不同的种类，如黄体素中是羟基（—OH）、角黄素中是氧基、虾青素中是氧基和羟基（Del Campo，2000）。海洋生物中已经发现 β-胡萝卜素、番茄素、玉米黄质、岩藻黄素、虾青素、黄体素、叶黄素等具有药用潜力的类胡萝卜素（Plaza，2009；Jaswir，2011）。这些类胡萝卜素是高效的抗氧化物，其独特的结构可以吸收具有氧化活性的自由基产生的能量（Guerin，2003）。通过促进单核细胞的活性，类胡萝卜素具有加强免疫力的性能（Hughes，2000）。基于其抗氧化活性和免疫调节能力，类胡萝卜素对氧化应激和慢性炎症引起的癌症、心血管疾病、眼疾、风湿性关节炎和一些神经退行性疾病有预防和治疗作用（Abe，2005；Vilchez，2011）。此外，岩藻黄素的减肥功效已经得到很多研究的证实并已经应用于控制体重的保健品（Miyashita，2011）。

由于功效显著，目前基于类胡萝卜素的保健品市场正在快速增长。尽管目前类胡萝卜素保健品市场以合成产品为主，随着消费者对天然产物功效的认可，对天然提取产品的需求在快速增长，其中海洋微藻中类胡萝卜素的高含量及其可持续发展特性已经得到行业的关注（Hejazi，2004）。图 13-1 所示为几种主要的海藻源类胡萝卜素的化学结构。

四、鱼胶原蛋白与明胶

胶原蛋白是动物源中最丰富的一类蛋白质，一般由三根由 1000 个左右氨基酸组成的多肽链组成，目前已经发现的有 28 种，其中 I 型和 III 型是动物中最丰富的种类，存在于皮肤、肌腱、血管、器官和骨骼中。基于其生物降解性和弱抗原性，胶原蛋白在生物材料和医疗领域有很广泛的应用（Maeda，1999）。

明胶与胶原蛋白拥有一样的化学组成但不一样的立体结构，前者是通过胶原蛋白水解后得到的。牛皮、猪皮、鸡加工废弃物等是传统的胶原蛋白和明胶来源，但是由于生物污染、宗教等因素而越来越不受欢迎（Aberoumand，2010）。

海洋鱼加工废弃物被认为是商业化生产胶原蛋白和明胶的最好选择。目前鱼皮和鱼骨已经被用于胶原蛋白和明胶的提取，常用的方法包括中性盐溶解、酸溶解和酶溶解法。从鳕鱼、鲟鱼、鲑鱼皮中提取的鱼胶原蛋白在化妆品中有很好的应用价值，口服胶原蛋白对维护皮肤健康也非常有用。骨关节炎患者食用胶原蛋白或明胶可缓解疼痛，主要原因是胶原蛋白参与了软骨基质的合成（Moskowitz，2000）。海洋鱼胶原蛋白和明胶也可用于制备生物活性多肽，基于其独特的结构，是一种有效的抗氧化剂和抗高血压药。

五、可溶钙

钙是人体必须的矿物质元素，通过其丰富的生物功能维持人体的健康，例如维持骨和牙的健康。钙在血液凝固、神经功能、能量的产生、肌肉收缩、心脏功能的维持、免疫等方面也起重要作用（Kim，2012）。在强化骨骼的过程中，钙对预防骨质疏松症、骨软化症、立特病等与骨相关疾病的发病中起重要作用（Cashman，2007）。

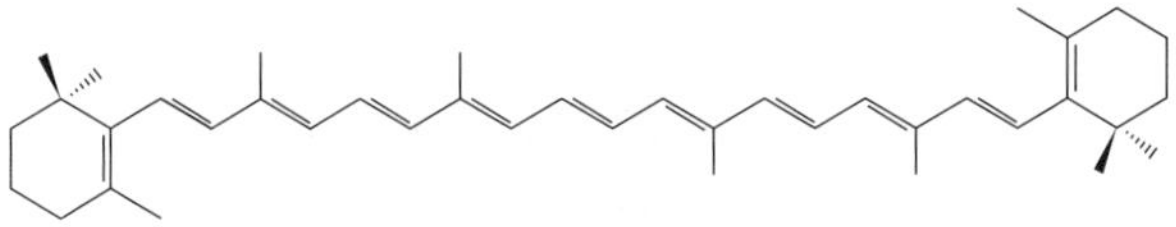

(1)β-胡萝卜素

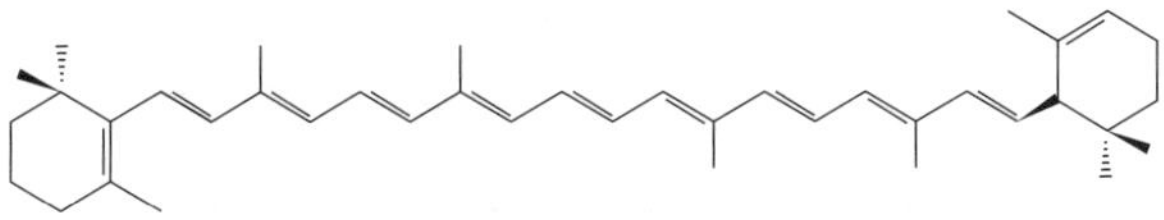

(2)α-胡萝卜素

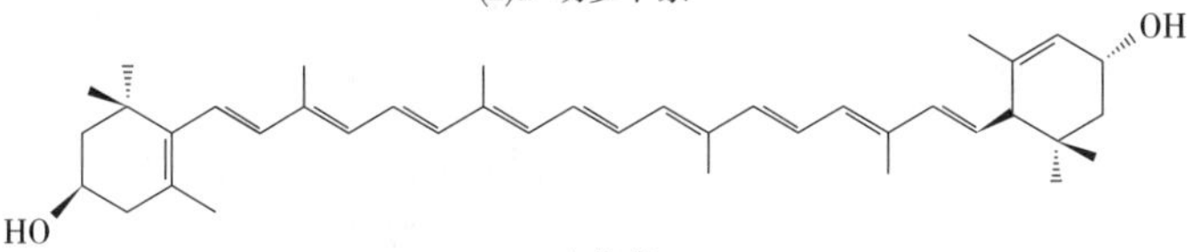

(3)叶黄素

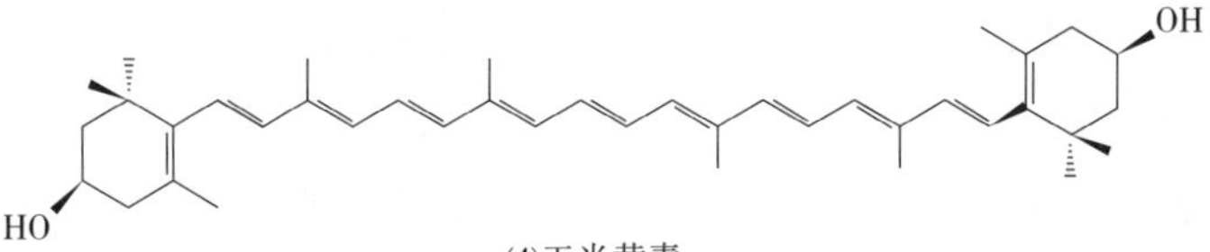

(4)玉米黄素

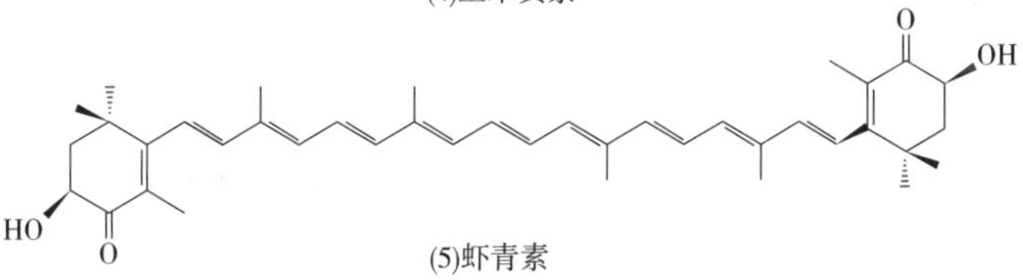

(5)虾青素

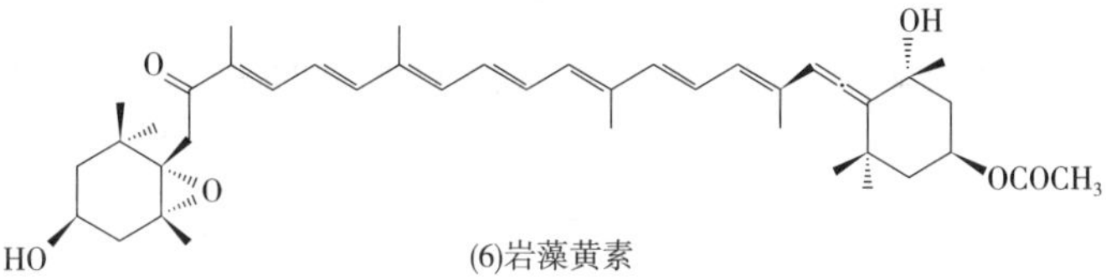

(6)岩藻黄素

图 13-1　主要海藻源类胡萝卜素的化学结构

　　目前牛奶和鱼是可溶性钙的主要来源，尽管很多食品中含有钙，但其生物利用度比较低（Jung，2005）。鱼骨架占鱼总质量的 10%~15%，在鱼加工过程中是一种废弃物。鱼骨架的主要成分是磷酸钙、胶原蛋白、碳水化合物和脂质。在整个鱼的质量中，钙和磷占干重的 2%，用海洋鱼加工过程中的鱼骨等废弃物制备可溶性钙可用于保健品，研究表明鲑鱼和鳕鱼骨中的钙很容易被人体吸收（Malde，2010）。全球范围内，补钙保健品的市场超过 50 亿美元，海洋鱼加工过程中产生的鱼骨经过进一步加工后可以成为有机钙的一个重要来源。

六、硫酸酯多糖

硫酸酯多糖包含一系列结构多样化的大分子质量物质,在分子质量、单糖结构、硫酸酯化度方面显示出丰富的多样性,具有丰富的生物活性,其结构的不均匀性和很强的负电荷是其与带正电荷的生物大分子结合的主要原因。海藻是生物活性硫酸酯多糖的重要来源,其中一些硫酸酯化脱氧半乳聚糖和硫酸酯化半乳聚糖已经用于药品以及功能食品和保健品(Vo,2013;Barahona,2011)。

研究证实硫酸酯多糖可以强化免疫反应、促进巨噬细胞和自然杀伤细胞的抗肿瘤活性(Yim,2005)。硫酸酯多糖可以通过促进抗原呈递细胞向肿瘤细胞的迁移,强化适应性免疫应答,使肿瘤抗原被辅助 T 细胞识别后促进 T 细胞的激活,对肿瘤细胞产生细胞毒性(O'Sullivan,2000)。此外,硫酸酯多糖通过与 T 淋巴细胞中的 CD2、CD3 和 CD4 受体结合,加强 T 淋巴细胞的增殖(Miao,2004),这个作用机理是岩藻多糖、肝素、硫酸氢聚硫酸酯、硫酸软骨素、硫酸软骨素-6-硫酸盐的抗肿瘤活性基础。

第四节 岩藻多糖在保健品中的应用案例

岩藻多糖是有代表性的海洋源硫酸酯多糖(Gupta,2011),主要从褐藻中提取,也可以从棘皮动物中提取。岩藻多糖的分子质量在 100~1600ku,溶于水和酸性介质。根据其来源的不同,其硫酸酯化度、分子质量、单糖残基的结构均有很大变化(Berteau,2003)。总的来说,从海藻中提取的岩藻多糖有高度支链化的结构,而从海参提取的岩藻多糖有相对直链的结构。

岩藻多糖有很多生物活性,包括抗氧化(Wang,2009)、抗病毒(Lee,2011)、保护心血管(Thomas,2010)、抗炎(Lee,2012)、抗肿瘤(Ale,2011)、抗血栓(Zhu,2013)、保护神经(Luo,2009)等活性。

目前全球各地已经有很多企业把岩藻多糖作为保健品销售,其生物活性取决于岩藻多糖的来源、分子质量、结构组成、立体结构以及产品的使用方式(Fitton,2011),其中硫酸酯化度是一个决定产品性能的重要参数,有研究显示脱硫酸酯的组分不具备生物活性(Belcher,2000;Zemani,2005)。

日本市场上的岩藻多糖保健品有较长的发展历史,其产品主要涉及肿瘤康复、增强免疫力等。早在1988年,日本金秀生物株式会社(KANEHIDEBIO

Co., Ltd.，简称金秀公司）成立，随着 20 世纪 70 年代日本海蕴养殖技术的发展和进步，金秀公司从冲绳海蕴中提取高纯度岩藻多糖，与姬松茸菌丝提取物等复配后开发出了一系列营养食品和保健品。图 13-2 所示为日本金秀公司的岩藻多糖产品。

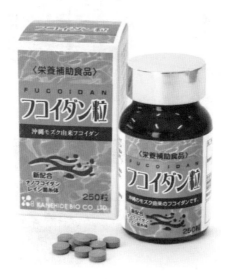

图 13-2　日本金秀公司的岩藻多糖产品

日本海之滴公司的岩藻多糖产品于 2000 年推出，其所用的岩藻多糖从日本冲绳海蕴及裙带菜孢子叶中提取，目前岩藻多糖的含量可达 85%。海之滴在全球有 10 个客户服务中心，产品在超过 45 个国家销售。图 13-3 所示为日本海之滴公司的岩藻多糖产品。

澳大利亚 Marinova 公司是一家专业经营岩藻多糖原料的公司，成立于 2003年。该公司采用冷水萃取技术生产试剂级、食品级、医药级等多种规格的岩藻多糖粉末，是第一个通过 FDA 认证的产品，目前已成为岩藻多糖领域的领导者。图 13-4 所示为澳大利亚 Marinova 公司的岩藻多糖粉末制品。

2003 年，中国科学院海洋研究所研发出治疗肾病的海藻中药"海昆肾喜胶囊"，获国家 2 类新药证书并在吉林省长龙药业公司实现产业化，其主要功效成分为岩藻多糖。图 13-5 所示为中国长龙海昆肾喜胶囊制品。

2014 年，日本一家专注岩藻多糖生物制品的公司创立，主营 NatureMedic ™ 品牌的岩藻多糖产品，主要用于营养补充剂，产品应用于改善胃口、维持良好体力和精神状态，同时能有效提升免疫力、维持肠道健康。图 13-6 所示为日本

图 13-3　日本海之滴公司的岩藻多糖产品

图 13-4　澳大利亚 Marinova 公司的岩藻多糖粉末制品

图 13-5　中国长龙海昆肾喜胶囊制品

　　　　　　　　岩藻多糖的功能与应用

NatureMedic ™品牌的岩藻多糖产品。

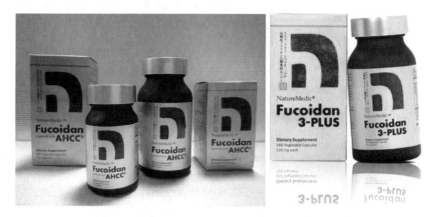

图 13-6　日本 NatureMedic ™品牌的岩藻多糖产品

　　随着岩藻多糖的健康功效得到普遍推广和应用，国际上出现了越来越多的岩藻多糖产品生产企业，包括原料型企业和终端产品销售企业，也有原料和产品兼顾的领军企业。例如韩国 HAERIM（海林）公司既是原料生产企业，也开发终端产品进行销售，其岩藻多糖产品占据韩国市场的 80%。美国 LIMU 公司从日本进口岩藻多糖原料后开发成系列岩藻多糖功能饮料，取得很好的市场业绩。图 13-7 所示为美国 LIMU 公司的岩藻多糖饮料产品。

图 13-7　美国 LIMU 公司的岩藻多糖饮料产品

近年来，国内在岩藻多糖健康产品方面的研究开发逐渐增多，其中青岛明月海藻集团有限公司于 2018 年开发出岩藻多糖系列功能产品——清幽乐、岩藻宝和褐藻植物饮料，产品已经销售到全国各地，所用岩藻多糖源自纯净海域的褐藻，其岩藻多糖含量高、品质优良、提取工艺温和，最大程度保证了岩藻多糖原有的化学结构，产品剂型包括液体饮料、压片糖果等。

第五节　保健品市场趋势和质量控制

随着消费者对食品健康功效的了解，具有保健功效的食品和保健品正在被越来越多的人认识和认可。可以便捷食用的营养补充剂和丰富的产品种类进一步扩大了保健品和功能食品的应用。很多消费者为了预防心脏病、癌症、肥胖症、糖尿病等与生活方式相关的疾患而消费保健品，对保健品的健康功效和作用机理的研究以及各种营销宣传也扩大了这类产品的影响。

随着保健品的广泛应用，食品与药品之间的差别在不断缩小。很多保健品既不能划入食品，也不能划入药品，而是处于二者之间。目前保健品市场主要分成两大类，即功能食品和膳食补充剂以及草药天然产品（Pandey，2010）。自 1990 年出现在国际市场上后，保健品市场一直在快速增长，其中 2002—2010 年的年均增长率为 14.7%，而在此前的 1999—2002 年间的增长率为 7.3%。

在海洋源保健品中，氨基葡萄糖、鱼油、类胡萝卜素、钙、胶原蛋白、岩藻多糖最受消费者喜爱。为了市场的健康发展，有必要建立系统的质量控制和监管措施。尽管目前还没有全球性的监管，美国、欧盟、中国、日本、印度等主要市场已经有监管措施和相应的监管机构，为产业的进一步发展提供了保障。

第六节　小结

岩藻多糖等海洋源生物活性物质具有独特的结构和性能，在保健品领域有重要的应用价值。提取、纯化、改性技术的创新应用为岩藻多糖、壳聚糖和壳寡糖、鱼油、胶原蛋白、多肽等海洋源保健品的发展提供了新的动力，药丸、胶囊等载体技术的创新应用也加强了消费者的满意度和产品的市场影响力，使海洋源保健产品成为新时代健康产业的一支重要力量。

参考文献

[1] Abe K, Hattor H, Hiran M. Accumulation and antioxidant activity of secondary carotenoids in the aerial microalga *Coelastrella striolata* var. multistriata[J]. Food Chem, 2005, 100: 656-661.

[2] Aberoumand A. Isolation and characteristics of collagen from fish waste material[J]. World J Fish Mar Sci, 2010, 2: 471-474.

[3] Ale M T, Maruyama H, Tamauchi H, et al. Fucoidan from *Sargassum* sp. and *Fucus vesiculosus* reduces cell viability of lung carcinoma and melanoma cells *in vitro* and activates natural killer cells in mice *in vivo*[J]. Int J Biol Macromol, 2011, 49: 331-336.

[4] Anderson J W, Nicolosi R J, Borzelleca J F. Glucosamine effects in humans: a review of effects on glucose metabolism, side effects, safety considerations and efficacy[J]. Food Chem Toxicol, 2005, 43: 187-201.

[5] Arab-Tehrany E, Jacquot M, Gaiani C, et al. Beneficial effects and oxidative stability of omega-3 long-chain polyunsaturated fatty acids[J]. Trends Food Sci Technol, 2012, 25: 24-33.

[6] Barahona T, Chandia N P, Encinas M V, et al. Antioxidant capacity of sulfated polysaccharides from seaweeds, A kinetic approach[J]. Food Hydrocoll, 2011, 25: 529-535.

[7] Belcher J D, Marker P H, Weber J P, et al. Sulfated glycans induce rapid hematopoietic progenitor cell mobilization: Evidence for selectin-dependent and independent mechanisms[J]. Blood, 2000, 96: 2460-2468.

[8] Bernal J, Mendiola J A, Ibanez E, et al. Cifuentes: Advanced analysis of nutraceuticals[J]. J Pharmaceut Biomed Anal, 2011, 55: 758-774.

[9] Berteau O, Mulloy B. Sulfated fucans, fresh perspectives: Structures, functions, and biological properties of sulfated fucans and an overview of enzymes active toward this class of polysaccharide[J]. Glycobiology, 2003, 13: 29-40.

[10] Block J A, Oegema T R, Sandy J D, et al. The effects of oral glucosamine on joint health: Is a change in research approach needed?[J]. Osteoarthr Cartil, 2010, 18: 5-11.

[11] Brower V. Nutraceuticals: Poised for a healthy slice of the healthcare market? [J]. Nat Biotechnol, 1998, 16: 728-731.

[12] Cashman K D. Calcium and vitamin D[J]. Novartis Found Symp, 2007, 282: 123-138.

[13] Chantachum S, Benjakul S, Sriwirat N. Separation and quality of fish oil from precooked and non-precooked tuna heads[J]. Food Chem, 2000, 69: 289-294.

[14] Chen R H, Chen J S. Changes of polydispersity and limiting molecular weight

of ultra-sound treated chitosan[J]. Adv Chitin Sci, 2000, 4: 361-366.

[15] Chillo S, Flores S, Mastromatteo M, et al. Influence of glycerol and chitosan on tapioca starch-based edible film properties[J]. J Food Eng, 2008, 88: 159-168.

[16] Clayton J J. Nutraceuticals in the management of osteoarthritis [J]. Orthopedics, 2007, 30: 624-629.

[17] Colombo P, Sciutto A. Nutritional aspects of chitosan employment in hypocaloric diet[J]. Acta Toxicol Ther, 1996, 17: 287-302.

[18] Del Campo J A, Moreno J, Rodriguez H, et al. Carotenoid content of chlorophycean microalgae. Factors determining lutein accumulation in *Muriellopsis* sp. (Chlorophyta)[J]. J Biotechnol, 2000, 76: 51-59.

[19] Dutta P, Tripathi S, Mehrotra G, et al. Perspectives for chitosan based antimicrobial films in food applications[J]. Food Chem, 2009, 114: 1173-1182.

[20] Espin J C, Garcia-Conesa M T, Tomas-Barberan F A. Nutraceuticals: Facts and fiction[J]. Phytochemistry, 2007, 68: 2986-3008.

[21] Fitton J H. Therapies from fucoidan: multifunctional marine polymers [J]. Mar Drugs, 2011, 9: 1731-1760.

[22] Gorsline R T, Kaeding C C. The use of NSAIDs and nutritional supplements in athletes with osteoarthritis: prevalence, benefits, and consequences[J]. Clin Sports Med, 2005, 24: 71-82.

[23] Guedes A C, Amaro H M, Malcata F X. Microalgae as sources of high added-value compounds-a brief review of recent work[J]. Biotechnol Prog, 2011, 27: 597-613.

[24] Guerin M, Huntley M E, Olaizola M. Haematococcus astaxanthin: Applications for human health and nutrition[J]. Trends Biotechnol, 2003, 21: 210-215.

[25] Gupta S, Abu-Ghannam N. Bioactive potential and possible health effects of edible brown seaweeds[J]. Trends Food Sci Technol, 2011, 22: 315-326.

[26] Hejazi M A, Kleinegris D, Wijffels R H. Mechanism of extraction of β-carotene from microalga *Dunaliella salina* in twophase bioreactors [J]. Biotechnol Bioeng, 2004, 88: 593-600.

[27] Hughes D A, Wright A J A, Finglas P M. Effects of lycopene and lutein supplementation on the expression of functionally associated surface molecules on blood monocytes from healthy male nonsmokers[J]. J Infect Dis, 2000, 182: S11-S15.

[28] Ilina A V, Varlamov V P. Hydrolysis of chitosan in lactic acid[J]. Appl Biochem Microbiol, 2004, 40: 300-303.

[29] Jaswir I, Noviendri D, Hasrini R F, et al. Carotenoids: Sources, medicinal properties and their application in food and nutraceutical industry [J]. J Med

岩藻多糖的功能与应用

Plants Res, 2011, 5: 7119-7131.

[30] Jayakumar R, Prabaharan M, Nair S V, et al. Novel carboxymethyl derivatives of chitin and chitosan materials and their biomedical applications [J]. Prog Mater Sci, 2010, 55: 675-709.

[31] Je J Y, Park P J, Kim S K. Radical scavenging activity of hetero chito-oligosaccharides [J]. Eur Food Res Technol, 2004, 219: 60-65.

[32] Jung W K, Park PJ, Byun H G, et al. Preparation of hoki (Johnious belengerii) bone oligophosphopeptide with a high affinity to calcium by carnivorous intestine crude proteinase [J]. Food Chem, 2005, 91: 333-340.

[33] Kim S. Handbook of Marine Biotechnology [M]. New York: Springer, 2015.

[34] Kim S K, Rajapakse N. Enzymatic production and biological activities of chitosan oligosaccharides (COS): A review [J]. Carbohydr Polym, 2005, 62: 357-368.

[35] Kim S K, Mendis E. Bioactive compounds from marine processing byproducts-A review [J]. Food Res Int, 2006, 39: 383-388.

[36] Kim S K, Ravichandran Y D, Kong C S. Applications of calcium and its supplement derived from marine organisms [J]. Crit Rev Food Sci Nutr, 2012, 52: 469-474.

[37] Kris-Etherton P M, Arris H W S, Appel L L. Fish consumption, fish oil, omega-3 fatty acids, and cardiovascular disease [J]. Circulation, 2002, 106: 2747-2757.

[38] Kuroiwa T, Ichikawa S, Sato S, et al. Factors affecting the composition of oligosaccharides produced in chitosan hydrolysis using immobilized chitosanases [J]. Biotechnol Prog, 2002, 18: 969-974.

[39] Lavie C J, Richard V M, Mehra M P, et al. Omega-3 polyunsaturated fatty acids and cardiovascular diseases [J]. J Am Coll Cardiol, 2009, 54: 585-594.

[40] Lee C M, Barrow C J, Kim S K, et al. Global trends in marine nutraceuticals [J]. Food Technol, 2011, 65: 22-31.

[41] Lee J B, Takeshita A, Hayashi K, et al. Structures and antiviral activities of polysaccharides from *Sargassum trichophyllum* [J]. Carbohydr Polym, 2011, 86: 995-999.

[42] Lee S H, Ko C L, Ahn G, et al. Molecular characteristics and anti-inflammatory activity of the fucoidan extracted from *Ecklonia cava* [J]. Carbohydr Polym, 2012, 89: 599-606.

[43] Lourenco S O, Barbarino E, Mancini-Filho J. Effects of different nitrogen sources on the growth and biochemical profile of 10 marine microalgae in batch culture: An evaluation for aquaculture [J]. J Phycology, 2002, 41: 158-168.

[44] Luo D, Zhang Q, Wang H, et al. Fucoidan protects against dopaminergic neuron death *in vivo* and *in vitro* [J]. Eur J Pharmacol, 2009, 617: 33-40.

[45] Maeda M, Tani S, Sano A, et al. Microstructure and release characteristics of the minipellet, a collagen based drug delivery system for controlled release of protein drugs[J]. J Control Release, 1999, 62: 313-324.

[46] Malde M K, Bugel S, Kristensen K, et al. Calcium from salmon and cod bone is well absorbed in young healthy men: A double blinded randomized crossover design[J]. Nutr Metabol, 2010, 7: 61-70.

[47] Mazza M, Pomponi M, Janiri L. Omega-3 fatty acids and antioxidants in neurological and psychiatric diseases. An overview [J]. Prog Neuro-Psychopharmacol Biol Psychiatry, 2007, 31: 12-26.

[48] Miao B, Geng M, Li J. Sulfated polymannuroguluronate, a novel anti-acquired immune deficiency syndrome (AIDS) drug candidate, targeting CD4 in lymphocytes[J]. Biochem Pharmacol, 2004, 68: 641-649.

[49] Miyashita K, Nishikawa S, Beppu F, et al. The allenic carotenoid fucoxanthin, a novel marine nutraceutical from brown seaweeds [J]. J Sci Food Agric, 2011, 91: 1166-1174.

[50] Moskowitz R W. Role of collagen hydrolysate in bone and joint disease [J]. Semin Arthritis Rheum, 2000, 30: 87-99.

[51] Mourya V, Inamdar N N. Chitosan-modifications and applications: Opportunities galore[J]. React Funct Polym, 2008, 68: 1013-1051.

[52] Mullen A, Loscher C E, Roche H M. Anti-inflammatory effects of EPA and DHA are dependent upon time and dose-response elements associated with LPS stimulation in THP-1-derived macrophages[J]. J Nutr Biochem, 2010, 21: 444-450.

[53] Nagaoka I, Igarashi M, Hua J, et al. Recent aspects of the anti-inflammatory actions of glucosamine[J]. Carbohydr Polym, 2011, 84: 825-830.

[54] Ngo D H, Wijesekara I, Vo T H, et al. Marine food-derived functional ingredients as potential antioxidants in the food industry: An overview[J]. Food Res Int, 2001, 44: 523-529.

[55] Okamoto Y, Inooue A, Miyatake K, et al. Effects of chitin/chitosan and their oligomers/monomers on migrations of macrophages [J]. Macromol Biosci, 2003, 3: 587-590.

[56] O' Sullivan G M, Boswell C M, Halliday G M. Langerhans cell migration is modulated by N-sulfated glucosamine moieties in heparin[J]. Exp Dermatol, 2000, 9: 25-33.

[57] Pandey M, Verma R K, Saraf S A. Nutraceuticals: New era of medicine and health[J]. Asian J Pharm Clin Res, 2010, 3: 11-15.

[58] Park P J, Je J Y, Kim S K. Angiotensin I converting (ACE) inhibitory activity of hetero chito-oligosacchatides prepared from partially different deacetylated chitosans[J]. J Agric Food Chem, 2003, 51: 4930-4934.

［59］Plaza M, Herrero M, Cifuentes A. Innovative natural functional ingredients from microalgae［J］. J Agric Food Chem, 2009, 57: 7159-7170.

［60］Rodriguez M S, Montero M, Staffolo M D, et al. Chitosan influence on glucose and calcium availability from yogurt: In vitro comparative study with plants fiber［J］. Carbohydr Polym, 2008, 74: 797-801.

［61］Sawitzke A D, Shi H, Finco M F, et al. Clinical efficacy and safety of glucosamine, chondroitin sulphate, their combination, celecoxib or placebo taken to treat osteoarthritis of the knee: 2-year results from GAIT［J］. Ann Rheum Dis, 2010, 69: 1459-1464.

［62］Thomas P, Rajendran M, Pasanban B, et al. Cardioprotective activity of *Cladosiphon okamuranus* fucoidan against isoproterenol induced myocardial infarction in rats［J］. Phytomedicine, 2010, 18: 52-57.

［63］Towheed T E, Anastassiades T P. Glucosamine and chondroitin for treating symptoms of osteoarthritis: Evidence is widely touted but incomplete［J］. JAMA, 2000, 283: 1483-1484.

［64］United States Food and Drug Administration（FDA）: FDA announces qualified health claims for omega-3 fatty acids（Press release）. Rockville: FDA, 2004.

［65］Vilchez C, Forjan E, Cuaresma M, et al. Marine carotenoids: Biological functions and commercial applications［J］. Mar Drugs, 2011, 9: 319-333.

［66］Vo T S, Kim S K. Fucoidans as a natural bioactive ingredient for functional foods［J］. J Funct Foods, 2013, 5（1）: 16-27.

［67］Volkman J K, Barrett S M, Blackburn S I. Fatty acids and hydroxy fatty acids in three species of fresh water eustigmatophytes［J］. J Phycol, 1999, 35: 1005-1012.

［68］Vu K D, Hollingsworth R G, Leroux E, et al. Development of edible bioactive coating based on modified chitosan for increasing the shelf life of strawberries［J］. Food Res Int, 2011, 44（1）: 198-203.

［69］Wang J, Li L, Zhang Q, et al. Synthesized oversulphated, acetylated and benzoylated derivatives of fucoidan extracted from *Laminaria japonica* and their potential antioxidant activity *in vitro*［J］. Food Chem, 2009, 114: 1285-1290.

［70］Wu T H, Bechtel P J. Salmon by-product storage and oil extraction［J］. Food Chem, 2008, 111: 868-871.

［71］Xia W, Liu P, Zhang J, et al. Biological activities of chitosan and chitooligosaccharides［J］. Food Hydrocoll, 2010, 25: 170-179.

［72］Xinmin W, Ruili Z, Zhihua L, et al. Determination of glucosamine and lactose in milk-based formulae by highperformance liquid chromatography［J］. J Food Comp Anal, 2008, 21: 255-258.

［73］Yang L, Zhang L M. Chemical structural and chain conformational characterization of some bioactive polysaccharides isolated from natural sources [J]. Carbohydr Polym, 2009, 76: 349-361.

[74] Yim J H, Son E, Pyo S, et al. Novel sulfated polysaccharide derived from red-tide microalga *Gyrodinium impudicum* strain KG03 with immunostimulating activity in vivo[J]. Mar Biotechnol, 2005, 7: 331-338.

[75] Zemani F, Benisvy D, Galy-Fauroux I. Low molecular weight fucoidan enhances the proangiogenic phenotype of endothelial progenitor cells [J]. Biochem Pharmacol, 2005, 70: 1167-1175.

[76] Zhang J, Liu J, Li L, et al. Dietary chitosan improves hypercholesterolemia in rats fed high-fat diets[J]. Nutr Res, 2008, 28: 383-390.

[77] Zhu Z, Zhang Q, Chen L, et al. Higher specificity of the activity of low molecular weight fucoidan for thrombin-induced platelet aggregation [J]. Thromb Res, 2010, 125: 419-426.

[78] Zhu K X, Li J, Li M, et al. Functional properties of chitosan-xylose Maillard reaction products and their application to semi-dried noodle [J]. Carbohydr Polym, 2013, 92: 1972-1977.

第十四章　岩藻多糖在美容护肤产品中的应用

第一节　引言

海洋资源在美容护肤产品中的应用有很长的历史。独特的生长环境使海洋生物包含大量结构新颖、性能优良、种类繁多的生物活性物质，其中很多是陆地生物资源中很难发现的。这些纯天然化合物可以为美容护肤产品提供优良的理化性能和润肤、保湿、抗氧化、防晒等生物活性，具有很高的应用价值，目前海洋源护肤产品的全球市场价值约占全球化妆品市场的15%（Kim，2015）。岩藻多糖是大量海洋源美容护肤材料中一类重要的生物制品，已经广泛应用于美容护肤产品的生产。

第二节　美容护肤品的定义和监管

美容护肤产品包括化妆品、药用化妆品等很多种类，有很多在古文明时代就普遍应用于美化、保护、净化、节庆、艺术等用途（Barel，2005）。为了保证消费者健康和产品安全，全球各地对化妆品均有严格的监管以规范其成分、分类、标识方式及性能要求（Lindenschmidt，2001；Srikanth，2011）。在欧洲市场，目前欧盟化妆产品法规 EC No. 1223/2009 已经替代欧盟指令 76/768/EEC，其目的是保证化妆品安全、促进市场推广。该法规在 2013 年 7 月实施，在考虑到最新技术进展的同时强化了产品安全性的要求，其中对化妆品的定义是"专门或主要用于清洁、香化、改变其外观、保护、保持其良好状态或纠正体臭的任何拟与人体外部部分（表皮、毛发系统、指甲、嘴唇和外生殖器）接触或与牙齿和口腔黏膜接触的物质或混合物"。该法规覆盖的产品包括皮肤美白产品、抗皱产品以及含纳米材料的产品。美国的化妆品市场由美国食品和药品管理局（FDA）监管，其中有两条重要的法律涉及化妆品，分别是联邦食品、药品和化妆品法案（Federal Food，Drug，and Cosmetic Act，FD&C）和公平包装和标签法（Fair Packaging and Labeling Act，FP&LA）。在联邦食品、药品和化妆品法案中，化妆品和药物的区别在于产品声明中的预期用途。除了着色剂，化妆品和配料不在 FDA 上市前许可的监管范围内，化妆品企业负责在上市前保证产品和配料的安全性。该法案把化妆品定义为"为了清洁、美化、提升吸引力或改变外观而不影响身体的结构或功能，通过擦、倒、洒或喷引入或通过其他方法应用在人体上的物品"，涉及的产品包括护肤霜、乳液、香水、唇膏、指甲油、眼睛和面部化妆制剂、洗发水、永久性波浪、头发颜色和除臭剂，以及用于化妆品生产的任何组分。不包含在这个定义中的产品以药品进行监管。在化妆品与药品之间的一些用于治疗、纠正、减缓、预防疾病或影响人体结构或功能的产品没有特定的监管。一些同时按照药品和化妆品监管的产品包括防臭牙膏、防晒剂、防汗剂、防臭剂和防头屑洗发剂。

与化妆品相似，药用化妆品也在人体局部使用，但含有维生素、植物化学物质、酶、抗氧化剂、精油等有效成分，可以通过提供营养成分或影响生物功能促进皮肤健康。药用化妆品科学是一个旨在利用自然环境中的资源获取有效产品的新学科（Kim，2011）。药用化妆品的术语是在化妆品和药物结合后形成的，指的是具有药物功效的、能强化或保护人体外观的化妆品（Kligman，2000；Elsner，2000）。药用化妆品满足了消费者对更高护理功效的需求，已经成为个人护理行业发展速度最快的一个板块（Choi，2006），全球已经有超过 400 家围绕药用化妆品的供应商和制造商（Amer，2009）。

药用化妆品领域的最新发展趋势包括保护皮肤免受辐照和氧化伤害、开发具有捕获自由基能力的生物活性物质以避免皮肤衰老（Verschooten，2006），尤其是从植物和海洋生物中获取安全、无过敏、纯净、不受污染的活性成分。从南极海藻和海洋微藻中提取的海藻胶和多不饱和脂肪酸以及从海洋褐藻中提取的岩藻多糖是典型的案例（Dhargalkar，2009）。

第三节　皮肤的生理特性

皮肤是化妆品的主要目标，另外的主要护理部位是头发和指甲。皮肤是人体与外部环境之间的界面，由表皮、真皮、皮下组织三个部分组成，其中表皮是人体的物理、生化、免疫屏障，其最外层是角质层（Proksch，2008）。皮肤对人体起着重要的保护作用，是人体面积最大的器官，成人皮肤面积为1.5~2.0m^2、厚度为0.25~4.0mm。人体各部位皮肤的厚度不尽相同，眼睑处皮肤最薄，为0.25~0.55mm，足处皮肤最厚，为4.0mm。健康的皮肤应该是红润富有光泽、光滑细嫩、柔软而富有弹性、微含水分，其pH女性为4.5~5.5、男性为5.5~6.6。图14-1所示为人体皮肤的示意图。

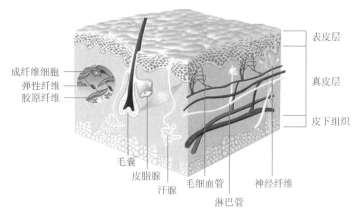

图14-1 人体皮肤的示意图

表皮的变化直接影响皮肤的外观和功能。在人体基因和外部环境因素的影响下，皮肤有个衰老过程，其中紫外线照射引起的氧化损伤是皮肤老化的主要因素（Farage，2008；Fisher，2002）。皮肤松弛或皮肤变色是可以在皮肤表面观察到的症状，但其变化的根源在更深的真皮和皮下组织。为了在这些部位起作用，护肤产品中的活性成分需要通过毛囊、角质层的角膜细胞和脂质双层膜渗透进皮肤（Farage，2008）。

一、表皮层

图14-2所示为皮肤表皮层的结构示意图。表皮层的作用主要是防护，包括防紫外线、防病菌、防灰尘、防杂质、防水分蒸发等。除了传统定义上的角质层、透明层、颗粒层、棘层及基底层，表皮的最外面还有一种起保护作用的皮脂膜。

肤色暗黄、变黑等与表皮层的构造密切相关，其中角质层过厚会使皮肤发黄。黑色素是决定皮肤外观的重要因素，其产生于基底层的黑色素细胞，决定着肤色的深浅。黑色素是一种生物色素，属于酪氨酸衍生物，通常以聚合的方式存在。黑色素可以有效吸收紫外线，减少紫外线对人体的影响，对皮肤起保护作用。

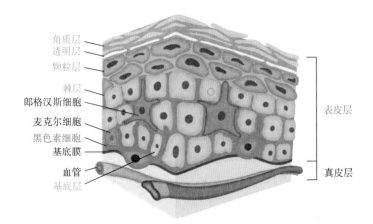

図 14-2　皮肤表皮层的结构示意图

黑色素由黑色素细胞合成，是在酪氨酸酶的催化下，由酪氨酸转化为多巴后经过一系列复杂的生化过程后生成。图 14-3 所示为酪氨酸酶催化下黑色素的形成过程。

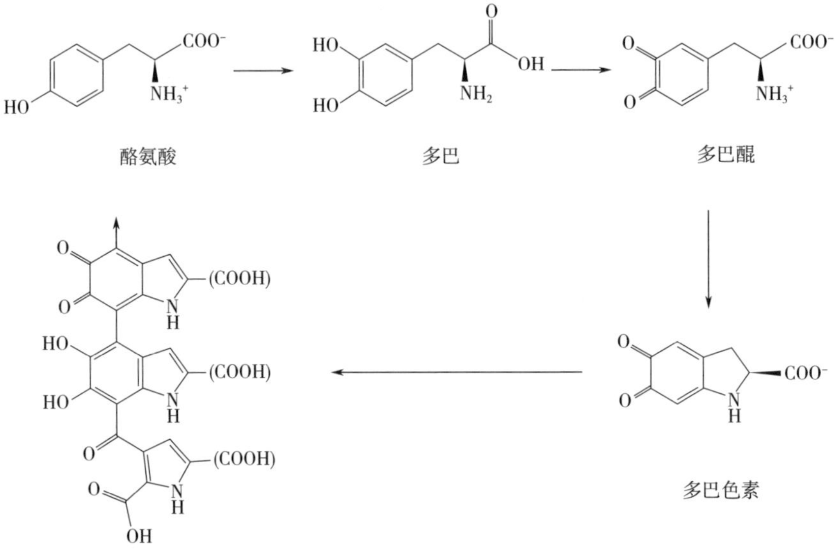

图 14-3　酪氨酸酶催化下黑色素的形成过程

二、真皮层

真皮层位于皮肤内部的中层，在美容学上有重要意义。真皮层对人体皮肤的影响很大，就像是皮肤的水库、弹簧、运输工和感受器，不断维持着皮肤的健康状态，预防和减少干燥、皱纹，保证皮肤的营养供应。真皮层的含水量约占人体总水量的 18%~40%。

真皮层主要包括胶原纤维和弹性纤维，其中胶原纤维的主要成分是坚韧又柔软的胶原蛋白，弹性纤维的主要成分是弹性很强的弹性蛋白。真皮层发挥着分泌及营养的功能，负责输送及替换表皮层的营养供给和废物排泄。真皮层的神经末梢具有敏感的神经组织。

三、皮下组织

皮下组织又称"皮下脂肪组织"，由带有大量脂肪细胞的结缔组织网状结构组成，其中含有皮下脂肪、血管、神经、汗腺及毛囊，其厚度约为真皮层的 5 倍。皮下组织有保温作用，还储存了大量的养分和能量，并且能缓冲外力冲击、保护内脏器官。

第四节　化妆品的基本性能

传统上对皮肤的美容护理是在皮肤局部进行的，其中半固体的药膏或乳液是主要的载体，乳液的双相结构有利于根据活性物质的溶解性能和稳定性选用合适的产品结构和使用方法（Cornell，2010）。新的皮肤护理方案针对多种老化机理，利用功能性活性成分与载体相结合，达到增加化妆品成分在角质层的渗透性，其中采用的方法包括脂质系统、纳米粒子、微胶囊等（Golubovic-Liakopoulos，2011）。

在生产制备过程中，化妆品一般包括活性成分、赋形剂、稳定剂、防腐剂、还原剂、封闭剂、增效剂、抗菌剂、色素、香精等组分。

（1）活性成分　活性成分决定了化妆品的功能和分类，是化妆品的主要组分，赋予其需要为消费者提供的活性，如香波中的表面活性剂、指甲油中的染料或色素、护手霜中的甘油、乳酸、尿素等保湿剂。

（2）赋形剂　是化妆品的工具成分，其功能是把活性成分溶解或分散在化妆品中的其他组分中。赋形剂决定了活性成分在目标区域的有效释放，其选择非常重要，最常用的赋形剂包括水、乙醇、甘油、丙酮、凡士林、羊毛脂等。

（3）稳定剂　主要用于分散各种添加剂、增稠、维持产品在使用周期内的稳定性。甲基纤维素等增稠剂可以增加配方的黏度，保湿剂可以通过与水结合避免脱水，其中经常使用的包括甘油、丙二醇、山梨醇等。螯合剂可以与配方中影响化妆品性能的杂质金属离子结合。pH 改性剂可以使化妆品的 pH 接近皮肤的 pH，其中柠檬酸、酒石酸或乳酸用于产品的酸化，三乙醇胺用于提高产品的 pH。表面活性剂等悬浮剂用于改善活性成分的溶解性，如把油性香精分散在水溶液中。

（4）防腐剂　在化妆品中加入防腐剂可以避免或延缓化妆品在保质期内的性能稳定性。根据需要，防腐剂可分为抗氧化剂和抗菌剂。抗氧化剂的功效是避免化妆品中脂肪、油、活性成分的氧化。脂肪和油的氧化酸败是由于空气中氧气通过自由基对其分子链产生系列反应造成的，氧化后的脂肪带黄色并有令人不愉悦的气味，对化妆品造成不良影响。化妆品中可以添加不同种类的抗氧化剂，其中还原剂通过自身的氧化避免活性物质的氧化，如抗坏血酸和硫脲；BHT 和维生素 E 等封闭剂可以保护分子链免受氧化；柠檬酸和酒石酸等增效剂可以提高一些抗氧化剂的功效；抗菌剂可以保护化妆品免受细菌、真菌等微生物污染，经常使用的抗菌剂包括对羟基苯甲酸丙酯、二氯苯氧氯酚（三氯生）、咪唑烷基脲等。

（5）香精和着色剂　香精和着色剂为化妆品提供愉悦的气味和色彩，提高产品对消费者的吸引力。化妆品中的香精和染料容易让消费者联想到天然产物，如带香味的粉红色一般与草莓和玫瑰联系起来、黄色与柠檬相关、蓝色与大海关联等。

第五节　海洋生物资源在化妆品中的应用

近年来，对健康的关注以及对天然产物的需求促使人们积极寻找新的配料和添加剂的途径。化妆品产业也受到消费者偏爱的影响，因此也在产品中更多使用天然配料（Alcalde-Perez，2004；Alcalde-Perez，2008；Kijjoa，2004）。尽管从陆地植物提取的化妆品活性成分很受消费者喜爱，海洋独特的环境及其生物和化学多样性为海洋源活性成分提供了更丰富的资源（Saraf，2010）。可能是源于其极端的生存环境，海洋生物可以生成具有独特化学和结构特征的分子，产生独特的生物功效，在化妆品领域有巨大的应用潜力（De Vries，1995；Aneiros，2004；Imhoff，2011）。

海洋资源尤其是海洋生物资源为功能化妆品的制备提供了大量优质组分。海洋微生物可用于制备生物表面活性剂和生物乳化剂（Satpute，2010），包括从不动杆菌属、假单胞菌属、香味菌属、链霉菌属、亚罗酵母属、红酵母属和盐单胞菌属中制备的蛋白多糖复合物，从盐单胞菌属、红球菌属和食烷菌中制备的糖脂类物质，从芽孢杆菌属和海洋放线菌中制备的脂肽类物质，从香味菌属菌株制备的胆汁，从芽孢杆菌属、动性球菌属、蓝丝菌属中制备的胞外多糖等。海洋卵磷脂是磷脂的混合物，主要含有与甘油酯化的长链不饱和脂肪酸，是化妆品行业传统的乳化剂。与水结合时，卵磷脂在非极性溶剂中显示出很好的凝胶特性，是活性成分渗透进皮肤过程中一种很好的有机介质（Raut，2012）。

海藻是化妆品中增稠剂、稳定剂、凝胶剂的重要来源，其中海藻胶包括海藻酸盐、卡拉胶和琼胶。海藻酸盐是从褐藻细胞壁提取的高分子羧酸，具有优良的凝胶特性。卡拉胶是从红藻中提取的天然高分子，在牙膏、乳液、防晒霜、剃须膏、洗发水、护发素、除臭剂中广泛应用于乳化、凝胶、稳定、增稠。

以虾、蟹等海洋食品加工下脚料为原料生产的壳聚糖是各种化妆品、指甲油、牙膏、乳液、手和体面霜、护发产品的配料，起到乳化剂、表面活性剂、胶凝剂、稳定剂、增稠剂、成膜剂等作用（Synowiecki，2003）。壳聚糖在全球化妆品市场的应用占其总应用的 5%，在欧洲这个比例是 20%（Kurita，2006）。

海洋鱼产品加工行业为胶原蛋白和明胶的生产提供优质原料，其中明胶是通过部分水解胶原蛋白后得到的一种水溶性蛋白质。明胶和胶原蛋白的主要性能是凝胶、增稠、改善产品质地，以及乳化、稳定、凝聚、胶体保护等表面性能。明胶在化妆品中的传统用途是其凝胶特性和增稠性能，也有保湿和促进皮肤修复的功效（Gomez-Guillen，2011）。

叶绿素、类胡萝卜素和藻胆蛋白等一系列色素在海藻和其他海洋生物中显示绿色、黄色、褐色、红色等色彩。类胡萝卜素色素在化妆品行业有重要的应用，尤其是虾青素，其在鲑鱼、虹鳟鱼、海鲷、龙虾和鱼子酱、甲壳类动物、海洋细菌以及绿色的微藻中均存在（Khanafari，2007）。藻胆蛋白包括一系列有色的蛋白质，存在于蓝藻和红藻中，可用于替代合成染料，具有很好的安全性（Sekar，2008；Arad，1992）。藻红蛋白是藻胆蛋白中最有价值的，具有独特的粉红色色彩（Bermejo，2002），对热和 pH 稳定，作为天然粉红色和紫色着色剂用于口红、眼线膏以及化妆品的配方中（Viskari，2003）。

很多源自海洋的物质具有抗氧化性能（Batista Gonzalez，2009）。这些抗氧化物质一方面可以通过延缓或避免脂肪和油的氧化延长产品的保质期，另一方面其生物活性在化妆品中也有应用价值。寡糖、多肽、多酚、类胡萝卜素、维生素等海洋源化合物被证明是有效的抗氧化剂（Ren，2010）。海藻是海洋中抗氧化物含量最丰富的一个物种，其中褐藻提取物的抗氧化活性优于红藻和绿藻

（Balboa，2013）。褐藻的独特生长环境使其生物体中含有褐藻多酚、岩藻多糖等具有很强抗氧化活性的海藻活性物质，在功能性化妆品中有很高的应用价值（Wijesinghe，2011）。

第六节　岩藻多糖在化妆品中的应用功效

岩藻多糖在褐藻生物体中起的作用是维持藻体表面湿润、保护藻体，与其在自然界中的功效相似，研究显示岩藻多糖在美容护肤过程中具有保湿、防晒、美白、抗衰老、抗炎、抑菌等功效。图14-4总结了岩藻多糖的主要美容护肤功效。

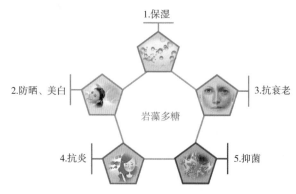

图 14-4　岩藻多糖的主要美容护肤功效

一、保湿功效

Hatano 等（Hatano，2007）的研究发现 1.2% 的岩藻多糖水溶液具有非常显著的即时保湿性，应用在皮肤上 45min 后角质层的含水量高达 147.2%，而纯水对照组只有 103.3%。表 14-1 所示为岩藻多糖的即时保湿功效。

表 14-1　岩藻多糖的即时保湿功效

样品名称	测试时间	含水量	样品名称	测试时间	含水量
纯水	初始值	100.0%	岩藻多糖溶液（1.2%，质量分数）	初始值	100.0%
	15min	116.2%		15min	164.5%
	30min	107.4%		30min	152.0%
	45min	103.3%		45min	147.2%

刘冰月等（刘冰月，2017）以脱脂羊栖菜为原料，用纤维素酶酶解-超声波辅助法提取岩藻多糖后进行保湿性研究，发现在相对湿度为43%和81%的条件下，岩藻多糖的短效吸湿性（8h）优于甘油、丁二醇及海藻酸钠，质量分数为1%的岩藻多糖溶液的保湿性能优于质量分数为1%的丁二醇或海藻酸钠溶液，与质量分数为5%的甘油溶液相当。

二、防晒、美白功效

皮肤是人体暴露在外部环境中最大的器官，受紫外线辐照容易引起急性晒伤反应。阳光过度照射的后果是红斑，经常受辐照的皮肤容易引起皮肤异常反应，如表皮增生、胶原蛋白加速分解、炎症反应等（Heo，2009）。光保护剂通过降低自由基的不良影响延缓光老化的影响，海洋生物尤其是海藻中的天然生物活性分子具有吸收紫外线的功效，可用于光保护和抗光老化（De la Coba，2009；Raikou，2011）。

岩藻多糖的防晒和美白功效主要表现在其可以抑制黑色素生成，通过吸收紫外线、抑制酪氨酸酶活性及抗氧化作用起到保护皮肤的作用。Fitton 等（Fitton，2015）研究了裙带菜和墨角藻中提取的岩藻多糖的防晒和美白功效，采用双盲随机临床试验，对两种褐藻源岩藻多糖进行护肤功效研究，包括皮肤光滑程度、亮白程度及皮肤色斑数量。结果表明，岩藻多糖首先能有效吸收紫外线，尤其是造成皮肤老化的 UVA 及引起皮肤即时晒伤的 UVB。此外，岩藻多糖具有很好的抗氧化活性，并能有效抑制酪氨酸酶活性（EC_{50}=33μg/mL），抑制体内黑色素的形成。临床试验结果显示，20 名试验者使用 0.3%（质量分数）岩藻多糖 60d 后，其中 50% 试验者的皮肤亮白有明显增加，说明岩藻多糖有良好的美白功效。

Park 等（Park，2017）研究了裙带菜中低分子质量岩藻多糖抑制酪氨酸酶活性和清除自由基的性能，以 B16BL6 黑色素瘤细胞为模型，选用 89ku、35ku、17ku、6ku 分子质量的岩藻多糖为原料，结果显示分子质量越低的岩藻多糖对酪氨酸酶活性的抑制作用越强，同时对自由基的清除作用越强，具有比高分子质量岩藻多糖更好的美白功效。

孙海森（孙海森，2012）以酪氨酸为底物，研究了不同浓度的海带源岩藻多糖对 L- 酪氨酸酶的抑制作用。结果显示，随着岩藻多糖浓度的增加，酪氨酸酶的活性急剧下降，浓度达到 1mg/mL 时的抑制率达 62.21%，其中 IC_{50} 为 0.82mg/mL。图 14-5 所示为海带源岩藻多糖浓度对酪氨酸酶活力的影响。

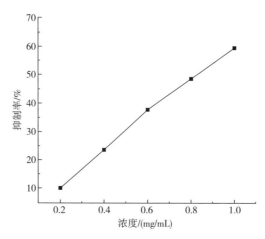

图 14-5　海带源岩藻多糖浓度对酪氨酸酶活力的影响

三、抗皮肤衰老功效

成纤维细胞是真皮的主体细胞，其主要功能是合成和分泌胶原蛋白、弹性蛋白、基质大分子物质和生长因子。成纤维细胞的减少、胶原蛋白和弹性蛋白分解增加、胶原蛋白和弹性蛋白糖基化增加等因素是皮肤衰老的主要原因。岩藻多糖能通过促进成纤维细胞增殖、抑制胶原蛋白酶和弹性蛋白酶活性、抑制胶原蛋白和弹性蛋白糖基化等作用机制起到抗皮肤衰老的作用。

Hatano 等（Hatano，2007）的研究发现岩藻多糖在 2μg/mL 的浓度下具有最强的促进成纤维细胞增殖的作用，还发现岩藻多糖对胶原蛋白酶和弹性蛋白酶活性有很强的抑制作用，其中墨角藻源岩藻多糖的胶原蛋白酶活性抑制 EC_{50} 为 60μg/mL、弹性蛋白酶活性抑制 EC_{50} 为 76μg/mL；裙带菜源岩藻多糖的胶原蛋白酶活性抑制 EC_{50} 为 55μg/mL、弹性蛋白酶活性抑制 EC_{50} 为 68μg/mL。表 14-2 所示为两种岩藻多糖抑制胶原蛋白酶和弹性蛋白酶的活性。

表 14-2　两种岩藻多糖抑制胶原蛋白酶和弹性蛋白酶的活性

样品名称	胶原蛋白酶活性抑制率	胶原蛋白酶活性抑制 EC_{50}	弹性蛋白酶活性抑制率	弹性蛋白酶活性抑制 EC_{50}
岩藻多糖（墨角藻源）	99%（0.1mg/mL）	60μg/mL	99%（0.1mg/mL）	76μg/mL
岩藻多糖（裙带菜源）	99%（0.1mg/mL）	55μg/mL	99%（0.1mg/mL）	68μg/mL

Fitton 等（Fitton，2015）研究了岩藻多糖对胶原蛋白和弹性蛋白糖基化的抑制作用，发现墨角藻和裙带菜中的岩藻多糖对胶原蛋白和弹性蛋白的糖基化都具有很好的抑制作用。通过临床试验对岩藻多糖在皱纹和老年斑方面的应用性能进行评价，结果显示，使用岩藻多糖 60d 后，皱纹评价改善人群占 45%，老年斑减少人群占 65%，岩藻多糖的抗衰老作用显著。表 14-3 所示为皮肤专家的相关临床分析数据。

表 14-3　皮肤专家临床分析数据（百分数代表有明显改善的试验者的比例）

时间	试验组 15d	对照组 15d	试验组 30d	对照组 30d	试验组 60d	对照组 60d
皱纹评价	10%	0	30%	0	45%	5%
老年斑减少	0	0	40%	0	65%	0

四、抗痒、抗炎、抗过敏活性

接触性皮炎、特应性皮炎、银屑病等炎症性皮肤病是全球范围内重要的皮肤病，其中特应性皮炎是需要治疗的最具挑战性的炎症性皮肤病，这种炎症性皮肤病发生在各个年龄段，伴随血清免疫球蛋白和外围嗜酸性粒细胞的升高。临床上抑制血清免疫球蛋白的生成或降低血清免疫球蛋白的浓度是治疗炎症性皮肤病的最好方法（Novak，2003）。皮肤过敏性疾病是由肥大细胞的化学或免疫激活引起的，导致组胺等内源性介质的大量释放。从海洋生物中提取的很多天然化合物具有抗过敏、抗炎以及透明质酸酶抑制活性（Abad，2008）。透明质酸酶是皮肤中降解透明质酸的酶，参与过敏反应、肿瘤的迁移、炎症反应等。海洋藻类中丰富的化合物是治疗过敏的重要资源，其中褐藻多酚是一种具有很强生物活性的化合物，可应用于抗痒、抗炎和抗过敏（Li，2011）。褐藻多酚具有抑制免疫球蛋白 E（IgE）和高亲和力受体结合的活性（Le，2009），并能降低组胺的释放（Sugiura，2006；Li，2008）。

海藻的多糖成分具有很好的抗炎活性（Wijesekara，2011）。海藻酸能抑制透明质酸酶活性以及抑制肥大细胞释放组胺（Asada，1997），通过诱导白介素 IL-12 生成和抑制免疫球蛋白 E 生成起到抗过敏作用（Yoshida，2004）。岩藻多糖可以大大降低病人和健康人外周血单个核细胞中免疫球蛋白 E 的生成，在过敏性皮肤炎发生后也具有该活性（Iwamoto，2011）。口服从红藻中提取的紫菜胶可以抑制 2, 4, 6- 三硝氯苯引起的接触过敏反应（Ishihara, 2005）。多不饱和脂肪酸在上皮酶代谢后产生抗炎和抗增殖代谢物，对炎症性皮肤病有疗效（Ziboh, 2000；McCusker, 2010）。

Hwang 等（Hwang, 2011）研究了马尾藻源岩藻多糖的抗炎功效，以小鼠巨噬细胞 RAW 264.7 为模型，用脂多糖（LPS）进行刺激，观察岩藻多糖的抗炎作用。结果显示，浓度为 1~5mg/mL 的岩藻多糖能显著降低 RAW 264.7 细胞内炎症因子的表达，包括 IL-1β、IL-6、TNF-α 和 NO，说明岩藻多糖具有很好的抗炎作用。此外，在小鼠体内研究岩藻多糖的抗炎功效结果显示，岩藻多糖能降低小鼠体内 IL-1β、IL-6、TNF-α 和 NO 等炎症因子的产生，具有显著的抗炎功效（Hwang, 2015）。

五、抗菌、抗病毒活性

皮肤的细菌感染是一种常见的疾患，一般由金黄色葡萄球菌和链球菌引起。皮肤的病毒感染也很常见，包括疣、疱疹、水痘、带状疱疹、软体动物感染等，其中引起感染的三种主要病毒是人乳头瘤病毒、单纯疱疹病毒 1 型和痘病毒。海藻具有大量抗菌、抗病毒的活性成分（Lee, 2006），在功能性护肤品中有很大的应用潜力，其中褐藻中提取的多酚类化合物对弯曲杆菌、大肠杆菌、肺炎克雷伯菌、金黄色葡萄球菌、副溶血弧菌等均有抗菌活性，二鹅掌菜酚对人脚癣真菌红色毛癣菌有活性，裂片石莼的甲醇提取物对口腔病原菌黏性放线菌、链球菌、变形链球菌等有活性（Mhadhebi, 2012）。从红藻中提取的倍半萜对革兰阴性杆菌、金黄色葡萄球菌、白色念珠菌有很强的抑菌效果（Sujatha, 2012），从马尾藻中提取的二萜化合物对痤疮丙酸杆菌有抗菌活性（Alarif, 2012），可用于预防和治疗痤疮的皮肤护理产品。从红藻中提取的一种硫酸酯多糖对大肠杆菌有抑制作用（Choi, 2011），而从绿藻（*Chaetomorpha aerea*）中提取的一种多糖对革兰阳性细菌有选择性的抗菌活性（Dos Santos Amorim, 2012）。

岩藻多糖具有优良的抗菌、抗病毒功效。Prabu 等（Prabu, 2013）选用马尾藻源岩藻多糖，研究其对嗜水气单胞菌、金黄色葡萄球菌及藤黄微球菌的抑制作用，实验结果显示，岩藻多糖对嗜水气单胞菌的最小抑制浓度为 62.5 μg/mL、对金黄色葡萄球菌的最小抑制浓度为 62.5 μg/mL、对藤黄微球菌的最小抑制浓度为 125 μg/mL，结果表明岩藻多糖具有很强的抑菌作用。

六、抗皱和皮肤再生

皮肤老化涉及皮肤物理性能的变化以及外表的变化，其原因是上皮和真皮中细胞外基质的降解，产生局部干性和色素沉着、灰黄、毛细血管扩张、恶性病变、松弛、起皱等现象。岩藻多糖等具有抗老化功效的活性成分可用于治疗由于环境因素造成的过早老化（Mukherjee，2011）。研究显示，小珊瑚藻的甲醇提取物可抑制人体基质金属蛋白酶 MMP-2 和 MMP-9 的表达，对皮肤再生有促进作用（Ryu，2009）。Joe 等（Joe，2006）的研究显示褐藻提取物鹅掌菜酚和二鹅掌菜酚对人体皮肤成纤维细胞中的 MMP-1 的表达有抑制作用，可用于预防和治疗皮肤老化。

七、去色素、美白功效

酪氨酸酶也称多酚氧化酶，是一种金属氧化酶，在黑色素的合成过程中起催化作用（Kang，2012）。尽管黑色素对人体有保护作用，其在皮肤中的过度积聚造成色素沉着、影响皮肤的美观（Chang，2009）。抑制酪氨酸酶活性是控制黑色素生成的有效方法，其中可以采用的途径包括对酪氨酸酶的直接抑制、加速酪氨酸酶的降解、对酪氨酸酶 mRNA 转录的抑制、酪氨酸酶糖基化的畸变或对黑素体成熟和转移的干扰。海藻等天然产物中含有酪氨酸酶抑制剂（Chang，2012），在对 43 种海藻的研究中发现，有 4 种海藻（*Endarachne binghamiae*，*Schizymenia dubyi*，*Ecklonia cava*，和 *Sargassum siliquastrum*）具有与曲酸相似的抑制细胞黑色素合成和抑制酪氨酸酶的活性，而且不产生细胞毒性（Cha，2011）。褐藻中的多酚是一种有效的酪氨酸酶抑制剂，是治疗与黑色素相关的皮肤疾患的有效成分（Li，2011）。从腔昆布（*Ecklonia cava*）中提取的间苯三酚、鹅掌菜酚和二鹅掌菜酚通过抑制酪氨酸酶的活性可以降低黑色素的合成，其中二鹅掌菜酚的活性高于曲酸（Kang，2011）。岩藻黄素也具有抗黑色素生成的性能（Shimoda，2010）。

八、预防皮肤黑色素瘤

皮肤黑色素瘤是一种恶性皮肤癌，具有高转移潜能，耐辐射、免疫治疗和化疗（Thompson，2005）。由于全球气候变暖、紫外辐照增加，黑色素瘤的发病率呈现高速增长趋势（Wang，2001）。在实验和临床试验中，岩藻黄素对B16F10 黑色素瘤细胞有抗增殖活性，通过诱导细胞凋亡和细胞周期阻滞抑制其增长（Kim，2013）。条斑紫菜水溶性提取物中的一个低分子质量组分对老鼠B16A 黑色素瘤细胞有抑制增殖的作用（Tsuge，2007）。从几种褐藻（*Ecklonia cava*，*Sargassum stenophyllum*，*S. hornery*，*Costaria costata*）中提取的岩藻多糖等多糖组分可以降低黑色素瘤细胞的增长速度（Dias，2005；Ale，2011；

Ermakova，2011）。

第七节　含岩藻多糖的美容护肤品

　　基于岩藻多糖拥有的多种美容护肤功效，目前国际市场上有多种以岩藻多糖为原料制作的功能性美容护肤产品。

　　马来西亚 Elken 公司创立于 1995 年，旗下的 ELYSYLE 品牌系列护肤品的主要配料是岩藻多糖，其宣称的主要功效是为肌肤提供持久的保湿效果，通过清洁、保湿恢复肌肤柔软的光亮。图 14-6 所示为 Elken 公司 ELYSYLE 品牌系列护肤品。

图 14-6　Elken 公司 ELYSYLE 品牌系列护肤品

　　日本 Peace Labo 褐藻胶保湿润肤露产品以源自汤加的海蕴中提取的岩藻多糖为原料，添加甘油、戊二醇、甜菜碱等保湿剂，其保湿力极高，适用于皮肤易干燥、皮肤粗糙、敏感肌人群和老龄化带来的干燥困扰人群。

　　LimuVeil 公司的莉沐保湿乳液的主要成分是岩藻多糖，具有修复受损肌肤、提拉紧致、屏障保护的功效，该产品中还另外添加了澳洲坚果籽油、大麦提取物、角烷鲨和黄檗树皮提取物，以大分子增稠剂作为乳化剂，产品的保湿性能好但不黏腻，适合所有肤质、适用于任何季节。图 14-7 所示为 LimuVeil 公司的莉沐保湿乳液。

　　韩国 Hans Miracle 公司的岩藻多糖海洋护发素产品的主要配料为岩藻多糖、蛋白质、维生素和薄荷提取物，其主要应用功效为头发保湿和柔顺。中国台湾的 FucoBeauty 公司的小分子质量岩藻多糖生物纤维面膜的主要成分是低分子质量岩藻多糖，可快速提升肌肤胶原蛋白活性、维持肌肤长久稳定、恢复肌肤自

图 14-7　LimuVeil 公司的莉沐保湿乳液

身保湿能力、消除干燥粗糙、泛红、老化等敏弱受损反应，提升后续保养品的吸收效率，缔造平滑美肌。采用的生物纤维材质达到医疗级安全系数，对肌肤零刺激，具有 3D 立体交错结构，完全密合肌肤，将有效成分"微导入"肌肤，使精华液吸收效率成倍提高。图 14-8 所示为 FucoBeauty 公司的低分子质量岩藻多糖生物纤维面膜。

图 14-8　FucoBeauty 公司的小分子岩藻多糖生物纤维面膜

第八节　小结

化妆品最初被用于皮肤清洁、遮瑕或美化，随着科学技术的进步和人类社会的发展，现代化妆品被赋予更高安全性和更丰富的功效特性，其中海洋源的大量生物活性物质在化妆品中有重要的应用价值，尤其是在高盐、高压、弱光、低氧等特殊环境下生长的海藻蕴含与陆地生物截然不同的独特生物活性物质，在美容护肤产品中有很高的应用价值。岩藻多糖是众多海洋源天然活性物质的一个代表性产品，具有保湿、防晒、美白、抗衰老、抗炎、抑菌等功效，作为一种天然、健康、可持续的化妆品原料已经成为新时代化妆品领域的一种重要功效成分。

参考文献

［1］Abad M J, Bedoya L M, Bermejo P. Natural marine anti-inflammatory products［J］. Mini Rev Med Chem, 2008, 8: 740-754.

［2］Alarif W M, Al-Lihaibi S S, Ayyad S E N, et al. Laurene-type sesquiterpenes from the red sea alga *Laurencia obtusa* as potential antitumor-antimicrobial agents［J］. Eur J Med Chem, 2012, 55: 462-466.

［3］Alcalde-Perez M T. Activos cosmeticos de origen marino: Algas, macromoleculas y otros componentes［J］. OFFARM, 2004, 23: 100-104.

［4］Alcalde-Perez M T. Cosmetica natural y ecologica: Regulacion y clasificacion［J］. OFFARM, 2008, 27: 96-104.

［5］Ale M T, Maruyama H, Tamauchi H, et al. Fucoidan from *Sargassum* sp. and *Fucus vesiculosus* reduces cell viability of lung carcinoma and melanoma cells *in vitro* and activates natural killer cells in mice *in vivo*［J］. Int J Biol Macromol, 2011, 49: 331-336.

［6］Amer M, Maged M. Cosmeceuticals versus pharmaceuticals［J］. Clin Dermatol, 2009, 27: 428-430.

［7］Aneiros A, Garateix A. Bioactive peptides from marine sources: Pharmacological properties and isolation procedures［J］. J Chromatogr B, 2004, 803: 41-53.

［8］Arad S, Yaron A. Natural pigments from red microalgae for use in foods and cosmetics［J］. Trends Food Sci Technol, 1992, 3: 92-97.

［9］Asada M, Sugie M, Inoue M, et al. Inhibitory effect of alginic acids on hyaluronidase and on histamine release from mast cells［J］. Biosci Biotechnol Biochem, 1997, 61: 1030-1032.

［10］Balboa E M, Conde E, Moure A, et al. In vitro antioxidant properties of crude extracts and compounds from brown algae［J］. Food Chem, 2013, 138: 1764-1785.

［11］Barel A O, Paye M, Maibach H I. Handbook of Cosmetic Science and Technology［M］. New York: Marcel Dekker, 2005: 5-18.

[12] Batista Gonzalez A E, Charles M B, Mancini-Filho J, et al. Seaweeds as sources of antioxidant phytomedicines [J] . Rev Cubana Plant Med, 2009, 14: 1-18.

[13] Bermejo R, Alvarez-Pez J M, Acien F G, et al. Recovery of pure B-phycoerythrin from the microalga *Porphyridium cruentum* [J] . J Biotechnol, 2002, 93: 73-85.

[14] Cha S H, Ko S C, Kim D, et al. Screening of marine algae for potential tyrosinase inhibitor: Those inhibitors reduced tyrosinase activity and melanin synthesis in zebra fish[J] . J Dermatol, 2011, 38 (4): 343-352.

[15] Chang T S. An updated review of tyrosinase inhibitors [J] . Int J Mol Sci, 2009, 10: 2440-2475.

[16] Chang T S. Natural melanogenesis inhibitors acting through the down-regulation of tyrosinase activity[J] . Materials, 2012, 5: 1661-1685.

[17] Choi C M, Berson D S. Cosmeceuticals [J] . Semin Cutan Med Surg, 2006, 25: 163-168.

[18] Choi J S, Bae H J, Kim S J, et al. In vitro antibacterial and anti-inflammatory properties of seaweed extracts against acne inducing bacteria, Propionibacterium acnes[J] . J Environ Biol, 2011, 32: 313-318.

[19] Cornell M, Pillai S, Oresajo C. Percutaneous delivery of cosmetic actives to the skin. In: Cosmetic Dermatology: Products and Procedures, ed. Draelos Z D [M] . Oxford: Wiley-Blackwell, 2010.

[20] De la Coba F, Aguilera J, de Galves M V, et al. Prevention of ultraviolet effects on clinical and histopathological changes, as well as the heat shock protein-70 expression in mouse skin by topical application of algal UV-absorbing compounds[J] . J Dermatol Sci, 2009, 55: 161-169.

[21] De Vries D J, Beart P M. Fishing for drugs from the sea: Status and strategies [J] . Trends Pharmacol Sci, 1995, 16: 275-279.

[22] Dhargalkar V K, Verlecar X N. Southern ocean seaweeds: A resource for exploration in food and drugs[J] . Aquaculture, 2009, 287: 229-242.

[23] Dias P F, Siqueira Jr J M, Vendruscolo L F, et al. Antiangiogenic and antitumoral properties of a polysaccharide isolated from the seaweed *Sargassum stenophyllum*[J] . Cancer Chemothic Pharmacol, 2005, 56: 436-446.

[24] Dos Santos Amorim R N, Rodrigues J A G, Holanda M L, et al. Antimicrobial effect of a crude sulfated polysaccharide from the red seaweed *Gracilaria ornate* [J] . Braz Arch Biol Technol, 2012, 55: 171-181.

[25] Elsner P, Maibach H I. Cosmeceuticals. Drugs Vs. Cosmetics [M] . Basel: Marcel Dekker, 2000: 22-25.

[26] Ermakova S, Sokolova R, Kim S M, et al. Fucoidans from brown seaweeds *Sargassum hornery*, *Eclonia cava*, *Costaria costata*: Structural characteristics

and anticancer activity[J] . Appl Biochem Biotechnol, 2011, 164: 841-850.

[27] Farage M A, Miller K W, Elsner P, et al. Intrinsic and extrinsic factors in skin aging: A review[J] . Int J Cosmet Sci, 2008, 30: 87-95.

[28] Fisher G J, Kang S, Varani J, et al. Mechanisms of photoaging and chronological skin aging[J] . Arch Dermatol, 2002, 138: 1462-1470.

[29] Fitton J H, Giorgio D, Gardiner V A, et al. Topical benefits of two fucoidan-rich extracts from marine macroalgae[J] . Cosmetics, 2015, 2: 66-81.

[30] Golubovic-Liakopoulos N, Simon S R, Shah B. Nanotechnology use with cosmeceuticals[J] . Semin Cutan Med Surg, 2011, 30: 176-180.

[31] Gomez-Guillen M C, Gimenez B, Lopez-Caballero M E, et al. Functional and bioactive properties of collagen and gelatin from alternative sources, A review [J] . Food Hydrocoll, 2011, 25: 1813-1827.

[32] Hatano K, Nakamoto Y, Kanetsuki Y. High molecular fucoidan method of producing the same and cosmetic composition[P] . 2007, EP 1854813 A1.

[33] Heo S J, Ko S C, Cha S H, et al. Effect of phlorotannins isolated from *Ecklonia cava* on melanogenesis and their protective effect against photo-oxidative stress induced by UV-B radiation[J] . Toxicol In Vitro, 2009, 23: 1123-1130.

[34] Hwang P A, Chien S Y, Chan Y L, et al. Inhibition of lipopolysaccharide (LPS) -induced inflammatory responses by *Sargassum hemiphyllum* sulfated polysaccharide extract in RAW 264.7 macrophage cells [J] . J Agric Food Chem, 2011, 59: 2062-2068.

[35] Hwang P A, Chan Y L, Chien S Y. Inhibitory activity of *Sargassum hemiphyllum* sulfated polysaccharide in arachidonic acidinduced animal models of inflammation[J] . Journal of Food and Drug Analysis, 2015, 23 (1): 49-56.

[36] Imhoff J F, Labes A, Wiese J. Bio-mining the microbial treasures of the ocean: New natural products[J] . Biotechnol Adv, 2011, 29: 468-482.

[37] Ishihara K, Oyamada C, Matsushima R, et al. Inhibitory effect of porphyran, prepared from dried Nori, on contact hypersensitivity in mice [J] . Biosci Biotechnol Biochem, 2005, 69: 1824-1830.

[38] Iwamoto K, Hiragun T, Takahagi S, et al. Fucoidan suppresses IgE production in peripheral blood mononuclear cells from patients with atopic dermatitis[J] . Arch Dermatol Res, 2011, 303: 425-431.

[39] Joe M J, Kim S N, Choi H Y, et al. The inhibitory effects of eckol and dieckol from *Ecklonia stolonifera* on the expression of matrix metalloproteinase-1 in human dermal fibroblasts[J] . Biol Pharm Bull, 2006, 29: 1735-1739.

[40] Kang S M, Heo S J, Kim K N, et al. Molecular docking studies of a phlorotannin, dicekol isolated from *Ecklonia cava* with tyrosinase inhibitory activity[J] . Bioorg Med Chem, 2012, 20: 311-316.

［41］Kang H Y, Yoon T J, Lee G J. Whitening effects of marine pseudomonas extract［J］. Ann Dermatol, 2011, 23: 144-149.

［42］Khanafari A, Saberi A, Azar M, et al. Extraction of astaxanthin esters from shrimp waste by chemical and microbial methods［J］. Iran J Environ Health Sci Eng, 2007, 4（2）: 93-98.

［43］Kijjoa A, Sawangwong P. Drugs and cosmetics from the sea［J］. Mar Drugs, 2004, 2: 73-82.

［44］Kim S K. Handbook of Marine Biotechnology［M］. New York: Springer, 2015.

［45］Kim S K. Marine Cosmeceuticals. Trends and Prospects［M］. Boca Raton: CRC, 2011.

［46］Kim K N, Ahn G, Heo S J, et al. Inhibition of tumor growth *in vitro* and *in vivo* by fucoxanthin against melanoma B16F10 cells［J］. Environ Toxicol Pharmacol, 2013, 35: 39-46.

［47］Kligman D. Cosmeceuticals［J］. Dermatol Clin, 2000, 18: 609-615.

［48］Kurita K. Chitin and chitosan: Functional biopolymers from marine crustaceans ［J］. Mar Biotechnol, 2006, 8: 203-226.

［49］Le Q T, Li Y, Qian Z J, et al. Inhibitory effects of polyphenols isolated from marine alga *Ecklonia cava* on histamine release［J］. Process Biochem, 2009, 44: 168-176.

［50］Lee J B, Hayashi K, Hirata M, et al. Antiviral sulfated polysaccharide from *Navicula directa*, a diatom collected from deep-sea water in Toyama Bay［J］. Biol Pharm Bull, 2006, 29: 2135-2139.

［51］Li Y X, Wijesekara I, Li Y, et al. Phlorotanins as bioactive agents from brown algae［J］. Process Biochem, 2011, 46: 2219-2224.

［52］Li Y, Lee S H, Le Q T, et al. Antiallergic effects of phlorotannins on histamine release via binding inhibition between IgE and Fc ε RI［J］. J Agric Food Chem, 2008, 56: 12073-12080.

［53］Lindenschmidt R C, Anastasia F B, Dorta M, et al. Global cosmetic regulatory harmonization［J］. Toxicology, 2001, 160: 237-241.

［54］McCusker M M, Grant-Kels J M. Healing fats of the skin: The structural and immunologic roles of the omega-6 and omega-3 fatty acids［J］. Clin Dermatol, 2010, 28: 440-451.

［55］Mhadhebi L, Chaieb K, Bouraoui A. Evaluation of antimicrobial activity of organic fractions of six marine algae from Tunisian Mediterranean coasts［J］. Int J Pharm Pharm Sci, 2012, 4: 534-537.

［56］Mukherjee P K, Maity N, Nema N K, et al. Bioactive compounds from natural resources against skin aging［J］. Phytomedicine, 2011, 19: 64-73.

［57］Novak N, Bieber T. Allergic and nonallergic forms of atopic diseases［J］. J

Allergy Clin Immunol, 2003, 112: 252-262.

[58] Park E J, Choi J L. Melanogenesis inhibitory effect of low molecular weight fucoidan from *Undaria pinnatifida*[J]. J Appl Phycol, 2017, 29: 2213-2217.

[59] Prabu D L, Sahu N P, Pal A K, et al. Isolation and evaluation of antioxidant and antibacterial activities of fucoidan rich extract (fre) from indian brown seaweed *Sargassum Wightii*[J]. Continental J Pharmaceutical Sciences, 2013, 7 (1): 9-16.

[60] Proksch E, Brandner J M, Jensen J M. The skin: An indispensable barrier[J]. Exp Dermatol, 2008, 17: 1063-1072.

[61] Raikou V, Protopapa E, Kefala V. Photoprotection from marine organisms[J]. Rev Clin Pharmacol Pharmacokinet, 2011, 25: 131-136.

[62] Raut S, Bhadoriya S S, Uplanchiwar V, et al. Lecithin organogel: A unique micellar system for the delivery of bioactive agents in the treatment of skin aging [J]. Acta Pharm Sinica B, 2012, 2: 8-15.

[63] Ren S, Li J, Guan H. The antioxidant effects of complexes of tilapia fish skin collagen and different marine oligosaccharides [J]. J Ocean Univ China, 2010, 9: 399-407.

[64] Ryu B, Qian Z J, Kim M M, et al. Anti-photoaging activity and inhibition of matrixmetalloproteinase (MMP) by marine red alga, *Corallina pilulifera* methanol extract[J]. Radiat Phys Chem, 2009, 78: 98-105.

[65] Saraf S, Kaur C. Phytoconstituents as photoprotective novel cosmetic formulations[J]. Pharmacogn Rev, 2010, 4: 1-11.

[66] Satpute S K, Banat I M, Dhakephalkar P K, et al. Biosurfactans, bioemulsifiers and exopolysaccharides from marine microorganisms [J]. Biotechnol Adv, 2010, 28: 436-450.

[67] Sekar S, Chandramohan M. Phycobiliproteins as a commodity: Trends in applied research, patents and commercialization [J]. J Appl Phycol, 2008, 20: 113-136.

[68] Shimoda H, Tanaka J, Shan S J, et al. Antipigmentary activity of fucoxanthin and its influence on skin mRNA expression of melanogenic molecules [J]. J Pharm Pharmacol, 2010, 62: 1137-1145.

[69] Srikanth T, Hussen S S, Abha A, et al. A comparative view on cosmetic regulations: USA, EU and INDIA[J]. Der Pharm Lett, 2011, 3: 334-341.

[70] Sugiura Y, Matsuda K, Yamada Y, et al. Isolation of a new anti-allergic phlorotannin, phlorofucofuroeckol-B, from an edible brown alga, *Eisenia arborea*[J]. Biosci Biotechnol Biochem, 2006, 70: 2807-2811.

[71] Sujatha L, Al-Lihaibi S S, Ayyad S E N, et al.Laurene type sesquiterpenes from the red sea red alga *Laurencia* obtusa as potential antitumor antimicrobial agents [J]. Eur J Med Chem, 2012, 55: 462-466.

［72］Synowiecki J, Al-Khateeb N A. Production, properties, and some new applications of chitin and its derivatives［J］. Crit Rev Food Sci Nutr, 2003, 43: 145-171.

［73］Thompson J F, Scolyer R A, Kefford R F. Cutaneous melanoma［J］. Lancet, 2005, 365: 687-701.

［74］Tsuge K, Watanabe Y, Maeda N, et al. Effect of low-molecular-weight fraction of Susabi-nori water-soluble extract on HL-60 cell proliferation［J］. J Jpn Soc Food Sci Technol, 2007, 54: 241-246.

［75］Verschooten L, Claerhout S, Van Laethem A, et al. New strategies of photoprotection［J］. Photochem Photobiol, 2006, 82: 1016-1023.

［76］Viskari P J, Colyer C L. Rapid extraction of phycobiliproteins from cultures cyanobacteria samples［J］. Anal Biochem, 2003, 319: 263-271.

［77］Wang S Q, Setlow R, Berwick M, et al. Ultraviolet A and melanoma-A review ［J］. J Am Acad Dermatol, 2001, 44: 837-846.

［78］Wijesinghe W A J P, Jeon Y J. Biological activities and potential cosmeceutical applications of bioactive components from brown seaweeds: A review［J］. Phytochem Rev, 2011, 10: 431-443.

［79］Wijesekara I, Pangestuti R, Kim S K. Biological activities and potential health benefits of sulfated polysaccharides derived from marine algae［J］. Carbohydr Polym, 2011, 84: 14-21.

［80］Yoshida T, Hirano A, Wada H, et al. Alginic acid oligosaccharide suppresses Th2 development and IgE production by inducing IL-12 production［J］. Int Arch Allergy Immunol, 2004, 133: 239-247.

［81］Ziboh V A, Miller C C, Cho Y. Metabolism of polyunsaturated fatty acids by skin epidermal enzymes: generation of antiinflammatory and antiproliferative metabolites［J］. Am J Clin Nutr, 2000, 71: 361S-366S.

［82］刘冰月, 刘学, 邬凤娟, 等. 羊栖菜岩藻多糖的提取工艺优化及保湿性能［J］. 日用化学工业, 2017, 47（7）: 398-402.

［83］孙海森. 海带岩藻多糖硫酸酯的分离纯化及相关活性研究［D］. 杭州: 浙江工商大学, 2012.

第十五章　岩藻多糖在生物医用材料中的应用

第一节　引言

自1913年瑞典科学家Kylin发现岩藻多糖的100多年中，全球各国科技领域对其性能和应用开展了大量研究。尽管如此，与海藻酸盐、卡拉胶、琼胶等海藻源生物高分子相比，岩藻多糖的商业化开发仍相对不足，目前国际市场上岩藻多糖主要应用于功能食品、功能饮料、肿瘤康复辅助剂、护肤品等领域。基于其高分子特性，岩藻多糖具有成膜、凝胶、增稠等性能，在医用敷料、药用辅料、水凝胶等生物医用材料领域有应用价值，其独特的生物活性和多种健康功效在伤口护理等领域有很大的发展潜力。

第二节　岩藻多糖在生物医用材料中的应用案例

一、岩藻多糖在医用敷料中的应用

伤口是由机械、电、热、化学等外部因素造成的或者是由人体自身生理病态引起的皮肤破损，如在皮肤与子弹、刀、咬、手术、摩擦等作用过程中产生的机械损伤；由热、电、化学、辐射等因素造成的烧伤；以及压疮、下肢溃疡、糖尿病足溃疡等慢性皮肤损伤（Leaper，1998）。伤口可以分成三大类，即慢性伤口、创伤和手术伤口。从形成的背景来看，手术伤口是在干净的环境下有计划、有控制的背景下形成的，伤口患者的人体机理正常，其愈合过程较快。创伤的形成有其突然性，根据不同受伤情景，伤口对人体健康产生的影响有很大变化，其愈合过程与皮肤损伤的性质和程度密切相关。慢性伤口主要发生在老年人、糖尿病患者以及行动不便的患者，这类伤口的形成有其不可避免的因素，例如由于健康状况下降和活动能力减弱，老龄人比较容易产生压疮、下肢溃疡

266

等皮肤疾患（陆树良，2003；Dealey，1994；Turner，1989；秦益民，2007）。

　　临床上伤口的护理被分为烧伤、外科创伤、皮肤溃疡三大主要领域。在各类伤口中，慢性溃疡性伤口的发生率呈现快速增多的趋势，其中糖尿病足溃疡、压疮、下肢溃疡等慢性伤口已经成为伤口护理的一个重要领域。我国在经历改革开放的40多年发展后，经济总量跃居世界第二，社会发展的许多方面已经与世界接轨。在经济社会快速发展的同时，我国人民的健康状况却不容乐观。快节奏的工作和生活使大量人群处于亚健康状态，最新数据显示我国已经有9000多万糖尿病患者。与此同时，我国人口结构正迅速进入老龄化，65岁以上人口比重呈不断上升趋势，包括慢性伤口在内的老年人健康问题日益突出。

　　糖尿病溃疡是皮肤溃疡中最大的部分，全球范围内每年有超过9%的增长率。压疮在全球范围内也在不断增长，主要原因是人口老龄化和衰弱失常等行动不便或皮肤撕裂的大龄人增多。据估计全球有1150万的压疮，每年以8%的速度增长。与此同时，全球范围内每年有超过1040万的烧伤，有超过520万的人受伤后死亡。据估计，到2020年每年有840万人死于受伤。交通事故受伤是全球致残的第三个主要原因及发展中国家的第二个主要原因。在全球约70亿人口中，亚洲占60%、非洲14%、欧洲11%、北美8%、拉丁美洲6%、大洋洲约1%，到2050年全球人口可达94亿。目前在超过65岁的老龄人中，亚洲有近3亿，占总人口的约7%，欧洲有1.2亿。老龄化人口的增多催生出了一个巨大的伤口护理市场，为新技术、新产品的开发应用提供了发展空间。

　　医用敷料是用于覆盖创面、促进伤口愈合的材料，岩藻多糖在医用敷料中有重要的应用价值，具有类似肝素的活性，能触发转化生长因子（TGF-b1），在损伤组织中促进成纤维细胞迁移（Çetin，2001；Fujimura，2000；Leary，2004），因此在伤口愈合中有重要的应用价值。

　　伤口的愈合过程是在损伤后组织释放出的生长因子影响下启动的。碱性成纤维细胞生长因子（bFGF）通过促进成纤维细胞的迁移和增殖促进伤口愈合，但是存在成活周期短、容易被酶降解的问题。Zeng & Huang（Zeng，2018）用岩藻多糖、壳聚糖、海藻酸盐复合支架保护bFGF控制其释放，调控成纤维细胞的迁移，首先成功制备了硫酸酯化度为43%的过硫酸酯化岩藻多糖，具有很强的抗氧化活性、良好的生物相容性，能保护bFGF免受胰蛋白酶降解。负载bFGF的复合支架可以持续释放，10h后的浓度达到2.52ng/mL，细胞试验显示其可以有效提高细胞活性、促进L929成纤维细胞迁移，在伤口愈合中有重要的应用价值。研究结果显示 bFGF 的释放与岩藻多糖的硫酸酯化度相关，高酯化度的岩藻多糖具有更好的生物相容性和促进细胞迁移的功效。

在各类伤口中，二级皮肤烧伤是一种常见的病理情况，涉及真皮的损失，其愈合始于被损伤的皮肤组织，有大量伤痂的形成以及皮肤颜色的变化。目前临床上对二级烧伤的各种治疗方案均不是很理想（Pruitt，1984；Quinn，1985；Stashak，2004）。纱布具有较高的吸湿性，但是在应用过程中存在生物活性低、应用后较难从创面去除等缺点。自体皮肤移植在大面积烧伤中的应用效果良好，但也存在皮肤的来源不足等问题（Alsbjörn，1984）。为了克服传统纱布和皮肤移植的不足，近年来伤口护理领域开发出了一系列纤维、薄膜、凝胶、海绵、纳米材料等先进制品（Kearney，2001；Sai，2000），但是与理想敷料所应该具备的性能相比，目前市场上的各种产品还存在很多不足之处（Shakespeare，2001）。

海藻酸、壳聚糖、透明质酸、胶原蛋白、纤维蛋白、纤维蛋白原等生物高分子在医用敷料中有重要的应用价值，具有生物相容性好、毒性低、亲水性好等特点（Ho，2001；Shakespeare，2001）。海藻酸制成的纤维具有很高的吸湿性和促进伤口愈合的性能，已经广泛应用于慢性伤口护理。壳聚糖具有聚阳离子特征，临床使用过程中表现出抗菌、促愈、止血等优良功效，在烧伤创面护理中已经广泛应用于临床，其与肝素复合后的产品可以进一步强化组织修复、促进上皮化等生物功效（Ueno，2001）。

与海藻酸、壳聚糖等生物高分子相似，岩藻多糖具有促进伤口愈合的作用（Giraux，1998），应用在创面上可以加快成纤维细胞迁移、促进创面上皮化（Çetin，2001；Fujimura，2000）。在大量已经报道的研究中，薄膜（Sezer，2007）、凝胶（Sezer，2008）、微粒（Sezer，2008）等岩藻多糖与壳聚糖的复合材料已经用于二级烧伤创面的护理研究。研究显示，对于岩藻多糖与壳聚糖复合薄膜，溶解壳聚糖的溶剂对薄膜的力学性能有影响，与其他酸相比，乳酸使膜的弹性增加、强度下降（Sezer,2007）。薄膜的生物黏附值在 0.076~1.771mJ/cm^2，其中岩藻多糖的含量越高、黏附值越大。薄膜中的氨基、硫酸基与创面组织中蛋白质的结合可以强化其生物黏附值（Ishihara，2002）。

Sezer 等（Sezer，2008）研究了含有岩藻多糖的壳聚糖水凝胶的吸湿性和生物黏附性，发现壳聚糖分子质量和浓度的提高可以增加水凝胶的吸湿性，而岩藻多糖的分子质量对吸湿性没有明显影响。Knapczyk（Knapczyk，1993）在对壳聚糖凝胶的研究中得到类似的结果，用高分子质量壳聚糖制备的凝胶比中低分子质量壳聚糖制备的凝胶有更好的黏附性能，可以吸收更多的渗出液，形成更稳当的薄膜（Henriksen，1996；Montembault，2005）。高脱乙酰度的壳聚糖含有更多带正电荷的氨基，因此更容易与创面上的蛋白质结合（Bertram，2006；Smart，2005）。

Sezer 等（Sezer，2008）研究了岩藻多糖与壳聚糖共混水凝胶的疗效，并比较了其与壳聚糖凝胶和岩藻多糖溶液在烧伤试验模型上的区别。7d 后只有对照组创面呈现水肿，试验组 3 种材料处理的创面没有类似现象。在第 14 天，创面收缩率最高的为岩藻多糖与壳聚糖共混凝胶处理的伤口，其次为壳聚糖凝胶及岩藻多糖处理的创面。总的来说，岩藻多糖与壳聚糖共混凝胶的促愈性能优于其他两种材料。图 15-1 所示为用岩藻多糖溶液（FS）、壳聚糖薄膜（CF）、含岩藻多糖的壳聚糖薄膜（CFF）以及对照组（CTRL）在第 7、14 和 21 天的创面愈合效果图。

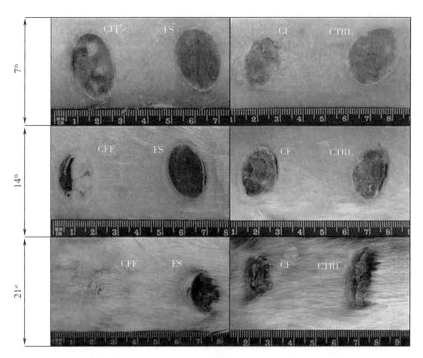

图 15-1　用岩藻多糖溶液（FS）、壳聚糖薄膜（CF）、含岩藻多糖的壳聚糖
　　　　薄膜（CFF）以及对照组（CTRL）在第 7d、14d 和 21d 的创面愈合
　　　　效果图

Sezer 等（Sezer，2008）通过岩藻多糖上的阴离子硫酸基与壳聚糖上的阳离子氨基之间的聚电解质复合制备了岩藻多糖与壳聚糖共混微粒，其颗粒直径在 367~1017nm。由于微粒中存在自由氨基，其具有生物黏附性能（Kockisch，2003；Chowdary，2004）。随着微粒中岩藻多糖含量的增加，其生物黏附性也有所提高，主要原因是岩藻多糖中带负电的硫酸基可以与创面上的蛋白质结合（Percival，1967；Sezer，2005；Sezer，2006）。

Murakami 等（Murakami，2010）以海藻酸盐、壳聚糖、岩藻多糖粉末为原料制备了共混水凝胶，该敷料具有良好的吸湿性能。制备过程中，海藻酸钠粉末、甲壳素、壳聚糖、岩藻多糖按照 60：20：2：4（质量比）比例混合后，0.77g 混合物分散在 70mm 直径的过滤纸上，在粉末上面喷蒸馏水使其表面开始溶解，然后用 50% 酒精浸泡 5s 后在去离子水中浸泡 1min。溶胀的浆糊随后在 2mol/L 的 $CaCl_2$ 溶液中浸泡 20s 使海藻酸钠形成海藻酸钙凝胶后用 5% 醋酸浸泡。这样得到的片状凝胶用针打孔后在蒸馏水中浸泡 3min，再用 2mol/L 的 $CaCl_2$ 溶液浸泡 20s，后在磷酸盐缓冲液中浸泡 1min，后在蒸馏水中浸泡 10min。随后用乙二醇二缩水甘油醚交联后得到 ACF-HS 水凝胶。

Murakami 等（Murakami，2010）把制备的 ACF-HS 水凝胶与 DuoACTIVE 水凝胶敷料、Kaltostat 海藻酸钙钠敷料以及对照组应用于小鼠创面。研究结果显示 ACF-HS 水凝胶敷料通过提供湿润的愈合环境能有效促进伤口愈合，组织学检查结果显示，在第 7 天，肉芽生长和毛细血管生成状况好于用海藻酸钙钠敷料处理的创面和对照组。图 15-2 所示为 4 种敷料护理伤口的愈合率。图 15-3 比较了 ACF-HS 海藻酸盐、壳聚糖、岩藻多糖复合凝胶与 Kaltostat 海藻酸钙钠纤维敷料以及对照组在小鼠创面愈合过程中的疗效。

图 15-4 所示为用 ACF-HS 海藻酸盐、壳聚糖、岩藻多糖复合凝胶与 Kaltostat 海藻酸钙钠纤维敷料以及对照组三种敷料覆盖创面 7d 后肉芽组织的厚度。研究结果显示含岩藻多糖的 ACF-HS 复合敷料护理的创面肉芽组织厚度明显好于海藻酸钙钠纤维敷料以及对照组。

图 15-5 所示为在创面愈合的第 7 天创面组织学检查效果图。左图显示的箭头指的是护理过程中形成的肉芽组织，方块显示的是右图中的组织区域，右图中的箭头显示了含红细胞的血管。可以看出，含岩藻多糖的 ACF-HS 敷料的疗

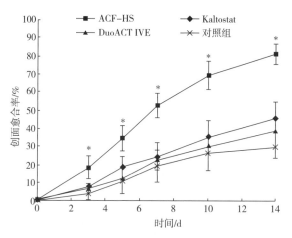

图 15-2　用 4 种敷料护理伤口得到的创面愈合率（其中 ACF-HS 为海藻酸盐、壳聚糖、岩藻
多糖复合水凝胶；DuoACTIVE 为水凝胶敷料；Kaltostat 为海藻酸钙钠敷料）

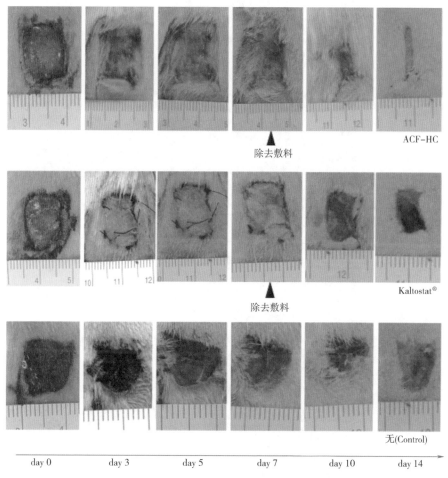

图 15-3　小鼠创面愈合过程对照（ACF-HS：海藻酸盐、壳聚糖、岩藻多糖复合凝胶；
Kaltostat：海藻酸钙钠纤维敷料；Control：对照组）

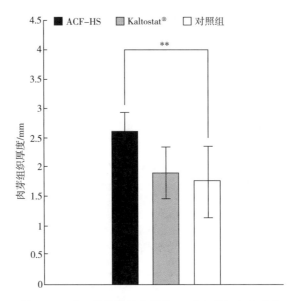

图 15-4　用三种敷料覆盖创面 7d 后肉芽组织的厚度

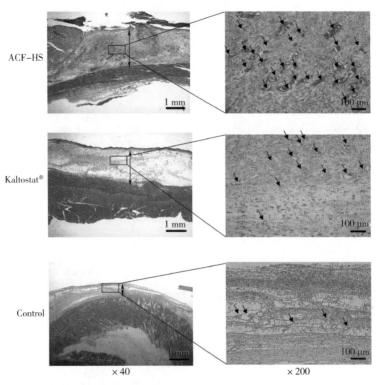

图 15-5　创面组织学检查效果图（ACF-HS：海藻酸盐、壳聚糖、
岩藻多糖复合凝胶；Kaltostat：海藻酸钙钠纤维敷料；Control：
对照组）

　　　　　岩藻多糖的功能与应用

效明显好于海藻酸钙钠纤维敷料和对照组。

我国科研工作者也把岩藻多糖成功应用于医用敷料。卢亢等（卢亢，2014）发明的敷料包括固定层、活性炭纤维、复合硅凝胶和剥离层，其中复合硅凝胶的成分为岩藻多糖、壳聚糖、硅酮、凝胶剂和表面活性剂，活性炭纤维设于固定层上，复合硅凝胶设于活性炭纤维上。这种功能性医用敷料能在伤口形成之初发挥抗菌消炎、止血止痛和吸附渗液等功效，同时能形成有利于伤口愈合的温湿环境，加速伤口愈合，并且在伤口愈合过程中能抑制纤维组织增生，从根源上抑制疤痕的生成。

赵红平等（赵红平，2017）发明了一种含有岩藻多糖的液体敷料的制备方法，其组成为：聚乙二醇60%~97%、丙三醇1%~25%、海藻提取物1%~10%、芦荟胶1%~10%，其中海藻提取物的主要成分是岩藻多糖。

二、岩藻多糖在药用辅料领域的应用

岩藻多糖、海藻酸、壳聚糖等生物高分子具有生物相容性好、毒性低等特性，在医用领域有很高的应用价值。例如，海藻酸是一种阴离子高分子，在组织工程、药物和基因载体等领域应用广泛（D'Ayala，2008；Matricardi，2008）。与此相似，作为一种阳离子天然高分子，壳聚糖常用于纳米药物载体、组织工程、基因载体、伤口敷料等医药和生物医用材料（Kumar，2004）。

岩藻多糖是一种带负电荷、含有硫酸酯基团的生物高分子，因为具有药理活性作用在医疗领域受到重视（Holtkamp，2009；Kusaykin，2008；Li，2008；Pomin，2008）。Sezer & Akbuga（Sezer，2006）最早用带负电荷的岩藻多糖和带正电荷的壳聚糖制备了微粒子，通过正负电荷作用形成聚离子复合物后负载牛血清白蛋白，该微粒子也可用于负载生长因子（Sezer，2009）。Yiu等（Yiu，2010）用岩藻多糖制备了纳米银颗粒。

Liu等（Liu，2014）用岩藻多糖与壳聚糖复合后制备聚电解质微球，利用其类似海藻酸钠的阴离子特性与阳离子的壳聚糖复合。在制备微球的过程中，岩藻多糖水溶液滴入用1%乳酸溶液溶解的壳聚糖溶液中，搅拌下形成微球，随后通过离心分离脱水，冷冻干燥后得到微球。表15-1所示为微球的制备条件和颗粒直径。

表 15-1　岩藻多糖与壳聚糖复合微球的制备条件和颗粒直径

序号	岩藻多糖浓度 /%（质量体积分数）	壳聚糖浓度 %（质量体积分数）	功率 /W	时间 /min	颗粒直径 /μm
1	0.10	0.10	200	2	5.45
2	0.10	0.25	300	3	22.87
3	0.10	0.50	400	4	9.01
4	0.25	0.10	300	4	10.06
5	0.25	0.25	400	2	23.59
6	0.25	0.50	200	3	1.45
7	0.50	0.10	400	3	5.47
8	0.50	0.25	300	4	0.92
9	0.50	0.50	200	2	12.66

Karunanithi 等（Karunanithi，2016）把 1.5% 的海藻酸钠与 0.5% 的岩藻多糖混合后制备了复合水凝胶。在凝胶的制备过程中采用的海藻酸钠的分子质量为 320ku，其甘露糖醛酸含量为 61%、古洛糖醛酸含量为 39%，岩藻多糖的分子质量为 72ku。制备过程中首先把海藻酸钠与岩藻多糖混合 3h，然后把溶液通过针筒挤入浓度为 102mmol/L 的氯化钙水溶液，10min 后从凝固液中取出凝胶，用 0.15mol/L 氯化钠水溶液洗两次。按照这个步骤，把水凝胶与间充质干细胞混合制备细胞密度为 1×10^6 个 /mL 的水凝胶。研究结果显示含岩藻多糖的水凝胶具有强化间充质干细胞软骨形成能力的性能。

Gomaa 等（Gomaa，2018）制备了海藻酸盐、壳聚糖、岩藻多糖共混薄膜，加入岩藻多糖使薄膜的透气性和透氧性增加，对紫外线也有良好的阻隔性能。研究显示含岩藻多糖的薄膜具有良好的抗氧化性能。

周祺惠等（周祺惠，2019）发明了一种岩藻多糖微纳米材料及其制备方法，其制备方法包括以下步骤：

（1）向岩藻多糖溶液中加入水溶性高分子聚合物。

（2）静电处理。

（3）真空干燥后得到岩藻多糖微纳米材料。

这种方法通过在岩藻多糖溶液中加入微量水溶性高分子聚合物，利用高分子聚合物黏度高的特点改善岩藻多糖溶液的黏弹性和可纺性，且高分子聚合物不会影响岩藻多糖的化学结构和功能。静电技术的应用可以快速、大量、有效制备岩藻多糖微纳米材料，制得的岩藻多糖微纳米材料的直径范围为10~100000nm，既能避免微纳米材料在应用时被免疫细胞吞噬，进而避免炎症反应，又能仿生细胞外基质，为细胞生长、增殖以及分化提供理想的微环境。制得的岩藻多糖微纳米材料具有抗菌、抗炎、抗病毒、抗肿瘤、抗氧化、双向调节免疫力、清除自由基、抗衰老、抗凝血和抗血栓等功效，在组织修复与再生医学领域有非常好的应用前景。

在制备过程中，首先称取 0.7g 岩藻多糖溶于 10mL 水中，加入 0.009g 分子质量为 6000000u 的聚环氧乙烷，搅拌至完全溶解，得到岩藻多糖与聚环氧乙烷混合液。然后选用 10mL 的注射器和 0.26mm 内径的针头，抽取岩藻多糖混合液，固定在静电处理装置上进行静电喷雾处理，其工艺参数为：混合液注射速率为2.0mL/h、电压为 13kV、接收距离为 15cm、环境温度为 23℃、环境相对湿度为45%，采用铝箔为接收装置。喷雾 2h 后，将收集到的材料放入真空干燥箱中于20℃下干燥 12h，得到平均直径为 1000nm 的岩藻多糖与聚环氧乙烷共混微纳米球。在此过程中，微量超高分子质量聚环氧乙烷对氢键有很强的亲和力，可以和岩藻多糖形成络合物，其添加可以辅助岩藻多糖纳米球的形成，稳定制备工艺，而在不添加合适浓度的聚环氧乙烷时喷出来的是直径较大的液滴。

王艳（王艳，2015）利用岩藻多糖以及层粘连接蛋白的抗凝血性能和细胞生长调节作用仿生构建了血管类基膜环境并应用于微流控芯片，研究其对细胞生长行为的影响。血小板黏附实验证明样品基膜具有抑制血小板黏附与激活的作用，细胞培养结果证实其有效促进内皮细胞生长、抑制平滑肌细胞增殖、抑制炎症反应。

第三节　岩藻多糖对伤口愈合的促进作用

岩藻多糖对伤口愈合的促进作用已经通过大量研究得到证实（Çetin，2001；Del Bigio，1999；Fujimura，2000；Gan，1999；Leary，2004；Vischer，1991）。Fujimura 等（Fujimura，2000）通过成纤维细胞培养模型，用从墨角藻中获取的 12 个不同分子质量的岩藻多糖样品，研究其对皮肤损伤创面愈合的影响。结果显示分子质量大于 30ku 的岩藻多糖可明显加快成纤维细胞迁移、加快对伤口愈合起关键作用的整合素 a2b1 的表达，其中分子链中的岩藻糖以及硫酸酯基团在此过程中起一定作用。Leary 等（Leary，2004）在真皮成纤维细胞培养基中研究了岩藻多糖与转化生长因子（TGF-b1）组合对成纤维细胞增殖的影响，结果显示当用量大于 1mg/mL 时，岩藻多糖可以调节 TGF-b1 对皮肤成纤维细胞的抗增殖作用，导致成纤维细胞的快速生长。Gan 等（Gan，1999）研究了岩藻多糖对眼烧伤兔子角膜细胞增殖的影响，发现岩藻多糖的存在阻止了烧伤形成后角膜缘和角膜的白细胞浸润。

Çetin 等（Çetin，2016）在动脉缺血再灌注后形成的上腹部伤口模型上研究了岩藻多糖对组织损伤的影响，小鼠用 10 和 25mg/kg 剂量的岩藻多糖处理后，评价组织中性粒细胞计数、组织丙二醛含量以及组织髓过氧化物酶活性。在用 25mg/kg 剂量处理的小鼠中，中性粒细胞数量和髓过氧化物酶活性明显下降，而对组织丙二醛含量没有影响。在一项岩藻多糖和肝素对动脉软肌细胞增殖性能影响的研究中，结果显示肝素对细胞增殖的抑制作用低于岩藻多糖。岩藻多糖对细胞蛋白和糖结合物没有影响，但是可以间接增加纤维连接蛋白和血小板反应蛋白的合成和分泌（Vischer，1991）。

第四节　小结

尽管文献报道的研究较少，岩藻多糖在医用敷料和药物控制释放等生物医用材料中的应用正在引起更多人的关注。岩藻多糖的聚阴离子特性使其与阳离子的壳聚糖有独特的结合力，通过聚离子复合物制备的薄膜、微球、水凝胶等材料在伤口敷料、烧伤创面护理中有很好的疗效，具有比壳聚糖更好的性能和疗效。岩藻多糖促进伤口愈合方面的功效主要基于其消毒功效、早期微血管化、毛细血管化和血管生成效应，通过与白细胞的结合促进其向创面渗透。岩藻多糖与成纤维细胞的结合促进其向创面的迁移，同时激活一些对伤口愈合起重要作用的细胞因子。这些优良的性能使岩藻多糖成为一种重要的生物医用高分子材料，在医用材料领域有重要的应用价值。

参考文献　　　［1］Alsbjörn B. In search of an ideal skin substitute［J］. Scand J Plast Reconstr Surg, 1984, 18：127-133.

［2］Bertram U，Bodmeier R. In situ gelling，bioadhesive nasal inserts for extended drug delivery：*in vitro* characterization of a new nasal dosage form

［J］. Eur J Pharm Sci, 2006, 27：62-71.

［3］Çetin C, Kose A A, Aral E, et al. Protective effect of fucoidin（a neutrophil rolling inhibitor）on ischemia reperfusion injury：experimental study in rat epigastric island flaps［J］. Ann Plast Surg, 2001, 47：540-546.

［4］Chowdary K P R, Rao Y S. Mucoadhesive microspheres for controlled drug delivery［J］. Biol Pharm Bull, 2004, 27：1717-1724.

［5］D'Ayala G G, Malinconico M, Laurienzo P. Marine derived polysaccharides for biomedical applications：chemical modification approaches［J］. Molecules, 2008, 13（9）：2069-2106.

［6］Dealey C. The Care of Wounds［M］. Oxford：Blackwell Science Ltd, 1994.

［7］Del Bigio M R, Yan H J, Campbell T M, et al. Effect of fucoidan treatment on collagenase-induced intracerebral hemorrhage in rats［J］. Neurol Res, 1999, 21：415-419.

［8］Fujimura T, Shibuya Y, Moriwaki S, et al. Fucoidan is the active component of *Fucus vesiculosus* that promotes contraction of fibroblast-populated collagen gels［J］. Biol Pharm Bull, 2000, 23：1180-1184.

［9］Gan L, Fagerholm P, Joon Kim H. Effect of leukocytes on corneal cellular proliferation and wound healing［J］. Invest Ophthalmol Vis Sci, 1999, 40：575-581.

［10］Giraux J L, Bretaudiere J, Matou S, et al. Fucoidan, as heparin, induces tissue factor pathway inhibitör release from cultured human endothelial cells［J］. Thromb Haemost, 1998, 80：692-6958.

［11］Gomaa M, Hifney A F, Fawzy M A, et al. Use of seaweed and filamentous fungus derived polysaccharides in the development of alginate-chitosan edible films containing fucoidan：Study of moisture sorption, polyphenol release and antioxidant properties［J］. Food Hydrocolloids, 2018, 82：239-247.

［12］Henriksen I, Green K L, Smart J D, et al. Bioadhesion of hydrated chitosans：an in vitro and in vivo study［J］. Int J Pharm, 1996, 145：231-240.

［13］Ho W S, Ying S Y, Choi P C L, et al. A prospective controlled clinical study of skin donor sites treated with a 1-4, 2-acetamide-deoxy-β-D-glucan polymer：a preliminary report［J］. Burns, 2001, 27：759-761.

［14］Holtkamp A D, Kelly S, Ulber R, et al. Fucoidans and fucoidanases-focus on techniques for molecular structure elucidation and modification of marine polysaccharides［J］. Appl Microbiol Biotechnol, 2009, 82（1）：1-11.

［15］Ishihara M, Nakanishi K, Ono K, et al. Photo-crosslinkable chitosan as a dressing for wound occlusion and accelerator in healing process［J］. Biomaterials, 2002, 23：833-840.

［16］Karunanithi P, Murali M R, Samuel S, et al. Three dimensional alginatefucoidan composite hydrogel augments the chondrogenic differentiation of mesenchymal stromal cells[J]. Carbohydrate Polymers, 2016, 147: 294-303.

[17] Kearney J N. Clinical evaluation of skin substitutes [J]. Burns, 2001, 27: 545-551.

[18] Knapczyk J. Chitosan hydrogels as a base for semisolid drug forms [J]. Int J Pharm, 1993, 93: 233-237.

[19] Kockisch S, Rees G D, Young S A, et al. Polymeric microspheres for drug delivery to the oral cavity: an in vitro evaluation of mucoadhesive potential[J]. J Pharm Sci, 2003, 92: 1614-1623.

[20] Kumar M N, Muzzarelli R A, Muzzarelli C, et al. Chitosan chemistry and pharmaceutical perspectives[J]. Chem Rev, 2004, 104 (12): 6017-6084.

[21] Kusaykin M, Bakunina I, Sova V, et al. Structure, biological activity, and enzymatic transformation of fucoidans from the brown seaweeds [J]. Biotechnol J, 2008, 3 (7): 904-915.

[22] Leaper D J, Harding K G (Ed). Wounds: Biology and Management [M]. Oxford: Oxford University Press, 1998.

[23] Leary R O, Rerek M, Wood E J. Fucoidan modulates the effect of transforming growth factor (TGF) -b1 on fibroblast proliferation and wound repopulation in in vitro models of dermal wound repair[J]. Biol Pharm Bull, 2004, 27: 266-270.

[24] Li B, Lu F, Wei X, et al. Fucoidan: structure and bioactivity[J]. Molecules, 2008, 13 (8): 1671-1695.

[25] Liu Y, Yao W, Wang S, et al. Preparation and characterization of fucoidan-chitosan nanospheres by the sonification method[J]. J Nanosci Nanotechnol, 2014, 14 (5): 3844-3849.

[26] Matricardi P, Meo C D, Coviello T, et al. Recent advances and perspectives on coated alginate microspheres for modified drug delivery[J]. Expert Opin Drug Deliv, 2008, 5 (4): 417-425.

[27] Montembault A, Viton C, Domard A. Physico-chemical studies of the gelation of chitosan in a hydroalcoholic medium [J]. Biomaterials, 2005, 26: 933-943.

[28] Murakami K, Ishihara M, Aoki H, et al. Enhanced healing of mitomycin C-treated healing-impaired wounds in rats with hydrosheets composed of chitin/chitosan, fucoidan, and alginate as wound dressings [J]. Wound Rep Reg, 2010, 18: 478-485.

[29] Murakami K, Aoki H, Nakamura S, et al. Hydrogel blends of chitin/chitosan, fucoidan and alginate as healing-impaired wound dressings[J]. Biomaterials, 2010, 31 (1): 83-90.

[30] Percival E., McDowell R H.Sulphated polysaccharides containing neutral

岩藻多糖的功能与应用

sugars: fucoidan. In: Percival, E., McDowell, R.H. (eds.) Chemistry and Enzymology of Marine Algal Polysaccharides[M] . London: Academic Press, 1967.

[31] Pomin V H, Mourão P A. Structure, biology, evolution, and medical importance of sulfated fucans and galactans [J] . Glycobiology, 2008, 18 (12): 1016-1027.

[32] Pruitt B A, Levine N S. Characteristics and uses of biologic dressings and skin substitutes[J] . Arch Surg, 1984, 119: 312-322.

[33] Quinn K J, Courtney J M, Evans J H, et al. Principles of burn dressings[J] . Biomaterials, 1985, 6: 369-377.

[34] Sai P, Babu M. Collagen based dressings-a review[J] . Burns, 2000, 26: 54-62.

[35] Sezer A D, Hatipoglu F, Cevher E, et al. Chitosan film containing fucoidan as a wound dressing for dermal burn healing: preparation and *in vitro/in vivo* evaluation[J] . AAPS Pharm Sci Tech, 2007, 8 (2): Article 39.

[36] Sezer A D, Cevher E, Hatipoglu F, et al. Preparation of fucoidan-chitosan hydrogel and its application as burn healing accelerator on rabbits [J] . Biol Pharm Bul, 2008, 31 (12): 2326-2333.

[37] Sezer A D, Cevher E, Hatipoglu F, et al. The use of fucosphere in the treatment of dermal burns in rabbits[J] . Eur J Pharm Biopharm, 2008, 69 (1): 189-198.

[38] Sezer A D, Hatipoglu F, Ogurtan Z, et al. Evaluation of fucoidan-chitosan hydrogels on superficial dermal burn healing in rabbit: an *in vivo* study[C] . The 12th European Congress on Biotechnology, Copenhagen, 21-24 August 2005.

[39] Sezer A D, Hatipoglu F, Ogurtan Z, et al. New nanosphere system for treatment of full-thickness burn on rabbit[C] . The 31st FEBS Congress, Istanbul, 24-29 June 2006.

[40] Sezer A D, Akbuga J. Fucosphere-new microsphere carriers for peptide and protein delivery: preparation and *in vitro* characterization [J] . J Microencapsul, 2006, 23 (5): 513-522.

[41] Sezer A D, Akbuga J. Comparison on in vitro characterization of fucospheres and chitosan microspheres encapsulated plasmid DNA (pGM-CSF): formulation design and release characteristics [J] . AAPS Pharm Sci Tech, 2009, 10 (4): 1193-1199.

[42] Shakespeare P. Burn wound healing and skin substitutes[J] . Burns, 2001, 27: 517-522.

[43] Smart J D. The basics and underlying mechanisms of mucoadhesion [J] . Adv Drug Deliver Rev, 2005, 57: 1556-1568.

［44］Stashak T S, Farstvedt E, Othic A. Update on wound dressings: indications and best use［J］. Clin Tech Equine Pract, 2004, 3: 148-163.

［45］Turner T D. Development of wound dressings［J］. Wounds: A Compendium of Clinical Research and Practice, 1989, 1（3）: 155-171.

［46］Ueno H, Mori T, Fujinaga T. Topical formulation and wound healing applications of chitosan［J］. Adv Drug Delivery Rev, 2001, 52: 105-115.

［47］Vischer P, Buddecke E. Different action of heparin and fucoidan on arterial smooth muscle cell proliferation and thrombospondin and fibronectin metabolism［J］. Eur J Cell Biol, 1991, 56: 407-414.

［48］Yiu L T C, Wong C K, Xie Y. Green synthesis of silver nanoparticles using biopolymers, carboxymethylated-curdlan and fucoidan［J］. Mater Chem Phys, 2010, 121: 402-405.

［49］Zeng H Y, Huang Y C. Basic fibroblast growth factor released from fucoidan-modified chitosan/alginate scaffolds for promoting fibroblasts migration［J］. Journal of Polymer Research, 2018, 25: 83-92.

［50］陆树良. 烧伤创面愈合机制与新技术［M］. 北京: 人民军医出版社, 2003.

［51］周祺惠，陈艺文，朱慧琳，等. 一种岩藻多糖微纳米材料及其制备方法［P］. 中国发明专利申请201910420290.8，2019-5-20.

［52］王艳. 层粘连蛋白/岩藻聚糖类基膜微环境的构建及微流控芯片内应用［D］. 成都: 西南交通大学，2015.

［53］卢亢，陈泽楚，熊亮，等. 一种抑制疤痕增生的功能性敷料及其制备方法［P］. 中国发明专利申请，201410622102.7，2014-22-7.

［54］赵红平，赵孟冬，黄慧明，等. 一种液体伤口敷料及其制备方法［J］. 中国发明专利，201710160454.9，2017-3-17.

［55］秦益民. 功能性医用敷料［M］. 北京: 中国纺织出版社，2007.

附录　青岛明月海藻集团简介

青岛明月海藻集团位于山东省青岛西海岸新区明月路。公司创建于1968年，主营褐藻胶（海藻膳食纤维）、甘露醇、海洋健康食品、海洋生物医用材料、海洋化妆品、海藻生物肥料六大产业的研发与生产，是目前全球最大的海藻生物制品生产企业。

青岛明月海藻集团拥有海藻活性物质国家重点实验室、农业部海藻类肥料重点实验室、国家地方工程研究中心、国家认定企业技术中心、院士专家工作站、博士后科研工作站等一系列国家级科研平台，先后荣获国家"863计划"成果产业化基地、国家海洋科研中心产业化示范基地、全国农产品加工业示范企业、国家创新型企业、国家技术创新示范企业、全国农产品加工业出口示范企业、国家制造业单项冠军示范企业等荣誉称号。"明月牌"商标被认定为"中国驰名商标"。

近年来，青岛明月海藻集团依托蓝色经济发展平台，以转方式、调结构为主线，充分发挥海洋科研优势，不断使公司发展迈向"深蓝"。先后承担国家重点研发计划、国家科技支撑计划、国家"863计划"等国家级项目20余项，开发了海洋药物、食品配料、海藻酸盐纤维医用材料等180多个新产品，制定产品技术标准100多项，其中国家标准5项、行业标准6项。

青岛明月海藻集团主导产品市场占有率稳步提升，国内、国际市场占有率分别达到40%、30%，拉动了海藻养殖、加工、海藻生物制品研发、生产、销售全产业链的发展壮大。

2015年由科技部批准成立的海藻活性物质国家重点实验室坐落于胶州湾畔的青岛明月海藻集团海藻科技中心。实验室以提高我国海藻生物产业自主创新能力和产品附加值为总体目标，研究海藻活性物质的提取和分离、功能化改性以及功效和应用领域的共性关键科学技术和理论，整合基于海藻生物资源的海藻活性物质结构、性能和应用数据库，通过化学、物理、生物等改性技术的应用提高海藻活性物质的功效、拓宽其应用领域，为海藻活性物质在功能食品、医药、生物材料、美容化妆品、生态农业等高端领域的应用提供坚实的科学理论基础，促进我国海藻生物产业向高附加值、高端应用的转型升级。

实验室拥有"制备技术研究室""结构分析研究室""功效分析研究室""应用技术研究室""生物改性研究室""理化改性研究室"等 6 个专业研究室，拥有电感耦合等离子体质谱仪、高效液相色谱仪、原子吸收光谱仪、元素分析仪、差示扫描量热仪等原值达 7900 多万元的研发检测设备。

实验室先后承担国家重点研发计划、国家"863 计划"、科技支撑计划等 20 余项国家级科研项目，开发了海洋健康食品、海洋化妆品、海洋生物肥料、褐藻胶低聚糖、岩藻多糖、海藻酸盐纤维医用敷料、海藻精油等 200 多个新产品，制定产品技术标准 100 多项，其中国家及行业标准 11 项，申请国家专利 120 余项，申请国际 PCT 专利 6 项，已授权专利 50 项，获得国家科技进步二等奖 1 项、省部级科技奖 10 项，储备了一批科技含量高、市场前景广阔的技术和产品。